U0305325

本书出版获2013年国家社会科学基金资助（批准号 13XMZ042）

西南少数民族传统
森林管理知识研究

蒙祥忠　著

知识产权出版社

全国百佳图书出版单位

——北京——

图书在版编目（CIP）数据

西南少数民族传统森林管理知识研究 / 蒙祥忠著 . — 北京：知识产权出版社，2020.11
ISBN 978-7-5130-6724-9

Ⅰ . ①西… Ⅱ . ①蒙… Ⅲ . ①少数民族—民族地区—森林管理—研究—西南地区 Ⅳ . ① S75

中国版本图书馆 CIP 数据核字 (2019) 第 295773 号

内容提要

本书主要采取田野调查为主，并结合二手资料，对西南少数民族传统森林管理知识进行分析和研究。按照西南少数民族为何植树、如何植树、树木长大后如何分类、如何对森林进行管理，以及采取哪些制度和措施进行管理等几个方面进行研究。

责任编辑：王　辉　　　　　　**责任印制：孙婷婷**

西南少数民族传统森林管理知识研究

蒙祥忠　　著

出版发行：知识产权出版社有限责任公司	网　　址：http：//www. ipph. cn
电　　话：010-82004826	http：//www.laichushu.com
社　　址：北京市海淀区气象路 50 号院	邮　　编：100081
责编电话：010-82000860 转 8381	责编邮箱：laichushu@cnipr.com
发行电话：010-82000860 转 8101	发行传真：010-82000893
印　　刷：北京中献拓方科技发展有限公司	经　　销：新华书店及相关销售网点
开　　本：720 mm×1000 mm　1/16	印　　张：14.75
版　　次：2020 年 11 月第 1 版	印　　次：2020 年 11 月第 1 次印刷
字　　数：300 千字	定　　价：68.00 元

ISBN 978-7-5130-6724-9

前 言

西南少数民族传统森林管理知识背后蕴含的朴素而深邃的生态观属于中国传统哲学的基本范畴，是中华文化的一个重要组成部分。我们对西南少数民族传统森林文化的研究，既是倡导发掘利用少数民族传统生态知识在当今生态维护中的作用，又是希望作为中华文化重要组成部分的少数民族传统文化能够得到广泛传播，从而拯救全人类共同面对的生态环境危机。

当代西方世界对自然资源管理及对待非人类动物和自然界的态度，源于西欧哲学传统，即，他们假定人类独立于自然界并掌控自然界。20世纪20~30年代，法国哲学家阿尔贝特·施韦兹和美国哲学家莱奥波尔德提出生态伦理学的科学思想后，森林伦理备受关注，大多数学者都提倡对森林管理要给予道德关怀。例如，美国哲学家罗尔斯顿提出了森林伦理和多价值森林管理的观点。但西方对自然资源的管理仍为"人与自然相分离"的观念所禁锢，在实践中缺乏对欠发达国家的关注。西方生态伦理学的研究，大多沿用传统生态学的思维方式，他们将人与环境之间的关系简单地理解为生物与环境之间的关系，这是一种较为片面的价值取向。

20世纪80年代，我国开始关注生态伦理学的建构和论述。随着生态文明建设被提高到国家长远发展核心战略的高度，一些学者纷纷将生态伦理学引入生态文明建设研究中，倡导生态伦理学应肩负生态文明建设的使命。少数民族生态伦理观由此成为当前研究的热点，从生态伦理学的视角探讨少数民族对森林管理的成果较多，且大多偏重于理论阐述，为生态文明建设提供了重要的理论支撑。然而，关注西南少数民族森林文化的，主要是一些生态人类学者，他们主要对各民族传统森林管理知识的发掘与利用进行研究，偏重对其管理技术层面的考察，从而积累了大量的民族学资料，为我国生态文明建设乃至拯救全球生态环境危机做出了重要的贡献。

对少数民族传统森林管理知识的研究，除了注重于技术层面的发掘与利用外，还要透过技术背后蕴含的生态伦理观作深层次思考。德国林业学家约翰·海因里希·柯塔曾提出"森林经营的一半是技术，一半是艺术"。也就是说，人类对森林的经营，一方面是依靠技术体系，另一方面是依靠艺术文化。前者就是我们常说的科学技术，后者应该理解为对森林的管理需要从哲学、审美、宗教、文化、历史与社会等视角出发。本书遵从这一研究视角，基于国家生态文明建设乃至全球生态环境维护的需要，除了关注少数民族传统森林管理知识本身的技术层面外，还从文化哲学层面审视西南少数民族传统森林管理知识。

森林在生态文明建设和全球生态环境维护中具有重要作用。我们现在提出的可持续发展、绿色发展，首先需要我们不断地了解森林、熟悉森林、理解森林，进而爱护森林、保护森林，从森林中找出适合人类永续发展的一把金钥匙。因此，研究森林文化是一个永恒的主题。

西南地区生态环境极其脆弱，但当地民族仍为人类保有一方青山绿水和秀美山川，这是当地少数民族传统森林管理知识在发挥着关键作用，这正是少数民族生态观的体现。因此，对其进行系统研究，无论就国家推进生态文明建设，还是就提升少数民族文化自信、文化自觉而言，都具有十分重要的研究价值。对少数民族的森林文化研究，可唤起人们更加注重对森林的保护，对实现"天蓝、地绿、水净的美好家园"具有十分重要的实践意义。少数民族生态伦理观也是我国传统优秀文化的重要组成部分，对其研究可为文明的发展指引方向，有助于增强全民的环保意识和生态意识，同时对生态伦理教育等也具有十分重要的学术和现实意义。

本书以贵州省、云南省为田野点，综合运用生态人类学、生态伦理学、口述史、林学等学科的研究方法，对各民族传统生计、制度文化、森林崇拜等所涉及的森林管理知识进行较为深入的调查。此外，本书所研究的对象基本涉及整个西南地区的少数民族。

通过对西南少数民族传统森林文化的研究，我们进一步认识到：森林是陆地生态系统的重要组成部分，它对实现"天蓝、地绿、水净"具有重要作用。研究森林文化是研究生态文明建设的重要内容之一，而生态文明建设一个最为基本的内容就是加强生态伦理的教育与普及。生态伦理的教育与普及能够使人们了解人类与自然的正确关系，但其教育与普及的内容，除了包含现代知识外，还必须包含各民族的生态伦理思想。维护生态环境的平衡，最为关键的是使人的观念发生根本性的变化，进而改变不合理的行为模式与经济社会发展模式，实现人类活动与自然环境互利耦合运行。西南少数民族对森林的管理体现了人对自然的敬畏、尊重、顺应等生态观，并通过其物质文化、制度文化和精神文化等表达出来。西南少数民族林业传统知识带有鲜明的地方文化色彩，它对经营和管理林业资源的作用丝毫不逊色于现代科技知识。因此，维护全球生态环境，前提是构建传统知识与现代科技知识共生的模式。

〝目　录〞

第一章　西南地区的民族与生境

第一节　研究空间与民族历史

一、自然区划概念与行政区划概念下的西南地区

按照自然区划的概念，西南地区包括青藏高原东南部、四川盆地、云贵高原大部分，其区域地理位置为东经 97°21′~110°11′，北纬 21°08′~33°41′ 之间。

按照当前我国的行政区划的概念，西南地区包括四川省、云南省、贵州省、西藏自治区、重庆市五个省（自治区、直辖市），因此，西南地区又称为西南五省（自治区、直辖市）。西南地区的总面积为 250 万平方千米，占我国陆地国土面积的 24.5%。

二、西南少数民族地区的范围界定与族系源流

历史上，曾出现过"西南夷"的概念。根据《史记》《汉书·西南夷列传》等记载，"西南夷"分布的区域包括今云南全部，贵州的大部分，川西南、川南与云南、贵州接壤的部分，川北与甘肃接壤之地，以及广西与云南、贵州相连接地带。历史上，在这一广大区域内就已经定居有不同的氏族与部落，而且在战国时期，他们便开始与汉族发生联系。魏晋南北朝时期，他们还直接被设置为郡县而接受统治。[1]但"西南夷"的内涵与时空分布并非固定不变，而是不断地发生演变。先秦时期，"西南夷"包括巴、蜀，但将巴、蜀称为"南夷"。到汉代，"西南夷"的空间范围发生了微变，其北界向南推至汉嘉郡、朱提郡和越巂郡一线。

---

[1]　尤中.西南民族史论集［M］.昆明：云南民族出版社，1982：1.

夏、商、西周、春秋、战国前期，包括巴、蜀在内的整个西南地区均称为"西南夷"。直至公元前316年秦并巴、蜀后，西南地区经济、政治、文化和社会发生重大变迁而成了汉文化圈的重要一员后才被移出"西南夷"概念的范畴。汉武帝时期，蜀郡西南部的沈黎郡也退出了该范围。之后，汉代的"西南夷"只包括"巴蜀西南外蛮夷"的夜郎、靡莫之属（包括滇）、嶲与昆明、邛都、徙与筰都、冉駹、白马，以及东汉时期的永昌郡。两晋时期，邛都、徙、筰都、冉駹、白马又被退出。❶之后，在不同的历史时期，"西南夷"的概念均发生一定的变化。在此不再一一列举。但需要指出的是，"西南夷"是一个地理与文化相结合的概念，需要客观地甄别各种有关考证，以及时空分布的历史文献。

历史上，对中央王朝而言，"西南夷"的部分空间被称为"苗疆"。在明清时期，湖南的西部、云南、贵州、四川和广西由于民族成分构成的原因而被官方文件称为"苗疆"。"苗疆"所涉及的空间范围也大多与今天的西南地区重叠，生活其间的族群非常之多。从现有的文献记录及考古资料来看，历史上的西南地区是古代氐羌族系、百濮族系、百越族系和苗瑶族系等几大族系的文化交汇之地。这些不同的族系在历史上也曾发生过交往交流交融。

氐羌族系民族的生计方式主要以刀耕火种为主。按照王明珂的观点，"氐""羌""夷"都是汉人对异族之称号，而不是某族群自称。但当汉帝国的实力逐渐扩张至甘肃河西走廊、西域，青海地区的河湟，以及西南夷之外的西方地区，并与当地人群有来往、有接触时，原来被称为氐羌或羌的人群不断融入中华民族，这样汉人心目中"羌"的概念也就向西漂移了。以陇西为出发点，汉人心目中"羌"的概念由此向三个方向扩张：第一个是往西北方，在西汉中期，"羌中"这一地理概念由陇西移向河西走廊；第二个是往西方，西汉中晚期之后，"羌人"逐渐成为河湟土著民的代名词；第三个是往西南方，汉人心目中的"氐"由甘肃南部扩及四川北部，"羌"的概念则沿汉代西疆南移。这些地理人群概念，终于在《后汉书·西羌传》的写作时代，约为汉末魏晋时期，所有居住在广汉、蜀、越嶲郡之西的人群都成了羌。❷历史学界和民族学界常常将这一人群称为氐羌族系。但不得不承认的是，氐羌族系内部的各个群体必然经历了不断交往交流交融与分化的过程，最终形成了具有不同称谓的民族，如彝族、哈尼族、傈僳

---

❶ 段渝.先秦汉晋西南夷内涵及其时空演变［J］.思想战线，2013（6）：16-23.
❷ 王明珂.华夏边缘——历史记忆与族群认同［M］.北京：社会科学文献出版社，2006：160-161.

族、拉祜族、苦聪族、纳西族、景颇族、阿昌族、普米族、怒族、独龙族、基诺族等。

百越族系以灌溉稻作民族为主。百越族系是我国南方一个非常古老的群体。《汉书·地理志》记载："自交趾至会稽七八千里，百越杂处，各有种姓。"在古代，百越的活动时间大致为春秋至两汉，其包含的族群主要有"於越""骆越""杨越""大越""东瓯""南越""闽越""滇越""山越""嶲越""漂越""夷越"等。尤中认为，在春秋之前，百越族系较为分散，不足以结为一个部族。《汉书·严助传》载淮南王上书说："越方外之地，剪发文身之民也，不可以冠带之国法度理也。自三代之盛，胡越不受正朔，非强弗能服，威弗能制也，以为不羁之地，不牧之民，不足以烦中国也。"这说明了夏、商、周三代时期的百越，因经济上的落后，他们之间难以建立起强力掠夺的政治机构。直至春秋晚期，百越诸部中的于越，因与中原地区较为接近，加之其地盛产金、锡，铸造青铜技术精良，生产力的提高，使于越统一了邻近的一些越族部落而建立了越国。但当时越国的地域仅限于今浙江和长江以南的江苏之地。秦始皇统一六国之后，百越中经济文化发展水平较高的原越国境内的人，逐渐被吸收融合到后来称为汉族的集体中。但那些较为分散且经济较为落后的百越部落，则仍然是一些互不相统属的群体。秦朝设置的象郡、南海郡、桂林郡等三郡之地，是西部百越部落的主要聚集之区域。象郡为今雷州半岛至广西左右江流域之地，南海郡为今广东东部和北部，桂林郡为今广西梧州以西、百色以东、南宁以北一带。《史记·秦始皇本纪·索隐》载："南方之人，其性强梁，故曰陆梁。"之后，百越族系的地理人群概念逐渐往西南漂移。总的来说，在秦代，百越族系主要居住在今越北、广西、贵州东南，以及云南南部的地带。❶后来，百越族系不断与当地的土著相融合，最后形成了我们今天所认识到的黎族、壮族、侗族、水族、仡佬族、布依族、傣族等。

百濮族系主要是从事刀耕火种。到商初，百濮才逐渐与诸夏发生关系。其与瓯邓、桂国（即瓯骆及后之桂林郡地）诸部共同杂居在南方，与百越族系较为亲近。❷杜预《左传释例》载："建宁郡南有濮夷，无君长总统，各以邑落自聚，故称百濮也。"刘伯庄的《史记地名》有"濮在楚西南"。从各种历史文献和有关

---

❶ 尤中.西南民族史论集［M］.昆明：云南民族出版社，1982：54-58.

❷ 尤中.西南民族史论集［M］.昆明：云南民族出版社，1982：58-60.

研究来看，百濮族系居住在今滇、黔、桂、湘的连接地带，并以金沙江、澜沧江和怒江三江流域为其主要分布区域。从百濮族系所分布的地理空间来看，一部分百濮族系杂居于交通便利的河谷坝子中，他们与百越族系杂居，在石器时代就开始了栽培水稻；另一部分百濮族系则居住于交通梗阻的深山里，他们进入农业社会的时间较晚。虽然他们很早就被纳入郡县统治范围之内，但统治势力很难进入其内部，山川隔阻了他们与外界交往。到唐代，濮人逐渐分化为"朴子蛮"和"望蛮"等不同支系，他们是今佤族、布朗族、德昂族和克木人等的先民。❶

苗瑶族系历史上主要从事刀耕火种农业，并辅之以采集和狩猎。苗瑶族系苗族和瑶族广泛分布在今中国西南地区。先秦古籍《尚书·吕刑》与《史记·五帝本纪》就有"三苗"和"苗民"的记载。《尚书·吕刑》载："苗民弗用灵，制以刑，惟作五虐之刑。"苗族早在西汉初年就向汉朝统治者交纳税赋。因此，他们进入农业社会比较早，但其迁徙无常决定了他们还是以刀耕火种为主。瑶族"依险而居"。范成大《桂海虞衡志》载：瑶族"各自以远近为伍，以木叶覆屋，种禾、黍、粟、豆、山芋，杂以为粮，截竹筒而炊，暇则猎食山兽以续食。岭蹬险厄，负戴者悉著背上，绳系于额，偻而趋"。这表明瑶族是一个典型的游耕游猎民族。

结合西南各族系的历史演变及地理区划概念与行政区划概念，对西南地区的界定，应该考虑四个方面：（1）从行政区划概念来看，西南地区应该包括云南、贵州、四川、重庆和西藏，这是最基本的划分。（2）从西南各族系的历史演变来看，西南地区的范围应该包括云南、贵州、四川、重庆，以及广西西部和湖南西部。（3）从自然环境来看，西南地区应该包括重庆、四川、云南、贵州、广西、西藏，以及陕西南部、湖南西部、广东北部等地。（4）从地理环境来看，西南地区位于长江和珠江上游，是"两江"上游的重要生态安全屏障；西南地区属于喀斯特地貌，其地质背景特殊，景观异质性强，岩洞、地下暗河、峰林较多；生态环境容量小，人口众多，人地矛盾突出，水土流失和石漠化都比较严重。

综上，本书将西南地区锁定为云南、贵州、四川、重庆，以及广西西部和湖

---

❶ 尹绍亭.远去的山火——人类学视野中的刀耕火种［M］.昆明：云南人民出版社，2008：41.

南西部，其中以云南和贵州为核心研究区域。因此，在以下涉及区域概况的内容时，主要以云南和贵州为讨论中心。本书所涉及的少数民族，除了主要讨论云南和贵州的少数民族外，还有部分涉及四川、重庆，以及广西西部和湖南西部的一些少数民族。具体有苗族、侗族、瑶族、布依族、水族、土家族、彝族、哈尼族、傈僳族、拉祜族、苦聪族、纳西族、景颇族、阿昌族、普米族、怒族、独龙族、基诺族、黎族、壮族、仡佬族、傣族、佤族、布朗族、德昂族等。

三、西南少数民族地区的山地文化

西南地区的不同民族之间呈大杂居、小聚集又相互嵌入式的居住格局，形成了一个多元文化并存发展的区域。然而，西南地区文化的多元性除了由其民族特点所决定外，区域特点及地理环境特点对文化的多样性也具有重要的作用。自古以来，西南各民族均在不同海拔地带的大山里找到了其繁衍生息的土壤，各民族和谐相处、互为环境、共生共荣。世居西南地区的各个民族，在不同的农耕生计方式中，大家世代与山为伍，依山生存，长期的山居生活，使不同的民族文化，都带有强烈的山地文化色彩，深深地打上了"山地文化"的烙印。❶因而，从某种意义上说，对西南少数民族地区的研究，就是对山地文化的研究。

山地是西南地区各世居民族所共处的生态环境，人与山地构成了一个生命的共同体，各民族的物质文化、精神文化和制度文化都脱离不开山地的生态环境，因而各民族文化都是在不同程度上以不同的表达方式折射出山地的特征。空间上小聚居、交错杂居的民族分布格局，充分表现了西南山地环境对民族文化的高度包容，这种包容不但使各世居民族在山区的不同海拔地带和生态环境中找到了适合各自文化发展的栖息繁衍之地，还使各世居民族拥有多元的经济文化模式，或同一经济文化模式出现在不同的民族当中。这样一种包容的经济文化模式又促使各民族之间相互尊重、相互包容，以及各民族与自然环境的和谐相处。

---

❶ 蒙祥忠.山地民族有"神"社区的建构与生态智慧——以贵州小丹江、苏丫卡两个苗族村寨为例［J］.广西民族大学学报：哲学社会科学版，2015（1）：15.

第二节 西南地区特殊的生态环境

一、西南地理位置

作为我国西南中心腹地的贵州，是西南地区连通珠江三角洲、北部湾经济区和长江中下游地区的重要交通枢纽。尤其是在贵广高铁、沪昆高铁、成贵高铁、京贵高铁和渝贵高铁等线路的开通后，贵州的地理位置显得更加重要。

贵州东毗湖南，西连云南，南接广西，北邻重庆和四川。这一地理区位决定了贵州不沿江、不沿边、不沿海的"三不沿"特点。贵州介于东经103°36′~109°35′、北纬24°37′~29°13′之间。贵州东西长约595千米，南北相距约509千米，总面积为17.62万平方千米，占全国国土面积的1.8%。

云南位于我国西南边陲，是我国连接东南亚各国的陆路通道和面向东南亚、南亚开放的桥头堡。尤其自云南向外延伸的中越、中老、中缅、新中缅、中缅印5条出境铁路通道开通后，云南的这一地理优势显得更加突出。

云南南部与老挝、越南毗连，西部与缅甸接壤，西北隅紧倚西藏，北部同四川相连，云南东部与贵州、广西为邻，介于东经97°32′~106°12′、北纬21°8′~29°15′，东西最大横距864.9千米，南北最大纵距900千米，总面积为39.4万平方千米，占全国国土面积的4.1%。

二、地形条件复杂、河流纵横的西南

贵州地势地貌险峻异常。清朝田雯《黔书》对贵州的地势描述为："毒溪瘴岭，蔽日寻云，一线羊肠，袤空切汉，行路之难，难于上青天。"❶又清陈鼎《黔游记》曰："自省以西，山川迥异，皆个个自生，不相联络，无复瞻顾依迥之状。或如钟铺特竖，或如抢槊矗天，或如峰墩孤立，俱平地突起，遶道而生。远山则连亘插天，童然不毛。"❷

---

❶ 田雯.黔书（二）[M].北京：中华书局，1985.
❷ 陈鼎.续黔书：黔游记[M].北京：中华书局，1985：4.

贵州省是我国唯一没有平原支撑的内陆山区农业省份，其地貌的显著特征是山地多，山地和丘陵占贵州省总面积的 92.5%，素有"八山一水一分田"之说。贵州省境由月亮山、乌蒙山、武陵山（梵净山）、大小麻山、大娄山、云雾山、雷公山七大山系和清水江、舞阳河、乌江、南北盘江、红水河、赤水河、都柳江七大水系间相分布组合构造而成，总体地势西高东低，境内中部高山竞笋，七大水系向北、东、南三个方向呈扇形向外奔流。❶贵州境内的河流总长度为 1.13 万千米，其中，长度在 10 千米以上的河流有 984 条。贵州河流以苗岭—乌蒙山为分水岭，分属于珠江水系和长江水系。苗岭以南属珠江流域，流域面积为 60 420 平方千米，珠江水系约占贵州省面积的 34.3%，贵州省内珠江流域多年水资源量为 367 亿立方米／年，占全流域的 11.0%，主要河流有南盘江、北盘江、红水河、打狗河、都柳江等；苗岭以北属长江流域，流域面积 115 747 平方千米，长江水系约占贵州省面积的 65.7%，贵州省内长江流域多年水资源量为 668 亿立方米／年，占长江全流域的 8.7%，主要河流有乌江、赤水河、清水河、洪州河、舞阳河、锦江、松桃河、牛栏河、松坎河、横江等。贵州省河流南下珠江、北入长江、东到沅水，是与华东、华南、华中等地联系的水上通道。贵州还是世界上岩溶地貌发育最典型的地区之一，喀斯特出露面积占贵州省总面积的 61.9%。❷

贵州省河流以苗岭山脉和乌蒙山脉为界，分属珠江流域和长江流域，以南为珠江流域的两个二级区：红柳江（红水河干流与柳江水系）和南北盘江，面积为 60 420 平方千米，占贵州省总面积的 34.3%；以北为长江流域的四个二级区：金沙江石鼓以下、宜宾至宜昌、乌江和洞庭湖，面积 115 747 平方千米，占贵州省总面积的 65.7%。❸

云南东部和南部是云贵高原，西北部是高山深谷的横断山区。云南全省东南低、西北高，山地面积超过 84%，丘陵和高原占 10%，湖泊、平坝面积不足 6%，有的县市的山地面积比重达 98% 以上。云南省境内共有 600 多条河流，其中较大的河流有 180 条，这些河流大多为入海河流的上游，河流的流向由北向南，这

---

❶ 蒙祥忠.山地民族有"神"社区的建构与生态智慧——以贵州小丹江、苏丫卡两个苗族村寨为例［J］.广西民族大学学报：哲学社会科学版，2015（1）：15.

❷ 参见《贵州》，中国政府网，http://www.guizhou.gov.cn/dcgz/gzgk/zrdl/.

❸ 参见《贵州》，中国政府网，http://www.guizhou.gov.cn/dcgz/gzgk/zrdl/.

与国内多数江河由西向东的流向不同。云南全省共有六大水系，即金沙江—长江水系，南盘江—珠江水系，元江—红河水系，澜沧江—湄公河水系，怒江—萨尔温江水系，独龙江、大盈江、瑞丽江—伊洛瓦底江水系。这些水系分别注入东海、南海、安达曼海三海，以及北部湾、莫踏马湾、孟加拉湾三湾，最后归入太平洋和印度洋。这六大水系中，除了元江—红河和南盘江—珠江的源头在国内云南境内外，其余均为过境河流，它们发源于青藏高原，然后分别流经老挝、缅甸、泰国、柬埔寨和越南等国后入海。

云南省湖泊面积较大的有滇池、抚仙湖、洱海等，这些湖泊主要位于澜沧江、金沙江、泸江和南盘江等水系。

三、气候复杂多样的西南

历代典籍对西南地区气候的描述，离不开"瘴"的内容，而且在很长的历史时间里，"瘴"成为中央政权征服西南地区的一个重要障碍。早期对"瘴"的记载主要是在中原对西南地区的军事征伐过程中提出来的。《后汉书·马援传》载，"初，援在交阯，常饵薏苡实，用能轻身省欲，以胜瘴气"，"又出征交阯，土多瘴气，援与妻子生诀，无悔吝之心"。该记录阐述了名将马援在征伐西南地区时失利而病亡，与瘴气有着一定的关系。

唐宋以降，"瘴"越来越被描述为一种恐惧的自然现象。樊绰《蛮书》曰："管摩零都督城在山上，自寻传、祁鲜已往，悉有瘴毒，地平如砥，冬草木不枯，日从草际没，诸城镇官惧瘴疠，或越在他处，不亲视事。"[1] 周去非在其《岭南代答》中描述了"瘴"的危害性，他说："岭外毒瘴，不必深广之地，如海南之琼管、海北之廉、雷、化，虽曰深广，而瘴乃稍轻。昭州与湖南、静江接境，士夫指以为大法场，言杀人之多也。若深广之地，如横、邕、钦、贵，其瘴殆与昭等，独不知小法场之名在何州，尝谓瘴重之州，率水土毒尔，非天时也。"[2] 有的诗人还将瘴气写入其诗词中，如白居易《新丰折臂翁》诗曰："无何天宝大征兵，户有三丁点一丁。点得驱将何处去，五月万里云南行。闻道云南有泸水，椒花落时瘴烟起。大军徒涉水如汤，未过十人二三死……"

明清时期，"瘴"仍然阻碍着中央王朝征伐西南的步伐。明洪武十五年，大

---

❶ 樊绰. 蛮书（卷6）[M]. 成都：巴蜀书社，1998：30.
❷ 周去非. 岭外代答校注 [M]. 杨武泉，校注. 北京：中华书局，1999：151.

理土官段世曾威胁沐英率军进攻云南曰："今春气渐喧，烟瘴渐起，不须杀尔，四、五月间，雨霖河泛，尔粮尽气敝，十散九死……"❶但改土归流之后，随着中原地区的人口大量迁入西南少数民族地区，成片的荒地被开垦耕种，西南地区的"瘴"逐渐减弱、消散。之后，"瘴"逐渐退出历史舞台，但"瘴"作为西南亚热带熔岩地区的一个重要的气候特征，在这一地区少数民族生态保护习惯的形成过程中扮演着十分重要的角色。❷随着气象学的发展，人们对西南地区气候的认识更加客观与科学。

从现代气象学来看，贵州位于副热带东亚大陆的季风区，属亚热带高原湿润季风气候。气候温暖湿润，冬暖夏凉。由于受大气环流及地形等影响，贵州气候呈"一山分四季，十里不同天"的多样性特点。贵州气候不稳定，灾害性天气种类较多，干旱、秋风、凝冻、冰雹等频度大，对农业生产危害严重。贵州地处低纬山区，地势高低悬殊，气候特点在垂直方向差异较大，立体气候明显。大部分地区气候温和，冬无严寒，夏无酷暑，四季分明。7月平均气温为22~25℃，1月平均气温为4~6℃，全年极端最高气温在34~36℃之间，极端最低气温在−6~−9℃之间。大部分地区的气候四季分明，四季以秋季最短，约76天，夏季较短，约82天，春季约102天，冬季最长，约105天。大部分地区多年平均年降水量在1100~1300毫米，最小值约为850毫米，最大值接近1600毫米。大部分地区年日照时数在120~1600小时之间，地区分布特点是西多东少，西部约为1600小时，中部和东部为1200小时，年日照时数比同纬度的我国东部地区少1/3以上，是全国日照最少的地区之一。❸

云南省地处低纬度高原，气候复杂，主要受南孟加拉高压气流影响形成高原季风气候，大部分地区冬暖夏凉，四季如春。云南全省气候类型主要有北热带、南亚热带、北亚热带、中亚热带、南温带、中温带和高原气候区等7个气候类型。其主要表现为：（1）气候的区域差异和垂直变化十分明显。由于地势北高南低，南北之间高低悬殊达6663.6米，加剧了云南省范围内因纬度因素而造成的温差。云南省各地的年平均温度，除金沙江河谷和元江河谷外，大致由北

❶ 杨慎.云南省南诏野史（卷下）［M］.影印本.台北：成文出版社，1968：138.

❷ 袁翔珠.石缝中的生态法文明：中国西南亚热带岩溶地区少数民族生态保护习惯研究［M］.北京：中国法制出版社，2010：19~23.

❸ 参见《贵州》，中国政府网，http：//www.guizhou.gov.cn/dcgz/gzgk/zrdl/。

向南递增，平均温度在 5~24℃，南北气温相差达 19℃左右。（2）年温差小，日温差大。夏季，最热天平均温度在 19~22℃；冬季，最冷月平均温度在 6~8℃以上。年温差一般为 10~15℃，日温差达 12~20℃。（3）降水充沛，干湿分明，分布不均。云南全省大部分地区年降水量在 1100 毫米，降水量最多是 6~8 月，约占全年降水量的 60%。11 月至次年 4 月的冬春季节为旱季，降水量只占全年的 10%~20%。（4）云南无霜期长。南部边境全年无霜；偏南的文山、蒙自、思茅，以及临沧、德宏等地无霜期为 300~330 天；中部昆明、玉溪、楚雄等地约 250 天；较寒冷的昭通和迪庆达 210~220 天。

四、土壤类型丰富的西南

贵州土壤类型极其复杂。早在 1938 年，就有研究指出："黔省山坡峻峭，冲削剧烈，土层概薄，即平坝之地已辟为田者也，恒见石砾累累，足证其地力硗瘠。土壤有黄、棕黄、深棕色等，大都是呈酸性或微酸性反应。"总的来看，贵州高原主体地带性土壤为黄壤，局部地方分布有红壤、山地灌丛草甸土、山地黄棕壤、石灰土、紫色土，以及水稻土等。虽然贵州的土壤类型与分布比较复杂，但地带性的土壤仍然呈现由北向南依纬度方向依次分布黄壤、红黄壤和红壤的水平分布规律，山地海拔由高到低则依次呈现山地草甸土、黄棕壤、黄壤、红黄壤、红壤的垂直分布规律。

五、植被类型复杂、资源丰富的西南

云南与贵州是我国森林植被类型最为丰富的区域。除了季风常绿阔叶林、半湿润常绿阔叶林、暖性针叶林、暖热性针叶林的亚热带森林外，还有雨林、季雨林的热带森林。在不同的海拔地带，还分布有温性针叶林、寒温针叶林、灌丛草甸和高山苔原植被。

贵州植被类型主要体现在：（1）它不仅有我国亚热带型的地带性植被常绿阔叶林，还有近热带性质的山地季雨林、沟谷季雨林；（2）不仅有大面积次生的落叶阔叶林，还有分布极为局限的珍贵落叶林；（3）不仅有寒温性亚高山针叶林，还有暖性同地针叶林。各种植被类型在空间分布上相互重叠，各种植被类型组合复杂多样。

在贵州省内，维管束植物（不含苔藓植物）共有 269 科、1655 属、6255

种（变种）。在《贵州省重点保护树种名录》记载中，贵州全省共有野生珍稀濒危植物 404 种，隶属于 56 科 142 属；有 70 余种珍稀植物列入国家重点保护植物名录，珙桐（*Davidia involucrata Baillon*）、银杉（*Cathaya argyrophylla Chun et Kuang*）、南方红豆杉（*Taxus chinensis var. Mairei*）等 14 种属国家一级保护植物，连香树（*Cercidiphyllum japonicum Sieb.Et Zucc*）等 57 种属国家二级保护植物。❶2014 年前后，植物学界在贵州又发现了一些新的记录植物，如狭冠长蒴苣苔（*Didymocarpus stenanthos Clarke*）、石蜘蛛（*Pinellia integrifolia N.E.Brown*）、网子度量草（*Mitreola reticulate Tirela-Roudet*）、金长莲（*Stauro-gyne sichuanica H.SLo*）、棒距虾脊兰（*Calanthe clavata lindl*）、石萝藦（*Pentasacme championii Benth*）和芒毛苣苔（*Aeschynanthus acuminatus Wall.ex A.DC*）等。❷

　　云南省植被类型也非常复杂。水平地带性植被从南向北依次为热带雨林、季雨林、季风常绿阔叶林、半湿润常绿阔叶林。云南东北角主要是四川盆地边缘山地的湿性常绿阔叶林；西北角一隅独龙江河谷是东喜马拉雅南部热带雨林、季雨林地带向东延伸部分；西北部为横断山系中段，其植被类型为寒温性针叶林和高寒草甸。在水平带基准面以上的山地，分布着构成植被垂直带的各类湿性常绿阔叶林和温凉性及寒温性针叶林。亚热带地区基准面以下则是深陷的干热河谷，分布着干热的稀树灌木草丛和干旱草地。滇南、滇西北、滇西边缘地带保留有原生植被，滇东和滇中地区多为云南松林。草地类型共有 11 种类型，包括高寒草甸、山地灌丛草丛、山地草甸、亚高山草甸等。这些草地连片的地区主要集中在滇东北和滇西北，其他草地分散于丘陵、山地、河谷、盆地之间，而且与农地和林地相互嵌入。草地分布特点形成了高山、亚高山草甸草场，河谷稀树、灌木草场，山地灌木、禾草草场 3 种类型。

　　云南植物资源丰富，素有"植物王国"著称，几乎集中了从热带、亚热带至温带甚至寒带的植物品种。在全国约 3 万种高等植物中，云南已发现了 274 科，2076 属，1.7 万种。《云南省保护植物名录》分为三个等级，一级、二级、三级分别保护的植物为 5 种、55 种和 154 种，共计 214 种，主要有十蕊枫（*Acer laurinum*）、富宁枫（*Acer paihengii*）、粗柄枫（*Acer tonkinense*）、

---

❶ 参见贵州省林业厅网站：http://www.gzforestry.gov.cn/news/20081215/200812151436023981_0.html.
❷ 蔡磊，黎明，等.贵州省新记录植物［J］.西北植物学报，2015（9）.

望谟崖摩（*Aglaia law ii*）、长柄七叶树（*Aesculus assamica*）、优贵马兜铃（*Aristolochia gentilis*）等。云南珍稀濒危植物主要有观音座莲（*Angiopteris*）、桫椤（*Alsophila*）、苏铁蕨（*Brainea*）等。

第三节　西南地区生态功能定位

一、中国生态安全格局的重要组成部分

贵州地处长江、珠江上游，是长江、珠江上游地区重要生态安全屏障。云南地处珠江、红河两大江河源头和长江、澜沧江、怒江、伊洛瓦底江四大江河上游，是东南亚国家和我国南方大部分省区的"水塔"，是西南地区重要的生态屏障。贵州和云南还是青藏高原生态屏障、黄土—川滇生态屏障和南方丘陵山地带的重要组成部分，在保障国家生态安全中具有重要作用。❶

二、世界生物多样性保护战略热点区

云贵高原，不仅是我国生物多样性保护优先区域，也是全球生物多样性重点保护热点地区。贵州、云南分别拥有国家重点保护的野生动物 79 种和 222 种，分别占全国总数的 19.7% 和 55.4%，两省还分别拥有野生植物 71 种和 114 种，分别占全国总数的 28.8% 和 46.3%。在《中国生物多样性保护行动计划》的 11 个生物多样性保护优先区域中就有 2 个在云贵地区。截至 2012 年年底，贵州、云南共有自然保护区 281 个，总面积 3.79 万平方千米，其中国家级自然保护区 24 个，总面积达 1.67 万平方千米，占全国国家级自然保护区总面积的 1.8%。❷

三、中国重要水源涵养区

西南地区森林资源丰富，是我国重要的水源涵养功能区。云贵两省位于我国

---

❶ 刘小丽，刘毅，任景明，李天威.云贵地区生态环境现状及演变态势风险分析［J］.环境影响评价，2015（1）：27-30.

❷ 谢丹，刘小丽，刘毅，等.云贵可持续发展定位挑战与对策［J］.环境影响评价，2014（2）：29-31.

长江流域的上游，怒江、澜沧江、金沙江、南盘江、乌江等多条河流流经此地，拥有高山复合体生态系统、亚高山寒温性针叶林生态系统、中山常绿阔叶林生态系统、山地针阔混交林生态系统、高原湿地生态系统等重要的生态系统，是我国森林资源、水资源和生态景观最富集的地区之一。滇西北怒江、金沙江、澜沧江的上游地区，滇中的金沙江流域与红河流域、滇东北曲靖市一带的珠江源区、珠江流域的分水岭地带，黔西乌江的上游地区，黔中清水江、柳江的上游地区，都是我国水源涵养极其重要的区域。❶

四、中国土壤保持重要区域

云南、贵州是我国水土流失最严重的地区之一。据 2004 年云南省第三次水土流失遥感调查，云南全省水土流失面积已达 13 万平方千米，占云南国土总面积的 34.0%；截至 2005 年，贵州省水土流失总面积达 7 万多平方千米，占贵州国土总面积的 44.6%。云贵地区水土保持对下游地区的生态安全具有重要作用，西南喀斯特地区和云南干热河谷区都是我国土壤保持的重要区域，西南喀斯特地区还是石漠化治理的重要区域。❷

五、中国重要农林产品提供地区

云南与贵州是我国重要的农林产品提供地区。云贵两省农业较为发达的地区集中在地势较为缓和的滇中、滇西南、滇东北，以及黔中、黔东等低山丘陵生态区。云贵两省的速生丰产林基地、大型国有林场及水源林，主要分布在中山河谷地带的滇东南、滇西南、滇西北，以及黔西、黔东南等地区。

第四节　西南地区森林生态系统现状及演变趋势

一、西南地区森林资源现状

西南地区是我国森林植被类型最为丰富的区域。根据贵州省 2015 年统计年

---

❶ 谢丹，刘小丽，刘毅，等.云贵可持续发展定位挑战与对策［J］.环境影响评价，2014（2）：29-31.
❷ 谢丹，刘小丽，刘毅，等.云贵可持续发展定位挑战与对策［J］.环境影响评价，2014（2）：29-31.

鉴数据，截至 2014 年年底，贵州省森林面积达 863.22 万公顷，森林覆盖率达 49.0%，活立木总蓄积量达 4.31 亿立方米，完成造林面积 30.27 万公顷，封山育林面积 8.73 万公顷。自然保护区个数 123 个，其中国家级自然保护区 9 个，省级自然保护区 7 个，地市级自然保护区 21 个，县级自然保护区 86 个，自然保护区面积 89.51 万公顷，自然保护区面积占贵州省面积的 5.5%。在自然保护区中，森林生态系统、野生动植物类型 119 个，内陆湿地类型 3 个，古生物遗迹类型 1 个。森林公园 78 个，其中国家级森林公园 25 个，省级森林公园 31 个，森林公园面积 27.2 万公顷，约占贵州全省面积的 1.6%。

贵州现有宜林地 761.83 万公顷，占贵州省总土地面积的 43.2%，高于全国 27% 的平均水平。其中，有林地 420.15 万公顷，占林地的 55.2%；灌木林地 90.95 万公顷，占林地的 11.9%；疏林地 2.43 万公顷，占林地的 3.2%；未成林造林地 9.61 万公顷，占林地的 0.04%。

贵州省森林多集中于东、东南和北部，黔东南州和遵义市的森林面积占贵州省森林面积的 47.7%；铜仁、黔南州两地占 28.3%；毕节、安顺、黔西南州、六盘水、贵阳市五个地区的森林面积合计占贵州省森林面积的 24.0%。从地貌类型来看，喀斯特林地主要连片分布在黔南、黔西南和黔中地区，占贵州省林地面积的 23.3%，非喀斯特林地占 76.7%。

云南省森林覆盖率比较高。截至 2014 年年底，云南林地面积 3.75 亿亩，占国土总面积的 65.4%；森林面积 2.87 亿亩，森林覆盖率为 54.6%；活立木蓄积量 18.75 亿立方米，其中森林蓄积占 90.8%。

云南省分布有高等植物 18 340 种，占全国总量的 53.3%；国家重点保护植物 146 种，占全国总量的 47.2%；云南省共建成国家级自然保护区 20 个、省级自然保护区 38 个，其中林业部门管理的省级自然保护区 35 个、国家级自然保护区 17 个，国家湿地公园 11 个，国家公园 8 个，国家级森林公园 28 个，国家沙漠公园 1 个。然而，云南省森林分布不均，西双版纳州的森林覆盖率最高，文山州最低。具体来说，森林主要分布在西部，包括迪庆、丽江、怒江、临沧、保山、德宏、西双版纳、思茅、大理等，东部地区的森林分布量最低。

二、西南地区森林资源的动态变化趋势

1949 年以来，西南地区森林资源经历了"先破坏后建设"的过程。从 20 世

纪 90 年代开始，人工林的面积呈持续扩大趋势，但天然林总量尚未有非常明显的增加。

1. 森林覆盖率及蓄积量变化趋势

古时，地处亚热带的贵州几乎全为森林覆盖，陆生植物的主流是种子植物，遍地是茂密的草木、乔木和灌木。[1]明末清初，贵州仍然有大片的森林未被开发。这可以从历史文献所记载的贵州虎患事件去推断。根据有关研究表明，一只成年虎要成活下来，需要有 20~100 平方千米的森林面积供其栖息。因此，老虎的出现甚至发生虎患，必然有大片的森林面积。从现有一些文献统计来看，明清时期，贵州各地发生虎患就有 40 多起，其中明代 23 起，清代 21 起。其中，发生在明代嘉靖、万历年间的有 19 起，占明代虎患总量的 83%，清代康、雍、乾年间的有 17 起，占清代虎患总量的 81%。[2]历史文献所记载的虎患事件足以证明明末清初以前贵州的森林资源是非常丰富的（见表 1-1）。

表 1-1 明清时期贵州部分虎患统计表

时间	出处	地名	虎患事件
嘉靖乙酉	嘉靖《贵州通志》卷十《祥异》	思南府	思南府在嘉靖乙酉，虎至府堂，吼啸数声而出，莫知所之。又一夕三虎渡河止于桥下，为众搏之而毙
嘉靖己亥	嘉靖《贵州通志》卷十《祥异》	铜仁府	嘉靖己亥春夜，豹入民居，到晓获之。庚子，三虎吼于东山之椒地，地若为之震，越四夕复吼如前
万历甲午	乾隆《毕节县志》卷七《时事·灾异》	毕节	虎入东门陈时家，上床做人睡状，伤六七人，乃就毙
康熙二十二年	乾隆《平远州志》卷十六《艺文·平远风土记》	平远	康熙二十有二年……虎豹麋鹿亦时时游城中，府厅皆民舍，背负石山
康熙二十四年 康熙乙丑	道光《遵义府志》卷十七《物产》	绥阳	乙丑春，虎屡入县城，伤害人畜。绥阳县村落间，二日龁三十七人，捕之则咆恋入山，率不能致
康熙三十七年	民国《独山县志》卷十四《祥异》	独山	戊寅虎入城伤苗民夫妇二命
万历二十六年	乾隆《贵州通志》卷一《天文·祥异》	兴隆	万历二十六年兴隆虎食百余人

随着人类活动的开展及对森林资源的开发利用，贵州森林覆盖率逐渐下降，虎

---

[1] 《贵州通史》编委会.贵州通史：第 1 卷［M］.北京：当代中国出版社，2003：59.
[2] 袁轶峰.明清时期贵州生态环境的变化与虎患［J］.农业考古，2009（6）：333-337.

患事件也就逐渐减少。到 1949 年，贵州省森林覆盖率大约为 40.0%。20 世纪 50 至 80 年代，在各种自然灾害与人为活动的破坏下，贵州省的森林覆盖率曾降至 12.6%。20 世纪 80 年代中期以后，在国家和地方社会加强森林管理及大面积进行植树造林和封山育林的背景下，截至 2020 年 3 月，贵州省森林覆盖率达到 58.5%。1979—2014 年，贵州省土地面积、林业用地面积、有林地面积、乔木林面积变化如图 1–1。

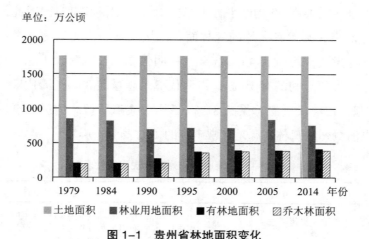

图 1–1　贵州省林地面积变化

云南省是我国三大林区之一。历史上，云南森林覆盖率一直处在全国的领先地位。《宋史·地理志》《西南夷风土记》《明实录》等文献资料都出现过对云南森林的描述，其描述内容多为"山多巨树""草木畅茂""榛莽蔽蟾"等。但历史上云南森林同样遭受不同程度的破坏，主要原因为开矿、冶炼、开荒、生活用柴及战争等。云南因矿产资源丰富，其先民远在商代晚期就已掌握冶铜和制造铜器的技术。在全国产银量中，云南大多时期均居全国之首。《元史·食货志》载，天历元年全国岁课中，云南金银课均居全国之冠。又明人宋应星在《天工开物》记载，全国产银之地有滇、浙、闽、赣、湘、黔、豫、川等省，"然合八省所生，不敌云南之半"。但冶炼是以消耗大量森林资源为前提的，如 1940 年《云南林业》一文记载有"蒙自附近之山，在不久之前尚有天然林存在，后因个旧锡业发达，大量用木炭，每年炼锡用木炭在 700 万千克以上。最初取自蒙自山林，后至建水，现已用至石屏山林，而石屏山林又将砍伐殆尽矣"❶。

---

❶　郝景盛.云南林业［J］.云南实业通讯，1940（8）.

中华人民共和国成立后，云南边远地区的冶炼仍然按照传统的土法生产需用大量的木炭。1959 年，仅鹤庆县就因冶炼而消耗木炭 18 009 万千克，折合森林蓄积量近 100 万立方米。另外，因人口增加而需开荒种地，这也以毁坏大量森林为代价。1958 年，怒江中游保山地区，仅扩大耕地就毁林 1600 公顷，20 世纪 50 年代年均毁林开荒面积约 700 公顷。❶ 1949—1984 年，云南固定性耕地增加了 148%。开矿、冶炼、开荒及生活用柴，均对森林造成了极大的威胁。1975 年调查显示，仅烧柴这一项，云南每年对森林资源消耗就达 2000 万立方米左右，占云南全省年森林蓄积总消耗量的 61.4%，是当时国家计划木材采伐量的 10 倍。❷

历史上对云南森林造成毁坏的另一个重要原因就是战争。近代以来，外国列强入侵中国后，云南森林历经浩劫，如怒江流域森林就在 20 世纪 40 年代的滇西战争中遭受破坏。其破坏原因有：一方面，怒江东岸的远征军需要采伐大量树木，用于抗日战争时期的每日烧柴煮饭、冬天取暖及架设电线等；另一方面，怒江西岸日军不仅砍伐大量森林用于修筑堡垒和建造桥梁等，还肆意烧毁了大面积的森林。❸据统计，在滇西抗日战争期间，怒江中游的龙陵全县有 12 900 亩森林被毁，其中，抗日战争主战场的腾冲、松山的森林被毁面积分别为 3392 亩和 900 亩。❹

总的来看，历史上，云南森林资源随着国家政治体制和人民日常生活的变迁而发生了演变。尤其是在 20 世纪 40 年代到 80 年代期间，云南森林遭受破坏比较严重，其活立木蓄积减少到 9.1 亿立方米，覆盖率下降到 24.9%。进入 20 世纪 90 年代以后，云南启动了"天然林资源保护工程"和"长江防护林工程"，全面停止砍伐西双版纳州境内和金沙江流域的天然林。这些措施有效保护了云南的森林资源，扭转了森林面积和蓄积量下降的局面，使森利覆盖率由原来的 24.9% 提高到 2014 年的 55.7%

2. 林业用地面积变化趋势

根据 2012 年云南省森林资源清查第六次复查，云南省林地面积从 1987 年

❶ 杨文虎. 保山地区林业志［M］. 昆明：云南教育出版社，1996：102-103.
❷ 刘德隅. 云南森林历史变迁初探［J］. 农业考古，1995（3）：191-196.
❸ 吴臣辉. 近代以来怒江流域森林破坏的历史原因考察［J］. 贵州师范学院学报，2015（7）：12.
❹ 中共保山市委史志委. 云南省保山市抗战时期人口伤亡和财产损失［Z］.2010：16-79.

到 2012 年期间呈下降趋势，1987 年为 2502.18 万公顷，1992 年为 2435.97 万公顷，1997 年为 2380.97 万公顷，2012 年为 2501.04 万公顷；有林地的面积从 1987 年到 2012 年期间呈上升趋势，1987 年为 932.76 万公顷，1992 年为 940.42 万公顷，1997 年为 1287.32 万公顷，2012 年为 1750.09 万公顷；疏林地面积从 2002 年的 79.65 万公顷下降到 2012 年的 34.55 万公顷；未成林地面积从 2002 年的 12.95 万公顷上升到 2012 年的 66.70 万公顷；灌木林地从 2002 年的 408.37 万公顷下降到 2012 年的 340.69 万公顷；苗圃地面积从 2002 年的 0.48 万公顷上升到 2012 年的 0.96 万公顷；无林地面积从 2002 年的 421.81 万公顷下降到 2012 年的 77.69 万公顷。

根据第八次全国森林资源清查，从 20 世纪末到 2014 年，贵州林地、非林地、灌木林地的面积均有所增加。具体来看，有林地面积从 1979 年的 230.93 万公顷上升到 2014 年的 420.15 万公顷；非林地面积由 2000 年的 973 万公顷，减少到 2005 年的 896 万公顷；灌木林地面积从 1979 年的 75.69 万公顷上升到 2014 年的 90.95 万公顷。

3. 林龄结构变化趋势

20 世纪 60 年代至 90 年代末，在云南省的林地构成中，各龄组成均有不同程度的变化。1964 年，幼龄林占 1.5%、中龄林占 28.3%、成熟林占 60.2%；1980 年，幼龄林占 34.0%、中龄林占 37.1%、成熟林占为 28.9%；1987 年，幼龄林占 5.8%、中龄林占 11.7%、成熟林占 25.7%；1992 年，幼龄林占 35.6%、中龄林占 26.0%、成熟林占 13.6%；1997 年，幼龄林占 37.8%、中龄林占 26.6%、成熟林占 13.1%（如图 1-2）。

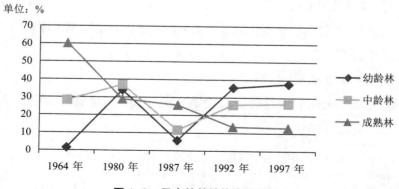

图 1-2　云南林龄结构变化趋势

1979—2005 年，在贵州省的林地构成中，各龄组成也有不同程度的变化。幼龄林面积在 1979—1995 年期间逐年增加，之后增加幅度缓慢；中龄林面积在 1979—1990 年期间有所降低，之后逐渐增加；成熟林面积在 2000—2005 年逐渐增加（如图 1-3）。

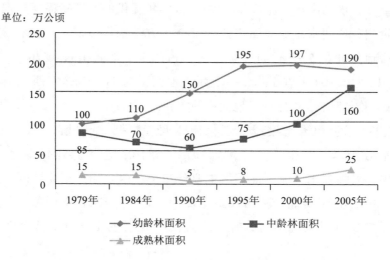

图 1-3　贵州林龄结构变化趋势

第五节　西南地区频繁的自然灾害

西南地区自然灾害频繁。刘锡蕃在其《岭表纪蛮》中就曾指出，西南地区的自然灾害主要表现为旱灾、水灾和风灾等三大灾害。他认为，造成这三大自然灾害的原因主要是其特殊的地质和气候。他还记录了自然灾害所带来的危害："农耕方面：地土硗瘠——田畴稀少——圻亩狭隘——农具拙劣——鸟兽侵食——气候不齐——水、旱、风，均易成灾！"[1]"其灾歉亦甚多。盖其田因山开垦，高峻细长，砂碛硗瘠，蓄水易泄，故常患旱；山洪暴涨，四山淙淙，万流汇藤，陵谷淹没，故常患水；秋高气燥，乔花正开，金风摇曳，缤纷易谢，故常患风。风发于'秋社'之前，蛮人称为'社前风'，其患尤大。故凶牛饥馑，鬻卖子女惨变，

---

[1]　刘锡蕃.岭表纪蛮［M］.台北：南天书局，1987：123.

踵趾相属。其价之廉，有时不及马牛，亦可哀已。"❶

一、水土流失严重

西部地区作为长江、黄河、珠江等河流的发源地和上游地区，保护好其水土至关重要。水利部水土保持监测中心 2002 年提供的喀斯特遥感数据表明：仅滇东、贵州、广西水土流失面积就达 1.43 平方千米 ×105 平方千米，其中滇东地区水土流失面积 5.97×104 平方千米，占滇东土地面积的 45.20%，贵州水土流失面积 7.31×104 平方千米，占贵州土地面积的 41.52%，广西水土流失面积 1.37×104 平方千米，占广西土地面积的 4.38%。❷

据 1999 年贵州省土壤侵蚀现状遥感调查数据，贵州省水土流失面积达 73 179 平方千米，占全省总土地面积的 41.54%，土壤年侵蚀量达 28 566 万吨。其中，极强烈水土流失面积区主要分布于黔西北和黔东北地区，强烈流失面积区主要分布于黔北、黔西及黔东北部分地区，中度水土流失区主要分布于中部丘陵山地性高原地区，轻度水土流失区则主要分布于黔东南、黔南土山区。

云南省水土流失在 20 世纪 60 年代至 90 年代十分严重，进入 21 世纪后，通过各种治理措施，云南水土流失面积有所减少。从 2004 年云南省土壤侵蚀现状遥感调查数据成果来看，云南省水土流失面积为 134 261 平方千米，占云南总土地面积的 35.04%。与 1999 年相比，水土流失面积减少了 7071.9 平方千米。云南大多流域原本森林资源非常丰富，但一些流域存在毁林开荒、乱砍滥伐等现象，导致森林面积减少、植被破坏、水土流失严重等生态问题。例如，澜沧江流域的大理州，在 1988 年水土流失面积达 10 756 平方千米，占全州土地总面积的 36.5%；1984 年，西双版纳州森林覆盖率下降到 34.3%。目前，云南水土流失严重地区主要分布在滇南中低山宽谷区、滇中滇东北山原区和滇东南岩溶丘陵区的红河流域、金沙江流域、珠江流域、澜沧江和怒江流域范围内。

❶ 刘锡蕃.岭表纪蛮［M］.台北：南天书局，1987：242.
❷ 熊康宁，池永宽.中国南方喀斯特生态系统面临的问题及对策［J］.生态经济，2015（1）：24.

二、石漠化问题严峻

西南地区是我国石漠化最为严重的地区，仅贵州和云南的石漠化面积就占全国石漠化总面积的 53.4%。

贵州石漠化分布相当广泛，可以说是全国石漠化面积最大、等级最齐、程度最深、危害最严重的省份，也是我国需要重点治理的石漠化地区。贵州石漠化的问题早在一些历史文献中就有所记载。康熙《贵州通志序》记载："今黔田多石，而维草其宅，土多瘴而舟楫不通，苗多犷而反侧不常……"该文献所出现的"多石""土多瘴""地埆不可耕"等，描述了当时贵州就已经受到石漠化的影响。这表明石漠化并非今天才出现，而是很早就已经存在，只是当时没有出现"石漠化"的专业术语而已。

根据贵州省自然资源厅统计数据，2005 年贵州石漠化面积达到 35 920 平方千米，占全省国土地面积的 20.39%。根据国家林业局 2011 年监测，全省石漠化面积达 30 200 平方千米，占全国 8 省（区、市）石漠化面积的 26.74%，占全省面积的 17.6%。根据贵州省第二次石漠化监测成果公报（2012 年），贵州石漠化面积比 2005 年减少 0.29 万平方千米，年均减少 1.47%；其中，轻、中、重、极重石漠化比例分别从 2005 年的 32%、52%、13%、3% 转变为 35%、51%、12%、2%，这当中，毕节市减少面积为全省最大，占全省减少面积的 18.54%。尽管贵州石漠化面积 2011 年比 2005 年略有减少，但据最新的 GIS 数据显示，六枝、黔西、安龙和六盘水石漠化面积达到 40% 以上。

贵州石漠化仍存在两种变化趋势，一种是通过岩溶石漠化综合治理、退耕还林、天然林保护、珠江、长江防护林等重大林业生态工程的植被恢复建设，生态环境向好转化，植被覆盖率提高，质量改善，得到了恢复；另一种是还存在较大面积的石漠化土地尚未被有效治理，加上人多地少、陡坡耕作、各类非生态工程建设等人为活动，又形成了新的石漠化，使原有石漠化土地面积扩大，生态环境向恶化转化。❶具体情况如图 1-4 所示。

---

❶ 陈起伟，熊康宁，兰安军. 基于 3S 的贵州喀斯特石漠化遥感监测研究［J］. 干旱区资源与环境，2014（3）：62-67.

单位：万公顷

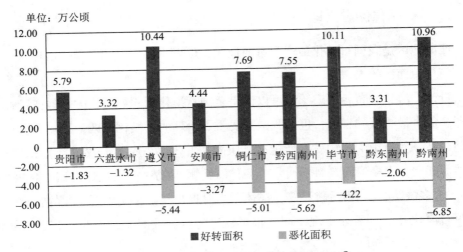

图1-4　贵州石漠化治理好转与恶化对比 ❶

云南省石漠化也比较严重。据2005年国家林业局发布的统计资料显示，云南省石漠化面积达288.20万平方千米，占云南总土地面积的15.35%。到2012年，云南石漠化面积上升到347.73万平方千米，占云南总土地的18.52%。 ❷

云南省石漠化土地主要分布在文山、曲靖、红河、昭通、丽江、迪庆、临沧、昆明、玉溪、保山、大理等地，涉及11个州市的65个县（区或市）。云南石漠化主要以中度石漠化为主，其次为轻度石漠化、强度石漠化和极强度石漠化。

三、极端天气频发

历史上，西南地区旱灾和水灾频繁，给当地少数民族留下了深刻的灾难记忆。例如，1925年，贵州省台江县巫脚交苗族地区从5月至8月，共闹了4个月的旱灾。除了河边的少部分农田有一定的收成，其他农田颗粒无收，减产达70%。当地村民先是以泉水灌溉，后来泉水也干枯了。次年，在青黄不接时，有几百人因为饥荒而死。旱灾导致了米价猛涨，一块银圆只能买到半升大米。到了1929年，当地又闹了一次旱灾，减产达50%，米价又一次上涨。然而，到了1930年，巫脚交及其周边的巫梭、反排一带的苗族村寨都遭到了水灾，大量农

❶　尹伟伦《贵州石漠化地区生态恢复的问题及建议》，其为在第十五届中国科协年会上，贵州省党政领导与院士专家座谈会的资料。

❷　王宇，张贵，柴金龙，等.云南岩溶石山地区重大环境地质问题及对策［M］.昆明：云南科技出版社，2013：17-27.

田被冲毁，约损失 4800 挑稻谷，11 幢房屋被冲毁，1 座水碾坊被冲走，1 户 3 口人被淹死，其尸体卷入洪流，未能找到。❶

2006—2016 年，西南地区受降水年际变化和全球气候变暖的影响频繁发生极端天气。例如，2006 年，西南地区发生了罕见的长时间、大面积旱灾，特别是重庆和四川最为严重，汛期长江干流许多主要站都出现了历史同期最低水位。据不完全统计，受灾人口突破 6800 万人，因旱造成 1537 万人、1632 万头大牲畜出现饮水困难，农作物因旱受灾面积 400 多万公顷，成灾面积超过 233 万公顷，造成较大的粮食减产和农业直接经济损失。❷

2009 年 8 月至 2010 年 5 月，西南地区的云南、贵州、四川、重庆、广西等地发生了持续特大干旱，尤其是云南已经出现了多年的持续大干旱。据不完全统计，受灾人口达到 5100 万人，因旱造成 2148 万人、2773 万头大牲畜出现饮水困难，农作物因旱受灾面积达 625 万公顷，造成较大的粮食减产和工农业直接经济损失，由于干旱缺水，还造成经济林和天然植被大面积枯死，因旱发生多起森林火灾。❸在这场特大旱灾中，贵州省局部地区遭遇 50 年来罕见的极端干旱。长江流域中下游地区夏季径流量增加趋势显著，但春季和秋季降水量明显减少。

2011 年，贵州省降水总量偏少，时空分布不均，大部分地区降水较常年同期偏少 5~10 成，江河来水较常年偏少 5~9 成，水利工程蓄水较常年偏少 3 成，加上持续晴热高温加剧水分蒸发，贵州各地出现严重干旱灾害。在 88 个受灾县（市、区）中，31 个县特旱、39 个县重旱。据气象部门监测，2011 年是贵州省自 1951 年有气象观测记录以来，同期受灾影响面、受灾程度、灾害损失最大的一年。贵州省因旱受灾总人口 2148.33 万人，有 708 万人发生临时饮水困难，需饮水、口粮等生活救助人口 454.8 万人；农作物受灾面积 181.58 公顷，农业因灾直接经济损失 150 亿元。❹2011 年 7 月至 12 月，贵州省黔西南州发生特大干旱，总降水量较常年平均少 3~6 成，因旱造成 211.95 万人受灾，102.01 万人、82.28 万头（匹）大畜生饮水困难，小（二）型以上水库干枯 14 座，10 千米以上或集雨面积在 20 平方千米以上的河流断流 14 条。农作物受灾面积 19.68 万公顷，绝收 6.14 万公顷，

❶ 贵州省编辑组 . 苗族社会历史调查（一）[M]. 贵阳：贵州民族出版社，1986：27–28.
❷ 马建华 . 西南地区近年特大干旱灾害的启示与对策 [J]. 人民长江，2010（24）：7–12.
❸ 马建华 . 西南地区近年特大干旱灾害的启示与对策 [J]. 人民长江，2010（24）：7–12.
❹《贵州省水利工作有关情况汇编》，2011.

造成经济损失达 28 亿元以上。❶

云南中部和四川西北部是西南地区两个干旱灾害致灾因子的高危险性区域，其干旱灾害致灾因子危险性与气候带和地势空间分布基本一致，具体是北部高于南部，西部高于东部，从东南向西北逐渐升高。具体来看，高危险性区包括寒温带半湿润区的四川西北部、中亚热带湿润区的云南中南部和东北部与贵州交界处；次高危险区包括中亚热带湿润区的四川南部、贵州西北部和云南中北部；次低危险区包括重庆、贵州中东部和云南西南部；边缘热带湿润区的云南南部和西南地区东部亚热带湿润区的危险性最低。❷

2000—2010 年，西南地区出现了不同程度的干旱灾害，极端天气频繁发生。据有关研究统计，其干旱灾害等级划分如表 1–2 所示。❸

表 1–2　西南五省（区、市）干旱灾害等级划分情况

单位：个

省份	县级行政区	易旱县			特旱县	人饮困难县	
		严重旱灾	中度旱灾	轻度及以下旱灾		1~5万人	5万人以上
贵州	88	1	70	17	67	44	35
云南	129	29	66	34	114	79	21
广西	111	0	44	65	34	23	27
四川	181	0	105	57	6	59	29
重庆	40	0	16	24	3	9	22
合计	549	30	301	197	224	214	134

根据 2006—2010 年中国水旱灾害公报，云南与贵州省因频发干旱而导致大量的农作物受灾，以及出现大量的饮水困难人口（见表 1–3）。

❶ 卢耀如，金晓霞.自然灾害下的贵州减灾思路［J］.中国减灾，2011（11）.

❷ 韩兰英，张强，等.中国西南地区农业干旱灾害风险空间特征［J］.中国沙漠，2015（4）.

❸ 马建华.西南地区近年特大干旱灾害的启示与对策［J］.人民长江，2010（24）：7–12.

表 1-3 2006—2010 年西南（云、贵）地区旱灾情况统计 ❶

灾情年份	贵州省		云南省		西南（云、贵）地区	
	农作物受灾面积（平方千米）	因旱饮水困难人口（万人）	农作物受灾面积（平方千米）	因旱饮水困难人口（万人）	受灾面积（平方千米）	占全国比例（%）
2006	7169	256	9934	217	17 103	8.25
2007	1794	71	7033	210	8827	3.00
2008	304	2.8	4750	143	5054	4.16
2009	4779	92	10 367	272	15 146	5.18
2010	12 713	757	28 385	965	41 098	31.00

除了干旱灾害外，水灾也是西南地区的一大自然灾害。西南地区的洪涝具有突发性、破坏性大的特点，并易诱发滑坡、泥石流等山地灾害。20 世纪末至 21 世纪初，西南地区发生了特大洪涝灾害，对人民生命、财产造成了极大的威胁。例如，1998 年"两江"上游发生了自 1954 年以来最大的全流域型大洪水；2008 年 11 月上中旬，长江上游又出现了历史罕见的晚秋汛，造成极大的损失。

单从贵州与云南两省来看，贵州省洪涝灾害的特点为发生地域、时域差异非常明显，贵州省范围内均有不同程度的洪灾发生，灾害集中于暴雨季节，虽然历时短，但来势凶猛，且多引发泥石流等次生灾害。据不完全统计，贵州在 1950—2007 年，平均每年农田受灾面积达 2233 平方千米，死亡 356 人，经济损失 6.98 亿元。云南省在 1950—1991 年，大洪涝平均 2 年出现 1 次，小洪涝平均 1 年 1 次，云南省因水灾受灾面积达 52 140.61 平方千米，占气象灾害总面积的 23.5%。2006—2019 年，西南地区发生的几次特大洪涝灾害如下。

2006 年 6 月 12 日，贵州省望谟县因发生暴雨而导致山洪灾害，造成全县交通、供电、供水、通信等瘫痪，县城及部分乡政府所在地被淹，全县 16.5 万人受灾、30 人死亡、20 人失踪、206 人受伤，倒塌房屋 561 户 1845 间，损坏房屋 539 户 1391 间，灾害造成直接经济损失 10.98 亿元。

2007 年 7 月 26 日，贵州省平塘县发生特大洪水，流经县城的六硐河发生百

---

❶ 参见 2006—2010 年中国水旱灾害公报。

年一遇特大洪水，县城 2/3 的区域及下游六硐坝区被淹，全县 23.35 万人受灾，灾害造成直接经济损失 5.8 亿元。

2008 年 5 月 26 日，贵州省望谟县再次发生山洪灾害。5 月 26 日凌晨，望谟县及其北邻的紫云县出现了特大暴雨天气过程。据各区域自动站记录资料统计，5 月 25 日 8 时至 26 日 8 时 24 小时内，望谟打易镇降水量 53.6 毫米，新屯 35.2 毫米，打尖 70.0 毫米，石屯 75.0 毫米，乐旺 115.2 毫米，其北邻紫云县同一小流域内上游猴场镇 213.5 毫米，望谟县邑饶、坎边无区域自动站与之同一小流域的紫云县四大寨乡降水量达 164.0 毫米。由于降水来势凶猛、强度极大，使望谟县的望谟河、打尖河、乐旺河等流域洪水暴涨、泛滥，从而导致打易镇、新屯镇、复兴镇（望谟河流域）和邑饶、坎边、打尖、石屯（打尖河流域）及郊纳、乐旺、桑郎（乐旺河流域）等 14 个乡镇受灾，死亡 12 人，失踪 8 人，受伤 16 人，交通、通信、电力中断，经济损失巨大。

2010 年 6 月 28 日，贵州省安顺市关岭自治县岗乌镇大寨村，因连续强降雨引发山体滑坡，永窝、大寨两个村民组共 99 人遇难。

2011 年 6 月 6 日，贵州望谟县发生了"6·6"特大山洪泥石流，泥石流总量达到 1000 万立方米以上，是舟曲泥石流的 5 倍。

2017 年 8 月 12 日至 16 日，云南、广西部分地区遭受强降雨袭击，两省（区）的 40 个县（市、区）有 18.8 万人受灾，10 人死亡，1 人失踪，5300 余人紧急转移安置，1600 余人需紧急生活救助；200 余间房屋倒塌，2000 余间不同程度损坏；农作物受灾面积 79 000 公顷，其中绝收 14 000 公顷；直接经济损失达 5 亿元。

2019 年 7 月 23 日，贵州水城"7·23"特大山体滑坡灾害造成 21 栋房屋被埋，搜救出遇难人员 42 人，另有 9 人失联。

面对恶劣的自然条件和频繁的自然灾害，西南少数民族并未表现出畏惧和恐慌，而是顺应自然规律，在处置各种自然灾害中总结出了一套地方性的救灾知识。通过对这些知识的发掘、整理与研究，有助于化解当前全人类共同面临的生态环境危机。

第二章 为何植树：源于生命繁衍的生态观

森林，是地球上最为宝贵的自然资源之一。罗尔斯顿Ⅲ（Holmes Rolston Ⅲ）认为，自然的经济价值不仅取决于科学发展的水平，而且也取决于自然物的性质。自然物的性质通常以难以预料的方式与人类的智力交融而产生价值。而自然资源的道德属性，则表现在生命支撑价值、宗教象征价值、消遣价值和审美价值等方面。人类的文明受到生态系统的规限，虽然各种技艺可增加人们的选择，但却无法摆脱生态系统的规限。如果仅用衡量经济价值的普通货币去计算生态价值的话，将会严重地扭曲其应有的功能，也会因此带来严重的生态灾难。因为普通货币是不足以衡量非商业性价值的，生态灾害的爆发往往就是人们习惯使用普通货币去计算生态价值的后果。自然群落中的任何一个个体生命都以各自的方式存在着，并贡献于环境的总体质量，从而支撑整个人类生命。因此，人类不能忽视任何一种个体生命，而且要平等对待，既要排除人类中心主义，也要排除生态中心主义。自然充满着诸多的神秘力量，她不仅是科学的源泉，也是诗、哲学与宗教的源泉，因此给予人类深刻的教育和启发。面对大自然，人们会产生敬畏与谦卑之感。这种价值由人们的感官经验到自然的表象所引发，但却不在这些表象本身，而是深藏在这些表象之后。人类以自己的心智赋予自然极为丰富的意义，这需要人类有发现、想象、参与和判别的能力。❶ 奥尔多·利奥波德（Aldo Leopold）提出，森林对人们来说，存在两种价值。一种是经济价值，对林业持着农业经济式的立场的人，并非反对那些过度获取森林资源的行为；另一种人则不同，林业与农业经济存在本质上的不同，林业利用自然物种，是对自然环境的管理，而非人工环境的创造。他们是根据某些原则对自然环境进行复制。他们这种对待森林的态度，体现的是一种生态良知的光芒。❷

---

❶ 霍尔姆斯·罗尔斯顿Ⅲ.哲学走向荒野［M］.刘耳，叶平，译.长春：吉林人民出版社，2000：122-149.

❷ 奥尔多·利奥波德.沙乡年鉴［M］.郭丹妮，译.长春：北方妇女儿童出版社，2011.

随着社会进步和人们认识的深化，对于森林的理解，不能只停留在物质性上，也不能只停留在生态性上。森林的文化性，如审美、文学、艺术、科学、历史、宗教等方面的价值，以及旅游、休闲、保健等功用，都已逐渐显现出来。❶

西南少数民族对待森林资源，更加注重其道德属性和文化属性，森林的经济价值往往被置于次要地位。也即是说，少数民族更加关注森林背后的象征性、宗教性和社会性。例如，他们对植树的理解，大多是从人与树木生命同源的哲学思想出发。在他们看来，植树源于他们对生命的繁衍、壮大与发展的渴望，以及他们宗教生活的需要。这是因为，少数民族在长期与森林的交往中，形成了"人中有树、树中有人、人树相依"的森林文化。这一文化最为鲜明的特点就是，人与森林互为一个超级的生命共同体。他们的各种植树习俗文化都体现出了人与森林的生命同源。

第一节　植树与人树互联的生态观

在人类社会的早期阶段，树木的果实、种子、根茎为人们提供丰富的营养和能量；树叶树皮可供人们御寒；树洞可为人们用来躲避猛兽的攻击；人们还可以在森林之下栖息、交往、交流，实现了人类的繁衍生息。此外，树木所具有的能够开花结果、高大挺拔、枝繁叶茂、生机勃勃的特点，尤其是一些古藤古树激起的人们的远古时间感和永恒持久的生命感，促使古人对树木产生了丰富的想象而赋予其强大的神性。因此，在人类看来，树木很早就已经超越了其本身的自然特性而具有了一定文化符号的象征意义，成了古代人类的崇拜对象，逐渐形成了人与树木具有生命同源的哲学思想。这种对树木的崇拜至今仍然流传在西南少数民族地区，"生儿育树""增岁种树"等文化习俗就是源于人与树木生命同源的认知模式。我们可以将这些习俗统称为"育儿种树"文化。

早在商代，就出现了有关中国古代植树风俗习惯的记载。商汤在位期间，十分重视对森林资源的保护。汉代统治者也曾多次颁布诏令劝导黎民百姓种植桑树。《汉书·景帝纪》记载："三年春正月，诏曰：'农，天下之本也。黄金珠玉，饥不可食，寒不可衣，以为币用，不识其终始。间岁或不登，意为末者众，农民

---

❶　苏祖荣.森林哲学散论——走进绿色的哲学［M］.上海：学林出版社，2009：10.

寡也。其令郡国务劝农桑，益种树，可得衣食物。'"❶ 这表明当时的统治者已将农林作为立国之本，且号召人民群众大力开垦种植。

西周时期，按照"普天之下莫非王土，率土之滨莫非王臣"的所有权思想管理山林川泽，出现了管理林业的政治机构。《周礼·地官·司徒》就载有"山虞，掌山林之政令"的内容。其时出现的"林衡"和"虞人"等就是负责管理林业的一种官职。在这一时期，人口数量逐渐增长，人类在黄河和长江流域进行了大规模的森林开发与利用，为了提高粮食产量，人们还进行大规模的毁林垦荒。森林元素逐渐被融入人类的早期文明之中。❷ 出现专门的林业管理机构，是森林文化发展至较高程度的一个重要标志。

西周时期明文规定"不树者无椁"，即人在世时，如果不种树，那么死后就不给予棺椁。统治者将植树任务定为社会责任，培育了"生儿育树"文化习俗的土壤。

所谓"生儿育树"，即在孩子出生后，父母就要为其种植一定数量的树木，待到孩子长大结婚之时，父母就要将这些已经成林的树木卖掉，以支付孩子结婚时的费用。另外，孩子出生后，栽种树木，其目的是期望孩子如同树木一样苗壮成长，是将孩子的"生命"寄托给树木，祈求树木护佑孩子平安一生。因此，种植树木并非仅停留于森林资源的经济价值的获取，其道德属性和文化性更加被人们极力推崇。

"生儿育树"的植树习俗至今流传在贵州、湖南、广西、云南等地。贵州省的锦屏县、天柱县、黎平县、从江县和广西壮族自治区的融水苗族自治县、龙胜各族自治县、三江侗族自治县，以及湖南省的通道县等地的"生儿育树"文化更加流行。

"生儿育树"也是一种经济行为，因为他们植树的直接目的，就是为了孩子成年结婚后，成林的树木成为男婚女嫁所需要开支的一些费用。在贵州省黔东南州的侗族地区，就有"十八年杉"的习俗。在当地社会里，某一家庭一旦有新生儿出生，父母就要在村落周围的坡地上栽上一百棵杉树苗，直到十八年后才准砍伐卖掉，以支付男婚女嫁的费用。❸ "十八年杉"习俗被侗族赋予神秘的神话故事。

❶　班固撰，颜师古注. 汉书（全十二册）［M］. 北京：中华书局，1962.
❷　郑辉. 中国古代林业政策和管理研究［D］. 北京：北京林业大学，2013：16.
❸　蒙祥忠. 山地民族有"神"社区的建构与生态智慧——以贵州小丹江、苏丫卡两个苗族村寨为例［J］. 广西民族大学学报：哲学社会科学版，2015（1）：19.

　　相传古代侗家人十分贫困，以至男不能娶、女不能嫁。一天，有苗侗两后生因被杉木仙女指点后，二人摇晃树身，杉种纷纷落地，于是遍山都长满了杉木，两人因营林而发家致富，后来都娶了媳妇，并生了孩子，此时他们梦见了仙女，仙女叮嘱他们要种植杉木百株，以备将来孩子长大娶妻使用。两人依了仙女之话，于次日上山种杉百株，待孩子到十八岁后，果然得到了杉木钱而为其办了喜事。栽"十八杉"的风俗因此而世代传授。❶

　　这一植树习俗在侗族民间歌谣中也有所反映，当地现在还流传着这样一首歌谣："十八杉，十八杉，姑娘生下就栽它，姑娘长到十八岁，跟随姑娘到婆家。"

　　在日常生活中，男女青年在谈恋爱时，姑娘们会首选那些掌握种植杉树技能的男子。在男女青年对唱山歌中，歌词也涉及有关栽种杉树的内容。

　　女子青年唱道：

　　侗家代代爱种杉，

　　阿哥种杉妹嫁他。

　　要想成家杉林配，

　　不种杉树莫成家。

　　男子青年对之：

　　栽上杉树坐木楼，

　　栽上桑麻穿丝绸，

　　栽上菊芍喝美酒，

　　栽上山茶吃香油。❷

　　从侗族男女青年对唱山歌的歌词来看，男子掌握植树技术成了讨好女子欢心的关键砝码。其深层次的因素是，侗族所生活的清水江流域，木材贸易是其主要经济命脉，因此谁家掌握种杉技术，则意味着他们的家庭更加富裕。女子择偶条件的背后隐含着婚姻观念中的经济因素。

　　从哲学层面看，"生儿育树"源于人树相依的生态伦理思想。贵州黔东南州从江县岜沙苗族最为原始和最为生动的是生态崇拜，他们将人和树视为一对生命共同体。岜沙苗族认为，人与树木都有灵魂，且都由共同的神所主导，他们都具

---

❶　黔东南苗族侗族自治州地方志编纂委员会.黔东南苗族侗族自治州志·民族志［M］.贵阳：贵州人民出版社，2000：245.

❷　陆景川．侗家儿女杉［J］．森林与人类，1994（5）：16.

有同等的地位。因每一棵树都有灵魂，所以它能够护佑着人的生命，且还可以与人的灵魂合二为一。孩子一出生，父母就为其种树，他们称之为"生命树"。若生男孩，父母就为其种两棵树，这两棵树就与孩子不离不弃，一起变老，生死与共。其中长得好的一棵，待到该人去世时，就砍下为其做棺椁。长得相对较差的另外一棵树，则用来给其妻子做棺椁。在这里，男性和女性对不同等次树木的选择，充分表明了侗族社会中也存在着男尊女卑的传统观念。埋葬好尸体后，后嗣者还会在坟墓上种一棵树，一棵长青的树，象征着生命还在延续。❶

若生女孩，父母也要为其种一棵树，待到女孩长大出嫁时，就砍下这棵树为其做嫁妆；如果小孩不幸夭折，父母就用床单将其尸体包裹起来，并用竹片捆扎，然后埋在其生命树之下，视为将孩子的灵魂植入生命树的体内，也算是孩子的灵魂已经有了归属；如果是未婚青壮年死亡，先是使用床单包裹好尸体，然后用木板夹住，再用竹片捆扎，最后砍其生命树的一根较粗树枝作为抬杠，在家族的合力帮助下，将尸体抬到其生命树之下进行埋葬。若死者较为年轻，其生命树尚小，则可借用其父亲的生命树，待到其父亲去世时，就使用其已经死去的孩子的生命树，孩子与父亲的生命树可相互交换。芭沙苗族的这种传统习俗，体现了"我本为树，树即为我"的原初哲学，他们对生命树的崇拜，不断地扩充与丰富了一代又一代芭沙人繁衍生息的生命张力。❷生命树已非普通之树，而是与人的生命具有密切关联的富有文化意义的树。

"生儿育树"习俗背后往往富有很多神秘的故事，这些故事在社区中广为流传。贵州省黔西南州的南龙古寨和绿荫寨都是以布依族为主的自然村落，这两个村寨最大的特点就是绿树浓荫，村寨周围古树参天。其中，南龙布依古寨至今还流传着关于榕树的传说，村寨中现有一棵长得奇形怪状的古榕树。据说这棵古树是他们某一祖先的"生命树"。该古树实际上是 3 棵不同的树木长在一起的，其中，两边的两棵树木较高，中间一棵较矮。当地人说，两边较高的树为一对夫妻，中间较矮的那棵树是他们爱情的结晶，两边较高的古树犹如一对夫妇在呵护着一个小孩。因此，当地人称之为"夫妻树"。由于这棵古树充满美好的爱情故

---

❶ 蒙祥忠.山地民族有"神"社区的建构与生态智慧——以贵州小丹江、苏丫卡两个苗族村寨为例［J］.广西民族大学学报：哲学社会科学版，2015（1）：19.

❷ 张祖群.芭沙苗民的生态文化特质——基于地方性知识的解读［J］.鄱阳湖学刊，2014（2）：103.

事，南龙古寨人习惯在该古树下进行祈祷活动，祈求古树保佑小孩幸福平安。❶
古树成了保护婴儿的文化符号。南龙古寨和绿荫寨之所以对古树依赖，与他们传
统的"生儿育树"的习俗不无关系。当地布依族至今还有如此习俗，当新生儿满
月那天，父母就要为其举办"满月酒"，而前来庆祝"满月酒"的亲朋好友都会
在主人家的田间地头栽上一棵"满月树"，以保佑孩子健康成长，待孩子长大成
人后，就砍下这些树木来做家具或修建房屋。❷当地布依族也同样将这些"满月
树"称为孩子的"生命树"。在布依族的传统思维里，人与自然是融为一体的，
人与自然具有相同的生理特性，自然与人一样都具有情感。布依族用树作为庇护
儿童健康成长的象征符号，将树与儿童的生命嫁接起来，这是期望孩子能够像新
栽的树苗一样苗壮成长，并长大成人成才，且长寿如同参天大树。这种对树木的
敬畏与崇拜，对当地布依族的人格心理都产生了极大的影响，如大人们常常以生
命树作为题材教育社区里的孩子。大人们常对孩子们说，树就是你们的生命，破
坏了树，就等于破坏了你们自己的生命。爱护树木，就等同于爱护自己。人们自
幼就接受了有关生命树的伦理教育，他们自然而然地对树木对森林产生了深厚的
情感而倍加呵护。

　　类似"生儿育树"的习俗还出现在云南省富宁县的瑶寨，当地瑶族将类似
于"生儿育树"的习俗称为"婚嫁树"或"椇树"。瑶族是我国南方典型的山
地民族，分布地域较广，支系繁多，所以其自称也出现不同的名称，如"董蒙"
（Toŋ⁵⁵moŋ³³）、"拉珈"（la³³tɕa³³）、"努侯"（nu¹³hou³³）、"金门"（tɕin³³mən⁴²）、
"布诺"（bu¹³no³¹）等。不过这些不同的瑶族自称的大概意思都是"山里的人"
或"大山的孩子"。这种自称的含义来自于他们生存环境的特点。千百年来，瑶
族主要居住在森林之中，森林是他们生活的一部分，在与森林的交往中，逐渐
形成了一套对森林认知的知识体系，进而对森林赋予了丰富的文化内涵。当地瑶
族妇女一旦怀孕后，其家人就会在村寨周围栽上几棵杉树、椿树或松树，待到孩
子出生后，这些刚刚种植几个月的树木就专属于刚出生的孩子，树木与孩子同生
共长。在日常生活中，父母会在不同节日里祭拜这些树，期望孩子得到它们的保
护。待到孩子长大结婚时，其家人就会砍下这些树木中的一棵，用来做箱柜；如

---

　　❶　梁小丽.布依族育儿习俗中的生之意蕴——对满月礼"种树"习俗的探究［J］.兴义民族师范学院学
报，2012（3）：31–33.

　　❷　刘柯.贵州少数民族风情［M］.昆明：云南人民出版社，1989：16.

果家里要建新房屋，那么也要砍下这些树木中的一棵，用来做"房梁"；待到孩子长大到年迈时，家里就砍下这些树木中的几棵，用来做棺椁备用。有的瑶族村寨，还在村寨周围的某些区域种植一片常绿树林作为"保命树"，不论是谁家的孩子，一旦出生后，接生婆就会把胎盘埋在这片树林里，象征着孩子与树相依为命、共同成长。这片树林在其村寨里，变得神圣不可侵犯。种植"婚嫁树"和"椋树"的习俗应该是瑶族人民在上千年的山地农业活动中所养成的。[1] 瑶族的这种将森林与人视为一个生命共同体的森林观，是一种朴素的生态哲学。

云南麻栗坡彝族拉基支系也有"生儿育树"的习俗。在当地，一对夫妻一旦生下第一个男孩时，家里就会在自家门前栽种两棵笔直的树，这两棵树与孩子的命运密切关联，每逢节庆或孩子招致不测，家里就会拿些供品到这两棵树下举行祭拜，祈祷它们保佑孩子平安。祭拜结束后，要使用一根草绳拴在树干上，以求家人吉祥安康。在平日里，不能把一些污水洒向这两棵树下，大人和小孩更是不能随意在这两棵树底下解大小便，以维护神树的圣洁和灵验。[2] 在这里，树的生命与人的生命一样，获得了同等的地位。

在西南少数民族地区，有的村寨除了在孩子出生时给予种植树木之外，还会在孩子每增长一岁就会给予种植一棵树，人们通常将之俗称为"增岁种树"。例如，黔湘边区的一些苗族聚落，每个家庭都有义务为孩子种植树木。社区里的某个家庭一旦有孩子出生，无论是哪家孩子，每一户人家都主动为其种树。之后，孩子每长大一岁，其父母都要在自家的林地里种植一棵树，直到孩子年满18岁。因此，待到孩子18岁时，自己的家庭及社区里的其他家庭为其种植的树木已经超过18棵，这些树木伴随着孩子一起成长。孩子成年结婚时，父母就将这些树木当作家产。原本作为生命象征符号的树木，在某种时空下也可以转化为一种经济价值。

少数民族"育儿种树"的习俗源自于人与树木同为一个生命共同体的生态伦理观。同时，也与古代"命树"观念不无关系。在汉代，《太平经》就阐述了"人有命树"的朴素哲学思想。《太平经》的《有过死谪作河梁诫》卷记载道：

人有命树，生天土各过。其春生三月命树桑，夏生三月命树枣李，秋生三月

---

[1]　何新凤，刘代汉.瑶族崇林祭树传统习俗中的生态智慧［J］.广西民族研究，2014（1）：83-87.
[2]　刘荣昆.林人共生：彝族森林文化及变迁探究［D］.昆明：云南大学，2016：154.

命梓梗，冬生三月命槐柏。此俗人所属也。皆有主树之吏，命且欲尽，其树半生；命尽枯落，主吏伐树，其人安从得活？欲长不死，易改心志，传其树近天门，名曰长生。神吏主之，皆洁静光泽，自生天之所，护神尊荣。❶

该文献表达了树就是人的生命，当人的生命走到尽头时，树木的生命也即将面临凋零乃至枯萎。这正反映了人树互联的哲学思想。

少数民族将人与树木视为同呼吸、共命运的一对生命连体，这表明了他们对待生命并非仅停留在生命的物质性本身，而是更加注重生命的象征意义，以及生命的延伸。这样的认知模式与新西兰北部毛利人的生命观极为相似。毛利人认为，所有生命的构成要素包括"永恒的元素""自我"（死后消失）、"鬼魂"和"身体"四种。他们将"动力要素"称为"卯瑞"（mauri）。而"卯瑞"以物质的和非物质的两种方式出现。物质的"卯瑞"是任何物体，它是积极的生命原则。非物质的"卯瑞"则是其象征意义。因此，在毛利人的社会中，婴儿出生时也要种植一棵树木，这棵树便可以被看成这个孩子的物质的"卯瑞"。❷弗雷泽在《金枝》里也提到："毛利人生下婴儿后惯常把脐带埋在一个神圣的地方，在上面种一棵树苗。随着树苗的长大，也象征着儿子生命成长（a tohu orange）；树若繁茂，则此儿也一定富贵荣华；树若枯凋，则此父母就可预卜其最舛的命运。"❸

叶舒宪对毛利人这样的生命观的解释是，他们对身体的阐释同样贯穿着物质的与非物质区分的原则。这样的一种细微的理性分析所构成的自我观，既强调了人格的多元性质，也强调了自我向过去和未来的延伸。❹少数民族这种将人的生命寄托于树木生命成长的生态伦理观，对于森林的保护至关重要。因为在他们的认知世界里，毁林即为毁掉自己的生命，必将遭受来自整个社会的舆论压力，他们社区的森林资源也就在这样的伦理观的规限下得到了很好的保护。

---

❶ 王明.太平经合校［M］.北京：中华书局，1960：578.

❷ PAUL RADIN. Primitive man as philosopher［M］.New York：Dover Publications，1957.

❸ 詹姆斯·乔治·弗雷泽.金枝［M］.徐育新，等译.北京：大众文艺出版社，1998：955.

❹ 叶舒宪.西方文化寻根的"原始情结"——从《作为哲学家的原始人》到《原始人的挑战》［J］.文艺理论与批评，2002（5）：101-102.

第二节　植树与建构神圣村落空间的生态观

在西南少数民族地区，有的民族将人居住的地方与树木连接起来，他们认为只有树木能够生长的地方，人居住下来后才有可能兴旺发达，于是他们一旦定居在一个地方，就必须在房屋周围植树，如果他们一旦迁徙到另一个地方，就必须带上他们原来所居住之地的树苗，重新种植在新居周围。有的少数民族在村落选址中，还特别指定栽种某种树木来判断新的居住地是否适合居住。例如，黔东南州台江革东地方的苗族在选择新的居住地时，必先栽枫木以其成活与否为去留依据。因为当地苗族认为枫木成活与否就是祖先对自己可否在此居住的启示。❶定居下来后，如果他们所栽种的枫树枯死，那么整个村寨就要举家搬迁到其他地方生活。

村寨对于很多少数民族地区来说，同样是一个鲜活的生命体，而这一生命体同样是需要不同神灵符号所庇护。由他们祖先栽种所长大的古树对村寨来说，就是一种神灵符号，它们被赋予了丰富的文化意义。古树的生命旺盛，象征着村寨的安全，以及村寨里的人丁兴旺和家畜健康。古树本身充满辩证法。首先，古树充满古和秀的辩证统一。古树虽然经历着风雨侵蚀、雷电袭击，但它依然挺立常青，能够新陈代谢，自我修复和保持平衡。其次，古树充满旧与新的辩证统一。它虽然每天都有凋落、腐朽和死亡，但是它每天都有萌芽和创生。再次，古树充满清与奇的辩证统一。古树虽然老，但它不衰朽，它虽然有变形或缺陷，但它整体上简朴，加之新枝嫩叶的不断增加，显得清秀古奇，雄风犹在。❷这样的古树哲学，自然地促使人们将村寨的美好愿景寄托于古树，尤其是在少数民族地区，那些固有血缘关系的村落更加注重将家族和村落的命运寄托于古树。因此，很多少数民族都将自己的村寨与其周边的古树的生命联系起来，"植树护寨""定居植树""立寨植树"等也就成了西南很多少数民族的一种习俗文化。

"植树护寨"有时候是个人或家庭行为，但所植的树木长大变成古树之后，

---

❶ 贵州省民族宗教事务委员会，贵州省科技教育领导小组办公室.贵州世居少数民族哲学思想史（上册）[M].贵阳：贵州民族出版社，2017：8.

❷ 苏祖荣.森林哲学散论——走进绿色的哲学[M].上海：学林出版社，2009：342.

它所属的范围就超出了个人或家庭，成了整个村落的公共财产。贵州水族"植树护寨"习俗由来已久，他们对村寨周围的树木倍加悉心照顾。例如，他们习惯在水井旁边栽上松柏树，这些松柏树不仅可以保护村寨，而且还保护水井的水源，一旦遇到干旱之年，村民还会集中到这些水井旁祭祀这些松柏树，祈求她保护好水源；在水族社会里，一对夫妻生第一胎后，习惯给予孩子举办"架桥"仪式，其目的是希望孩子健康成长，以及母亲能够顺利生下第二胎孩子。"架桥"仪式，一般选择在有水的地方，通常是使用木板架在小溪之上，然后再在小桥旁边栽上一棵松柏树，这一座小桥也就专属于该孩子，该家庭可在一定时间内继承该松柏树，逢年过节，父母都使用红鸡蛋、糯米饭、酒水等到小桥前祭祀。需要指出的是，水族选择"架桥"之地是随意的，不管该地属于哪家所有，只要常年流水，都可以使用，但该家庭所种植的松柏树即为该家庭所有，拥有松柏树所在之地的家庭也不许砍伐该树木。经过几十年甚至几百年后，这些松柏树也就成了古树，但这时候古树已经不仅仅属于某个家庭所有了，而是属于整个家族和整个村寨所共有，它已经成为村落的神树，也即是"护寨树"，任何人都不许单独占用。从这一植树的逻辑来看，任何个人或家庭都有义务精心栽培树木，在这一过程中，树木可以专属个人或家庭，但一旦树木长大变成古树之后，它所属的范围就超出了个人或家庭，也即被赋予象征意义的神圣树木通常是被集体所保护。而一旦成为集体所保护的，其生命力可以说是永恒的。当然，并非所有的树木都适合种植在村落周围，如水族不允许在村寨周围种植棕榈树和柿子树。

古树盛，村寨兴。救树活动出现在清水江流域的文斗寨。2008年年初，贵州遭遇了特大雪凝灾害，在这期间，文斗苗寨很多村民的屋顶被冰雪压得千疮百孔，有些村民家里养的猪、牛被活活冻死。然而，文斗人在抗灾自救中首先保护古树。村民们在一棵棵古树旁边搭起木架子，青年汉子爬上木架，用木棒击打冰雪，为古树减轻压力。在一棵树龄超过700年的古银杏树旁，村民们搬来稻草，捆扎覆盖在树干上，给古树御寒。文斗村民说："猪、牛死了，可以再养；房屋毁了，可以重建；但是古树毁了，却是不可挽回的损失。"❶这一举动可以说是演绎了现代版的环保故事。

有的少数民族认为家族命运的变故与古树有关。梵净山地区的土家族田氏人

---

❶ 娄辰.苗寨的"现代版环保故事"[N].贵阳晚报，2009-06-22.

家认为他们的家族命运与紫荆树有关并将其视为神树，他们不仅在村寨周围种植紫荆树，而且还在他们房屋的中堂的神灵上写上"紫荆堂"三字。据说，凡是有紫荆树之地，必有田姓，有田姓的村落也必然栽种有紫荆树。传说很久以前，田氏三兄弟最开始的时候非常团结和睦，四代同堂，他们家门前的一棵紫荆枝繁茂叶，可是到后来他们家的三个媳妇开始闹分家，而且每天都使用米汤来浇淋那棵门前的紫荆树。最后，三兄弟终于分家，独立门户。这时候，这棵紫荆树也就枯死了。三兄弟感觉到情况不妙，于是又合为一家，奇怪的时候，该紫荆树也死而复生，又开始长出了新叶，最后变回到原来的枝叶繁茂。这一事件促使了田氏家族将他们的堂命名为"紫荆"。时至今日，梵净山的土家族仍然崇拜紫荆树❶。

有的少数民族之所以在村落中植树，那是因为他们认为，树木长大后，守护村寨的神灵可以栖息在树上。贵州月亮山地区瑶山的瑶族认为，守护他们村寨的神有一对正、副神。正神名叫"qu²¹sau⁵⁵xou⁵⁵"，副神名叫"qu²¹sɛi⁵⁵"，他们的职责都是阻挡恶魔入寨害人。传说，正神原为一对夫妻，但妻子不育后，丈夫只有纳妾，次妻后来生了3个孩子，他们一家6人就居住在寨门的一棵枫树上，并在树上挂着5把木刀、1柄斧头，且时刻在树上瞭望，一旦发现恶魔，他们就使用木刀和斧头向恶魔挥过去。副神则是3个单身汉，他们居住在村寨周边的一块呈月亮型的石头之下，他们守护村寨的武器有5把木刀、2柄斧头和3根铁链。当地瑶族村民每年春节正月都要对这一对正、副神进行祭奠。❷在瑶族看来，村里周围的古树，既是村落景观的重要元素，也是阻止不明神灵进入村落的保护神。

"植树护寨"还与中国传统的风水观念有关。云南哈尼族将生长在村寨后山的森林视为保护村寨的神树，因此他们世代都十分重视在村寨周围种植树木，以期长大成古树后保护村人。哈尼族人历来就有"立寨植树"和"为子孙种树"的风俗，他们的民间谚语有："凡栽植藤、茶、竹、树者，历来是谁种谁有，永久继承。一般是父辈，甚至祖辈种下的林木，在儿子、孙子成家立业时已成为大宗财富。"❸

在他们的古歌中就有对神树的描述："自从有了哈尼的寨子，寨头的神树就望着寨子，自从阿妈生下我们，神树就保护着寨人，哈尼族寨头的神树，是一天

---

❶　铜仁地区地方志编纂委员会.铜仁地区志·民族志［M］.贵阳：贵州民族出版社，2008：106.

❷　贵州民族研究所编.《月亮山地区民族调查》（内部资料），1983：42.

❸　张慧平，马超德，郑小贤.浅谈少数民族生态文化与森林资源管理［J］.北京林业大学学报：社会科学版，2006（1）：8.

离不开的神树，哈尼寨头的神树，是一天离不得的神树。"哈尼族建寨植树的习俗，使其村落周围绿树成荫。有研究者对云南景洪市勐笼镇勐宋一带的哈尼族村寨进行抽样调查发现，该地区户均种竹高达 32 丛，最多的家庭种竹达到 150 丛，而且他们已经掌握用竹芽扦插繁殖竹类的方法。❶

哈尼族之所以注重在村寨周围植树，还与其村落空间有一定的关系。传统的哈尼族村寨往往选择在半山腰之上的一个呈"凹塘"形式的山凹谷地里。他们之所以选择"凹塘"地形来建寨，是因为这样的地理空间是一个相对封闭的小区域，他们认为恶鬼恶魔难以进入一个较为封闭的"凹塘"地形里，居住在这样的空间里就能够躲避灾难和邪恶。同时，哈尼族对村落的选址还要考虑风水问题。但任何一个地形在风水学里，都难免存在一定的缺陷。因此，哈尼族通常采取"风水补救"的措施来弥补他们村寨在风水上所存在的不足，其操作的主要方法就是在村寨周边栽种树木。树木的种植就是要完善村寨的"气场"，以符合中国风水观念中的藏风聚气的要求。树木的种植不仅可起到挡风聚气之功效，还能维护小环境内的生态。《哈尼族古歌》记载："选好了合心的寨地，还要栽三蓬竹子，三蓬竹子栽在哪里，栽在寨头的土里，……哈尼的儿子不到三十岁，不能去栽寨头的竹子，不到三十的儿子栽竹子，只能带来一世的灾难，栽下的竹子发了，儿子养不出后代，……栽下去的竹子，竹尖不能勾向寨房，竹尖勾向人的在处，栽好也要拉出来，……安寨还要栽棕树，三排棕树栽在寨头，栽下的棕树不会活，一寨的哈尼就没有希望。"❷哈尼族的古歌还说："寨子建起来，房前屋后要栽上树，寨脚的田坝栽杨柳树，寨脚的坡上栽竹子，寨门外边栽大青树。寨子栽上了树木，寨神心里老实喜欢了，天天守在寨子里，寨子像大象筋拉着一样稳扎，寨子像大象皮箍的一样牢固，寨里的房子不会歪倒了，寨脚的陡坡不会坍塌了。"❸

总之，哈尼族要在村寨周边栽上易活易发、生命力强盛，具有吉祥象征意义的竹子、棕树、刺桐树、锥栗、李子树、麻栎树、梨树、桃子树等树木。这些树木均为促进村寨人丁兴旺、福佑村寨清洁、安康的吉祥植物。哈尼族注重"立寨植树"习俗，实际上就是文化对环境做出选择的结果，通过文化选择使自然地理环境更加符合他们对风水理想模式的追求和满足，其背后蕴含的是哈尼族关于人

❶ 王慷林.西双版纳竹类资源开发利用的探讨［J］.西南林学院学报，1994（4）：211.

❷ 西双版纳傣族自治州民族事务委员会.哈尼族古歌［M］.昆明：云南民族出版社，1992.

❸ 白云昌.试论哈尼族先民的生态观［J］.云南民族学院学报：哲学社会科学版，2001（4）：57.

地关系的认知和理想模式，❶以及人与树木的生命关联的生态伦理观。

"植树护寨"习俗中，有的民族还专门指定某一种植物作为村落发展的象征。例如，贵州省安顺市的平坝县、紫云县、镇宁县、普定县、关岭县等地的苗族，尤为崇拜竹子。这一地带的苗族，除了在村落周围种植竹子外，还在自家堂屋的中柱梁下插上竹子，以此为"竹王"来供奉。《继修安顺府志》就有记载："苗人不祭神，而于祖先则极为尊重。各家均以刺竹作箸数十双束成一把，专用以祭祖。"当地苗族村寨习惯祭祀"三郎神"，即是在聚落中的每一个出口，都使用石头堆砌成一个祀祠，里面竖立有3块石头，指代3个小神。祀祠周围还要种植一些竹子和树木。当地苗族说："竹祖供在屋，它保护一家人的安全；三郎供在寨边路口，它保护一寨人的安全。"该地区苗族把竹子视为本民族的象征，他们将自己看成是一棵竹子，每一个具有血缘关系的家族就是竹子上的一块竹片，其含义就是"同宗共祖"。这样的竹图腾反映在他们社会生活中的各个方面，如他们有"竹片数相同，不能开亲""同姓而竹片数不同的，可以开亲""不同姓而竹片数相同的也不能开亲"等说法。❷

北盘江一带的布依族则在村落周围种植火绳树，而且将护寨树运用于生产生活中。布依族习惯每到一个地方安营扎寨和居住，都要在营前或寨前种植一棵火绳树。火绳树是榕树类中的一种常绿乔木。目前，北盘江六盘水龙场花戛一带的每一个布依族村寨基本上都有一棵很大的火绳树。历史上，火绳树除了作为护寨树之外，村民们可以取树丫的树皮，晒干揉搓，编织成火绳，作为猎枪、火枪的导火线。这和其他民族不一样，这一带的布依族，可以将护寨树上的皮用于生产生活。

第三节　其他植树习俗的生态观

在西南少数民族地区，除了以上提到的各种植树习俗外，还有许多独特的植树习俗文化。例如，有的习惯在一些重要的节日里植树，《滇黔志略》记载云南

---

❶　邹辉，绍亭.哈尼族村寨的空间文化造势及其环境观［J］.中南民族大学学报：人文社会科学版，2012（6）：55–58.

❷　安顺地区民族事务委员会.安顺地区民族志［M］.贵阳：贵州民族出版社，1996：145–146.

少数民族"元旦贺岁，庭中植小松树，设灯香祀之"❶。有的习惯在村落里的一些重要地标处植树，如黔毗连地带的侗族村寨的一些重要地标都被当地村民栽上各种不同的树。他们会在风雨桥、凉亭、鼓楼、寺庙、祠堂等公共场所栽上诸如香樟、银杏、柏木等珍稀树种。这些树被他们认为是保护村人的神树。

通过植树来宣示土地所有权的习惯在西南少数民族地区十分盛行。生活在云南省独龙江沿岸的独龙族，在20世纪50年代以前还大量地保留着传统的刀耕火种的生产方式。在家族公社占有的领地内，如果谁种植水冬瓜树，❷那么该块领地的就归谁所有。这样的习俗激励了村民纷纷抢先种植水冬瓜树。在家族公有制的原始社会末期，水冬瓜地成了独龙族社会中各家庭的私有财产，如果同家族的人或外来的其他家族成员，要想耕种水冬瓜地，首先要得到主人的同意，主人若同意，想要耕地者还要给予主人送去一些等价值的东西，如一把砍刀、一口铁锅等。❸水冬瓜树的抢先种植，对保护独龙江一带的生态环境起到关键作用。同时，水冬瓜树成为人与人、人与社群之间的交往的媒介，反映了当地社会的伦理关系。

西南地区的山地环境决定了各村寨之间边界的复杂性，乃至同一村寨内各家庭之间的山林界限也较为复杂。为了避免边界、山林界限等纠纷，很多少数民族地区都要采取各种标记的方式来加以明确，其中石界、树界和炭界较为常见。而种植树木标示边界的做法，在先秦后期就已出现。《周礼·地官·司徒》记载："设其社稷之遗而树之田主，各以其野之所宜木，遂以名其社与其野。"其意思是通过种植适宜的树木来标示地名，以明确边界。

作为边界的标记物已经变得神圣不可侵犯。黔桂边区的少数民族对村寨、山林、山场等之间的边界十分重视。例如，在侗族地区，各山场之间都有一定的界限，有的是以诸如水溪、分水岭、古树、巨石等天然地势或自然物作为山界；广西三江程阳八寨及其周边的贵州境内的侗族的山界划分就是以石界、炭界和树界为主要标记。石界是沿着界限每隔一定的距离就插一块石头作为界限标记；炭界是沿着山界每隔一定的距离就挖上一小坑，埋下火炭，千年不烂，如有纠纷，可

---

❶　谢圣纶，等.滇黔志略点校［M］.贵阳：贵州人民出版社，2008：73-74.

❷　"水冬瓜树"，学名"桤树"，属乔木科，椭圆形树叶枝叶茂盛，春季发芽，秋季落叶、落子。较适应于雨水多、空气湿润的环境。

❸　李宣林.独龙族传统农耕文化与生态保护［J］.云南民族学院学报：哲学社会科学版，2000（6）：16-17.

挖出作证；树界是为了限制移动石界，有的沿着山界插上树枝，这种树枝插下之后就可以生根长大，且与其周边的树木不同，站在远处就能看见。❶ 树界的另外一种做法是，将山林边界之处的树木砍掉，然后种上刺梨、箸叶竹等之类的植物。这一做法主要见于贵州苗族、革家人、水族、布依族等地区。这些边界标记物因具有维护社会稳定的功能而变得神圣。

---

❶ 袁翔珠.石缝中的生态法文明：中国西南亚热带岩溶地区少数民族生态保护习惯研究［M］.北京：中国法制出版社，2010：271–272.

第三章　如何植树：少数民族的地方性知识

世界上很多民族或族群都有一套传统的植树技术，这些植树技术与现代林业学的种植方法存在较大差异。各民族或族群植树的地方性知识，是其文化、宗教、社会、历史、生态伦理等的反映。各民族或族群传统的植树知识兼容了文化艺术与生态技术。接下来，我们将从传统生态知识与生态伦理的角度审视西南地区相关少数民族的植树技术，探讨他们如何植树，以及采取何种技术进行植树，进而分析他们植树技术背后所蕴含的深层次哲学观。

第一节　植树时间选择的生态观

西南少数民族地区选择植树的时间通常受到当地的地理地貌、气候，以及文化、宗教、伦理观等影响。一般情况下，每年正月至二月是少数民族植树的最佳时期，因为在这一时期里，西南地区的气温、水分都比较适宜树苗的生长，是栽种树木的较好时节。

"正月竹，二月木"的谚语在西南少数民族地区广泛流行。黔桂边境地区的少数民族习惯在正月和农历二月植树。例如，环江县长北后山屯瑶族在每年农历二月上旬点种油桐、油茶，种杉木，中旬点种油桐、油茶，种杉木、青竹，下旬点种油桐、油茶和棕树。❶ 大新镇的林业谚语为："立春种竹，雨水种木。"广西田林县岑王老山地区的瑶族有个传统的植树节是在农历雨水日，在当天，每家男女老少都要上山植树造林，栽种果树。❷ 荔浦县茶城乡瑶族在不同节气里种植不同的树木，如在立春至雨水节气种植竹子，在惊蛰至春分节气种植杉木，在春分

---

❶ 广西壮族自治区编辑组.广西瑶族社会历史调查（第三册）［M］.南宁：广西民族出版社，1985：73.
❷ 广西壮族自治区地方志编纂委员会.广西通志·民俗志［M］.南宁：广西人民出版社，1992：327.

节气种植松木，在谷雨种植桐子等。❶《兴安县志》记载：每年开春前后，农民均自发在村寨旁边、道路旁边、水沟旁边、河流旁边等地植树造林，植树以经济林为主，也穿插地种植风景林和用材林。融水县四荣区东田苗族植树时间为：正月十五过后开始挖地，然后育树秧，准备下一年种树用，并种植竹林；三月清明前后，拔掉前一年所育的树苗，然后种到已经挖好的土坑里；六月以后就对前几年的树木进行护理。❷

当然，在发展林业生产的实践中，也有的村民打破了"正月竹，二月木"的传统技术，如清水江流域锦屏县魁胆侗族村民在 20 世纪 60 年代就由原来的一年一季植树，改为一年两季植树。当地村民创造了"九月栽树"和"七月薅杉"的新技术。1964 年，有当地村民总结了林业管理的基本经验，"要想木头钱，必须跟木眠""要得树长大，三年不离锄头把""田不管好收一半，林不管好无账算""三分造，七分管"。这一营林技术使该村的林业生产得到了迅猛发展。仅在 1964 年，就造林 550 亩（较 1959 年增加了 300 亩），抚育幼林 615 亩，林粮间作收入粮食 2893 千克。❸

少数民族对他们植树时间的解释，往往充满着神秘的色彩。但其解释的背后，却体现着他们一套生态智慧。贵州省《荔波县志》记载了当地水族、布依族、瑶族等有关植树的时间为："二月雨水节前后三日，植花木，接果树易活。"❹贵州省《永宁州志·风土志》载："二月雨水，植花木或接果种。"❺成书于民国的贵州省《沿河县志》记载了苗族等民族植树的时间为："立春早日雷雪忌，是月纠犁、整田器、砌坎、种林。"❻贵州省德江县土家族的农业谚语说："二月初一晴，树叶发展两层。"❼

少数民族对植树当天的气候也有明确的要求，他们通常选择在大雾或阴雨天进行。如《苗族史诗》就记载有苗族选择在阴天植树。其内容如下：

❶　中国科学院民族研究所，广西少数民族社会历史调查组.广西壮族自治区荔浦县茶城人民公社瑶族社会历史调查［Z］.1963：9-10.

❷　广西壮族自治区地方志编纂委员会.广西通志·民俗志［M］.南宁：广西人民出版社，1992：17.

❸　贵州省民族研究所，贵州省民族研究会编，《贵州民族调查（之五）》（内部资料），贵州民族印刷厂印刷，1988：97-98.

❹　苏忠廷修，董成烈纂.荔波县志（二）［M］.台北：成文出版社，1974：402.

❺　黄培杰.永宁州志（卷10）［M］.台北：成文出版社，1967：112.

❻　杨化育，等.沿河县志（二）［M］.台北：成文出版社，1974：341.

❼　德江县民族志编纂办公室.德江县民族志［M］.贵阳：贵州民族出版社，1991：87.

危日酉日宜捕鸟，

寅日卯日宜断案，

种树该选哪一天？

阴天拔苗栽，

阴天栽得活。❶

为何要选择这样的气候进行植树，不同的民族有自己的一套解释体系。水族村民对此的解释是，在这样的天气里植树，不易被人或一些神灵发现。植树者出门时，要尽量不让妇女发现，尤其是不能让孕妇看见，否则将影响植树的成活率。植树是一项秘密的活动。水族同胞这一解释来自于他们的宗教信仰层面，但实际上选择这样的天气植树，是符合现代科学技术在植树造林方面的基本要求的，因为在大雾和阴雨天植树可以保持足够的水分而确保树木的成活率。

少数民族除了选择在某一季节植树外，有时候还要选择某一具体的日子进行植树，形成了丰富的择日植树文化。黔桂边境的一些民族在植树时，要选择吉日动土，有的地方规定在乙丑两日不能进山植树。❷川滇黔少数民族植树所选择的时间也有规定。藏族习惯在每年正月初一至十五日植树，在藏族社会里，大人们常常告诫晚辈，人们可以通过植物来延长自己的寿命。端午节前后是彝族植树的最佳时节。在他们的一些文学作品中就有记载："栽竹子的季节到了，栽竹子的日子到了，哪个栽竹子？阿底莫若栽竹子。正是五月端阳节，又是属猪栽竹日。"❸春节前的蛇日是云南白族的插柳节，节日当天，村民们要前往村寨周围的河边播种柳树。另外，缀彩节是白族的植树节，其时间选择在一年中的惊蛰后的首个蛇日或芒种之日举行。❹届时，每个家庭都纷纷到荒坡或耕地周围植树。

有的少数民族十分重视对孩子生态伦理意识的培育，因此在植树节的那天，要让孩子们积极参与。正月初四至初十为布依族的植树节。在植树当日，大人们要派小孩子上山砍柴或放牛，孩子们要向家里带回一小捆泡桐、香椿、揪树的树

---

❶ 马学良，等.苗族史诗［M］.北京：中国民间文艺出版社，1983：153.

❷ 广西壮族自治区地方志编纂委员会.广西通志·民俗志［M］.南宁：广西人民出版社，1992：18.

❸ 云南省民族民间文学楚雄调查队.梅葛［M］.昆明：云南人民出版社，2009：50.

❹ 大理报社.大理博览［M］.昆明：云南教育出版社，1986：117–119.

苗。次日早晨，父亲将带着孩子们把树苗栽在他们的园圃的周围和房前屋后。这种世代相传的植物节并无任何的强迫性和功利性，孩子们都把植树节看成是一种快乐的事。❶ 立春后的第一天是侗族的植树节。节日当天，父亲带领家里的男孩到村寨周围的森林里，选择一些空地，然后协助孩子栽种十余株的杉树苗。侗族人说，在立春后的第一天种杉，能够确保杉苗成活率高，且生长速度较快，这象征着他们家庭的兴旺发达。因此，他们将植树节种植的杉苗称为"立春种杉，成林发家"。从这一天后，侗族村民才能在山坡上种植大片的杉苗。镇远县涌溪乡一带的苗族村民曾流行着在初春时互相"讨树秧"用来植树造林的习惯，并形成了当地村民的一项非常重要的民族节庆——"讨树秧节"。❷ 该节日在 20 世纪 60 年代以前仍流行。据说在每年农历三月的第一个辰日，涌溪苗寨的妇女带领着村落中的未婚青年前往邻寨大石板寨做客，并讨要树苗。次年，大石板寨也是采取同样的方式，来到涌溪寨讨要树苗。两个村寨之间就这样你来我往，周而复始地相互讨要树苗。孩子们在多年参与植树的过程中，养成了热爱植树造林的生态意识。布依族、侗族和苗族等的植树节都重视小孩的参与，这实际上也是一个培育孩子从小要不断地提高生态伦理意识的节日。

第二节 植树禁忌的生态观

在西南地区，很多少数民族在植树的过程中有许多的禁忌与习俗。这些禁忌与习俗表现了少数民族对自然具有敬畏与感恩的心理。人类对自然若无敬畏与感恩之心，就有可能引起灾难的心理倾向与道德规范。

植树通常伴随着一些宗教仪式而进行。贵州黔东南州的侗族植树时间为每年农历正月和二月。在植树前，每一个家庭都要在自己的房屋旁边举行栽树仪式。首先要请家里的一位男子从山上挖来一棵杉树苗，然后由家里的女子在房屋旁边挖一个窝，并由该女子来栽此树苗，在挖窝时，要插上三炷香、烧一把冥钱。培土时，把一枚银钱丢到树苗根里，然后盖上土，并用茶水浇灌。围在旁边的家人都站立起来，然后家里的男子和女子开始对唱。

---

❶ 杨习勇.故乡的"植树节"［J］.中国林业，1999（3）：29.
❷ 廖国强，何明，袁国友.中国少数民族生态文化研究［M］.昆明：云南人民出版社，2006：96.

男子们唱道:

问你根,问你栽树的原因,树苗原先生长在何处,哪位仙人把它送给谁家人,哪个年间栽树起,哪个年间树成林,杉树成林几多岭,造仓造屋用去几多根,今天栽树又是为哪样,从头一二来说明。

女子们则唱道:

报你根,报你栽树的原因,树苗原先生长在天上,白发仙人把它送给凡间李家人,甲子年间栽树起,丁卯年间树成林,杉树成林十八岭,造仓造房用去九百九十根,今日栽树为了发财造新屋,你莫乱去外面告诉人。❶

植树还伴随着一些身体语言的象征性力量而进行。黔桂边区月亮山地区的瑶族在种竹子时,要派人围着竹子周围奔跑,如果跑得越快,且跑的范围越宽,那么就意味着竹子以后也长得越快,而且发兜也就越宽。此外,瑶族在挖土坑种棕树时,除了在坑的底部垫上石头之外,还要向种好的棕树下跪作揖。他们认为,收割棕树时,每次都要用刀剥棕皮,使用刀是一种对棕树的入侵,因此下跪作揖表示还情致谢。广西仡佬族种树时,种树者要面向太阳,若人的影子遮蔽土坑,则意味着不吉利。而广西壮族在种树时,决不能弯腰驼背,否则树木长大后也不会挺直。❷

有的少数民族对植树者还有严格的要求。月亮山地区的瑶族在种茶树时,规定由家里最年长者去种,他们认为这样茶树才能长生不老,四季常青。广西壮族要求由年长者来种植树苗,寓意着"前人栽树,后人遮阴"。广西横县壮族种竹种树时,不许小孩参加。他们认为,竹木长大后被人砍伐,小孩种竹种树,意味着孩子的命运如同竹子一样,不吉利。青年人不能种植诸如竹子、桃树和芭蕉等植物,因为壮族民间有"竹子芭蕉发了人则不发""桃妖艳鬼""桃花易谢,树长人衰"等说法。❸

有的少数民族种树则不许"身体不洁者"参与。在水族社会里,人们举行各项活动都忌讳"身体不洁者"看见。所谓"身体不洁者",主要指孕妇、月经期

---

❶ 黔东南苗族侗族自治州地方志编纂委员会.黔东南苗族侗族自治州志·民族志［M］.贵阳:贵州人民出版社,2000:245.

❷ 袁翔珠.石缝中的生态法文明:中国西南亚热带岩溶地区少数民族生态保护习惯研究［M］.北京:中国法制出版社,2010:209-210.

❸ 袁翔珠.石缝中的生态法文明:中国西南亚热带岩溶地区少数民族生态保护习惯研究［M］.北京:中国法制出版社,2010:209-210.

的女人、不孕不育者、寡妇，以及曾因个人原因而引起整个社区遭受灾难者，如失火引发房屋或森林发生火灾的人。这些人员在社会结构中处于边缘群体，他们很难获得权利参与各种集体活动。此外，种树也需要一只"干净的手"插入泥土里，才能保证其成活率。都柳江流域源头都匀市归兰水族乡翁高村的蒙某说，植树是一件非常神圣的事件，如果有"身体不洁者"参与，就如同树木喝到了不干净的水，树木长后不久也会夭折。如果那些儿女双全，命运好的人来种树，那么该树木也就非常的健康，日后必定长成参天大树。因此，在过去集体植树造林时，那些"身体不洁者"往往都会主动避开。家庭里单独种树时，家里有孕妇或月经期的女人也会主动躲避起来。种树者返回家庭后，"身体不洁者"也不能询问有关植树的事。洁净文化原本体现人与人之间的关系，在这里却被延伸至人与树林之间的关系。这一文化信息背后反映的是人与树木之间的生命平等。

第三节 植树技术的生态观

西南少数民族的传统植树技术充满了地域性、民族性、适应性、口头传承性和经验性等。《黔南识略》所记载的"山多载土，树宜杉。土人云，种杉之地，必预种粟及包谷一二年，以松土性，欲其易植也。杉阅十五六年始有籽，择其枝叶向上者，撷其籽，乃为良，裂口坠地者弃之，择木以慎其芽也。春至，则先粪土，覆以乳草，既干而后焚之。然后撒籽于土面，护以杉枝，厚其气以御其芽也。秧初出，谓之杉秧，既出而复移之，分行列界，相距以尺，沃之以土膏，欲其茂也。稍壮，见有拳曲者，则去之，补以他栽，欲其亭亭而上达也。树三五年即成林，二十年便供斧柯矣"❶就较为详细地描述了西南少数民族传统的植树技术，包括人造杉林的选种、整地、育苗、移植、林粮间作和施肥管理等各个环节。

一、清水江流域杉木育林传统技术

在西南少数民族地区，清水江流域少数民族栽种杉树的传统技术具有一定的代表性，当地栽种杉树除了体现出他们独特的技术外，有的植树环节还体现出他

---

❶ 爱必达. 黔南识略（卷21）[M]. 台北：成文出版社，1968：146-147.

们对自然生命的关怀与理解。在此以清水江流域黔东南州锦屏县文斗寨❶及其他一些民族村寨的植树技术为例，探讨西南少数民族传统植树的技术与艺术的各个面向。清水江流域少数民族的植树技术包括从选种，到育苗、整理林地，再到移栽等几个步骤。

1. 种子的选择

在清水江流域，当地少数民族种植杉树的核心技术在于如何育苗。但杉树种子育苗首先要选好种子，而要选好优质的杉树种子，需要具备一套对杉树的认知能力。《黔南识略》所载的"杉阅十五六年始有子，择其枝叶向上者撷其子，乃为良；裂口坠地者，弃之"❷描述了清黎平府的农林在采集杉树种子的时候持非常谨慎的态度。"杉阅十五六年始有子"即是要选择那些具有15年以上的树龄的杉树种子；"择其枝叶向上者撷其子"即是要选择那些杉树枝叶向上的杉树种子。这表明在清水江流域，当地民族一直以来都十分重视对优质种子的遴选。

实际上，杉树枝叶向上时，这说明杉树正处在生长的旺盛期，此时遭受病虫害感染的较少，树枝上结出的果球不会受病虫害而落地，只有熟透后才会开口，种子则随风坠地，这样的杉树种子应该是最优质的，其种子无太多病毒，出芽率就比较高，选择这样的种子来育苗，会使树苗长得更快更好。而那些枝叶向下或与主杆垂直时的杉树已经过了生长的旺盛期，尤其是树叶内卷时，则表明此杉树已经轻度感染了病毒，染病时重则杉叶会枯萎，其果球未成熟就裂口落地。❸这种杉树的种子也就不宜使用，若使用将会严重影响树苗的成长。

对杉树优质种子的判断，除了具备以上的知识外，清水江流域的一些少数民族村寨还掌握了另外的一些技术，如锦屏县的文斗寨村民还可根据树皮的颜色来判断杉树种子的好与坏。杉树的皮为红褐色的，说明该树木正处在旺盛期，其种子可用；杉树皮为白灰色的，则说明该杉树的树龄已经超过20年，其种子不可用。❹为了采集到饱满、纯度高、发芽率高的杉树种子，村民们会在霜降过后，

---

❶ 据《文斗姜氏家谱》记载，文斗原名文堵，为期冀能出泰斗文人，清顺治年间改为文斗。文斗寨已有600多年的开寨历史，主要聚集有苗族、侗族和汉族，其中苗族人口占全部人口的95%以上。文斗寨分为上、下两个自然寨，两个自然寨均沿居清水江畔，全寨坐落在海拔550~700米的半山腰上。

❷ 杜文铎，等点校.黔南识略·黔南职方纪略 [M].贵阳：贵州人民出版社，1992：177.

❸ 杨庭硕，杨曾辉.清水江流域杉木育林技术探微 [J].原生态民族文化学刊，2013（4）：9.

❹ 吴声军.山林经营与村落社会变迁——以清水江下游文斗苗寨的考察为中心 [D].广州：中山大学，2016：86-93.

在杉木种子成熟且球果鳞片开裂时，背着布袋爬到杉木树上采集种子。另一种办法是摇晃杉木，那些成熟的球果自然最先脱落地上，然后捡其回家晾晒几天后，球果里的种子自然掉落地上。获得种子的同时，还可以使用球果作用柴火。

此外，选择种子还要看其性别。清水江流域村民认为，杉树果球有公母之分，在选择种子时，要选择母的杉树果球。而判断杉树果球的性别，就要看其形状的大小，通常情况下，小的杉树果球为公，大的杉树果球为母。那么，为了采集到优质且为母的杉树果球，他们通常选择那些生长在阳光充足的疏林木或林地边的杉木果球，因为这些杉木果球能得到充足的阳光照射。他们在采集果球时，又是只取杉树冠中部的果球，这样的果球不仅没有感染病虫害，而且其种子的出芽率较高，能够保证树苗能正常生长。❶村民们为了能够找到这样优良的种子，他们一般会围绕着林地边走，先是从远处看杉树的枝叶及杉木果球的生长形态，找到合适的杉木之后，再进入林地里进行采集。清水江流域当地林农采集种子的谚语就有"林中走，好种不到手，林边转，好种处处有"。这一谚语生动地描述了当地民族采集杉树种子的技巧。

除了选择优质的种子之外，少数民族对采集种子的时间选择也十分讲究。他们民谣中如此唱到："早采种子一包浆，晚采种子已飞扬，交了寒露霜降节，挑起箩筐上山岗。"❷该民谣描述了当地村民选择采集种子的时间为每年的寒露和霜降节之后。采集种子的时间不宜过早也不宜过晚，若早了，种子就不壮实，若晚了，则种子已掉落林中，难以采集。

采集到种子后，他们对种子的管理也有其一套地方性知识。通常情况下，对种子的管理方式为：村民直接上树用刀砍下杉木桍，❸然后再把果球摘下用箩筐挑到家中，置于房屋的楼板上或村民打谷用的攒桶❹里晾干，每隔两三天就要翻动一次，或是直接放到太阳下晾晒。果球鳞片开裂之后，用竹筛子把种子筛出来。❺

----

❶　吴声军.山林经营与村落社会变迁——以清水江下游文斗苗寨的考察为中心［D］.广州：中山大学，2016：86–93.

❷　《锦屏县林业志》编纂委员会.锦屏县林业志［M］.贵阳：贵州人民出版社，2002：111.

❸　"木桍"即为"树枝"，该词是清水江流域一带的方言。

❹　"攒桶"为一种收割稻谷的工具，是用老杉木板做成的一个四方形大木桶，村民收稻谷时用攒桶打下禾穗的谷粒，平时则用于装其他物品。

❺　吴声军.山林经营与村落社会变迁——以清水江下游文斗苗寨的考察为中心［D］.广州：中山大学，2016：86–93.

2. 育苗技术

获取优质的杉树种子之后，接下来就要进行育苗。有关清水江流域少数民族育苗的记载在清乾隆年间就有所涉及。《黔南识略·黔南职方纪略》记载："春至则先粪土，覆以乱草，既干而后焚之，然后撒子于土，面护以杉枝，厚其气以御其芽也。"❶ 这一育苗做法与水稻育苗极为相似，即先分箱育苗，然后再拔苗栽种。苗族古歌也记载有"看那杉树苗，好像水稻苗"❷。很多民族学资料也证实了这一事实，如有研究者对锦屏县文斗寨的林营调查后指出，清水江流域苗族在杉树育苗时，借用了水稻育苗一样的操作方法和技术技能。❸ 光绪二十三年（1899年），剑河、锦屏、黎平等地，育苗技术已经达到较高水平，出现了专门培育杉木秧苗的苗农且出现了商品苗木市场。有文献记载了当时苗农出售树苗的场景。每年早春季节，苗农们挑着一挑挑树苗到市场上出售。❹ 正因育苗技术的发达，清水江乃至都柳江流域才形成了数万公顷的人工杉木林。

清水江流域苗族将育杉树苗称为"抬木秧"，这是杉树一个生命周期的开始。他们对育苗所选择的时间、地点等都很讲究。育苗的时间，选择在每年农历十一月至次年的清明节。具体安排为：十一至十二月整理土地，次年正月整理苗床，清明节前后下种；苗圃选择建立在村民自己新开垦或刚采伐的人工营林地中，苗圃所在的坡度为 25~35 度，该地段是一个平缓山地，较为湿润，土地比较肥沃，且为背风、日照时间较短的半阴半阳山坡之地，这一生态环境可有效地抵御冬天和初春的冷空气的干扰，保证杉苗正常生长发育。他们所建立的苗圃有大有小，如是面积大的苗圃，要进行分箱育苗，但各箱之间要紧挨在一起，箱与箱之间挖有水沟，以便在雨季时能及时排水，保证杉树苗生长时所需要的水分。当地村民之所以将苗圃选择在林地附近，主要是从两个方面来考虑：一方面，杉树育苗地与人工营林地的自然环境条件相近，所培育的杉苗适应性较强，可以减少移栽后杉苗染病的概率，有利于造林的成活率；另一方面，方便管理和移栽，特别是对于专职佃山造林，在林地扎棚而居的佃民来说省时省力，成本较低。育苗的具体

❶ 杜文铎，等点校.黔南识略·黔南职方纪略［M］.贵阳：贵州人民出版社，1992：177.

❷ 马学良，等.苗族史诗［M］.北京：中国民间文艺出版社，1983：153.

❸ 吴声军.山林经营与村落社会变迁——以清水江下游文斗苗寨的考察为中心［D］.广州：中山大学，2016：86-93.

❹ 黔东南苗族侗族自治州地方志编纂委员会.黔东南苗族侗族自治州志·林业志［M］.北京：中国林业出版社，1990.

操作如下：●

（1）夏天，砍倒育苗地灌丛中的杂草杂树，让其干枯，待到整地时，先将其焚烧，然后挖松土壤，打碎土块，紧接着在育苗地上浇粪便。然后，又在育苗地上铺一层杂草树枝等，待其干枯后焚烧。之后又一次挖土整地。要如此反复3次。之后，才能播种。经过3次焚烧后，土壤中的病菌基本上已被消灭，焚烧后留下的草木灰含有磷、钾、钙、镁以及多种微量营养元素，它们能够使杉树种子快速发芽生长，不需要再追加其他肥料。

（2）播种时，先将种子浸泡在清水里，时间为一天。然后，去掉那些发育不好浮在水面的瘪粒，将下沉于清水中的种子用于施苗。苗床均匀撒种之后，在种子上面铺一层经过焚烧过后的细土和草木灰，另在上面盖一层杉木枝叶。这些杉木枝叶，一方面起到防止种子被鸟类等动物吃掉或捣乱的作用；另一方面，杉木枝叶还可保持一定的温度，防止苗圃里的水分过早蒸发。苗床撒种的数量一般为每亩8~10千克，每亩产杉苗约10万根。播种好之后，村民使用茅草打结做成草标，并插在苗床上，以告示此地已经播种，人畜不能随便进入破坏苗地。

（3）种子下种之后，遇到天气干燥时，要及时浇水。因在山坡的营林地育苗，从树林里飞来的诸如松树、五倍子等草木种子会落到苗圃之上，这些种子也会在苗圃上生根发芽，因此要进行有选择性地剔除。

（4）通过精心的护理，种子在1个月后就会萌芽生根，杉苗高度为2厘米左右，3个月高6厘米，12个月则高达30~40厘米。育苗时间为1年且具有"8寸高，筷子粗，紫红色，菊花头"❷等特点的杉树苗最优，是移栽的最佳时机。移栽时，先选择优质的树苗，那些矮小的杉苗则保留在原地，以备来年营林地的移栽补苗。

苗族育苗技术被收录于各种民族志资料中，如《黔东南苗族侗族自治州志·民族志》❸就有记载：苗族很早就掌握了人工育苗的方法。每年冬末春初进行育苗，苗圃选择在地势低洼、土质肥沃、泥土湿润、向阳背风的冲地。基本操

---

❶ 吴声军.山林经营与村落社会变迁——以清水江下游文斗苗寨的考察为中心［D］.广州：中山大学，2016：86~93.

❷ 王涛，徐刚标，张伯林.中国社会林业工程推广应用先进技术汇编［M］.北京：中国科学技术出版社，2007：386.

❸ 黔东南苗族侗族自治州地方志编纂委员会.黔东南苗族侗族自治州志·民族志［M］.贵阳：贵州人民出版社，2000：52.

作是：将土挖松、撒上牛粪、猪粪或鸡鸭粪，翻犁后耙匀，然后将杉、马尾松、泡桐等树种子均匀地撒在苗圃上，再用树枝，扫帚等轻轻扒平，让泥土将树种覆盖，用树枝蘸水轻轻撒上一层，最后用树枝等物将苗圃围住，避免牛羊等动物践踏。春雨过后，苗圃即长出幼苗。幼苗长到一年，即高30厘米左右，此时即可移栽进行人工造林。

3. 林地整理

树苗育好之后，接下来就要进行栽种了。但在栽种之前，要做好林地的整理。整理林地是一项人为改性措施，其目的是为杉树的成长创造一个良好的生态环境。也可以这么说，就是为了御制那些对杉树成长具有竞争的植物，确保杉树拥有一个良好的成长空间。而对于杉树成长具有竞争的植物主要有茅草、葛根、刺梨，以及一些藤蔓植物等。应对这些植物，林农必须采取砍伐、铲除和焚烧等方式，抑制其生长。其具体的操作如下：❶

（1）"砍山"。在秋收之前的7月，村民开始进入人工营的林地"砍山"，按照从下往上的顺序把林地里的灌木等木本植物砍倒。除了将那些已经成材了的树木抬出山林之外，已经被挖翻的茅草、蕨类、葛根等植物，以及留下的枝叶、杂草等则留在原地，且均匀地铺在林地上，暴晒于太阳之下。在砍伐的过程中，生长在平坦之地的树木，要尽可能地接近地面而砍；生长在陡坡地带的树木，则要留出5厘米左右的树苑，其目的是为了防止造林时所挖动的土壤往下滚而产生水土流失。同时，要保留林地中的板栗、杨梅、松树、柿子、青冈树、麻栎树、枫树、椿树和梓树等常绿落叶阔树保留好生长在林地的边缘或路边的大树。❷

（2）防火线的设置。"砍山"之后，就得焚烧那些留在林地里的枝叶、杂草等。但在焚烧之前，要设置好林地四周的防火线，有的防火线在"砍山"的时候就已经设置好。要砍伐林地四周的一些树木，留出一定的空间，以防火苗蔓延到林地周边的其他地方。防火线的宽度要求为：林地上方的防火带一宽度保持在10米以上，林地两边及下方的防火线则保持在5米以上。靠近河水、稻田之地可不

---

❶ 吴声军.山林经营与村落社会变迁——以清水江下游文斗苗寨的考察为中心［D］.广州：中山大学，2016：86-93.

❷ 保留这些树种的益处在于：类似松树这样的林木，其种子可作为一种飞播种子，飘落于林地中，保持林地成为一种混交林，确保林地的生物多样性；类似于杨梅的林木，由于它们可以结果，这样它们不仅给林农带来果实，而且也可以引来飞禽觅食，而飞禽在食用果实的过程中，可顺便捕捉杉木林中的害虫；保留路边的大树则主要是为了在此劳动的村民或路人纳凉休息。

设防火线，毗邻地有林木的要适当加宽火线，防火线之内的杂草杂木要彻底清理。

（3）"烧山"。"烧山"也称"炼山"，即是焚烧留在林地里的枝叶、杂草等。在焚烧的前一天，村民集中上林地清理防火线。焚烧的时间一般选择在清晨或傍晚，而且是选择在风力较小的阴天里。有的村寨在秋收完毕之后，就开始组织人力上山分工合作烧火，上山之前要在家烧香请神保护，并在家中的火炉角放一碗水，再在大门口用一个空碗盖在地上，以保平安。最开始点火的地点选择在山顶，而非山脚，而且是从最容易引起火灾的上方开始点火。这可使火势慢慢地从上而下燃烧，如从山脚开始点火，就会产生较大的气流，火势就会很快蔓延到林地的四周。林地焚烧之后，对那些还未烧尽的小树枝、茅草根等，收集后再次焚烧，他们称之为"烧渣"。

在林地的整理中，一个非常关键的技术是"炼山"。早在1000多年前，我国就已经采取"炼山"的方法来清理林地。《三农纪》就记载："择黄壤土锄起，以草、叶铺面，火焚之再三。"❶所谓"炼山"就是一种人为控制的火烧，在栽种杉树之前，首先要焚毁林地里的杂草和枝叶，这种技术的主要目的是为了抑制有害杉木生长的微生物和真菌的滋生蔓延。

另一个非常值得关注的环节是，在"砍山"环节中，当地村民有意保留了常绿落叶阔树，有的研究者将这些树木称为"杉木伴生树种"。当地村民解释说，这是因为树木也像人一样，它们都需要其他树木的陪伴，才会茁壮成长。但实际上，当地民族的这种"杉木伴生树种"结合了其生态背景，以及考虑到了植物生长的基本特性。他们所选择的杉木伴生树种主要是种植在高海拔区段，常绿落叶阔树与杉树构成了混交林的匹配树种。这一传统的植树技术，实际上是当地民族有意识地在高海拔区段种伴生树，与杉木一道，按照了"仿生"结构，向低海拔区段迁徙，其目的是使这些伴生树种从中发挥防治病虫害蔓延的作用。这一种"杉木伴生树种"技术是服务于病虫害防治的技术高招。因为在清水江流域这一亚热带常中，林下温度不仅较稳定且湿度较高，光线不足，加上落叶和腐殖质层的堆积，使林下微生物的优势物种属于厌氧性微生物，对日照和干燥极为敏感。然而，当地所生长的常绿落叶阔树已经适应了这样的环境而具有很高的免疫力和适应能力。但对于外来的引进的杉木，对这样的环境就不如当地的常绿落叶阔那

---

❶　张宗法.三农纪校释［M］.邹介正，等校释.北京：农业出版社，1989：493.

么有免疫力与抗病力。❶ 因此，"杉木伴生树种"就是为了病虫害防治的需要，是当地民族一项重要的生态智慧。

4. 移栽技术

整理好林地后，到正月间就开始挖穴栽杉。在清水江锦屏一带有"七刀八火冬腊挖，来年入春栽嫩杉"的说法。❷ 由于正月过后，常遇到阴天或雨后晴天，这样的天气最为适宜栽杉，此时期的杉树苗的茎叶也正处在休眠状态，移栽后不容易过快或过多地失去水分，从而保证了杉苗成活率。清水江少数民族栽种杉树的传统技术如下：❸

（1）挖坑。挖坑的深度要根据不同的生态段来定。在山洼地带，因地下水位较高，坑的深度不宜过深，否则在雨季里，杉苗根容易被侵蚀，导致腐烂。该地段所挖的坑的深度一般比杉苗根茎高出 4~5 厘米。而在山岭之上，因地下水位较低，所挖的坑的深度则比杉苗根茎高出 7~10 厘米。树坑的间距约 2 米，山冲山洼地段的间距则不低于 2.5 米，每亩可移栽 160 株左右的树苗。

（2）固定杉苗方向。覆土之前确定杉苗的位置时，首先要把杉根往水平方向舒展开来，不能把杉根堆在一起，太长的主根则适当剪断一部分。其次要是分清放置杉苗的方位。当地有"栽杉莫反山，反山树扭弯"❹ 的说法。其意思是要按照杉苗在育苗地生长的方向移栽，其原生的杉苗尖方向不能改变，即不能反山。生长有一年时间的杉苗尖一般都是朝向山下，移栽时则不能把杉尖朝山顶，否则杉树长势不好，即使勉强活下来树干也会弯曲。对于那些较粗较高的，已经生长有 2~3 年的树苗，则观察起树皮，树皮稍暗的一面要朝山岭，树皮稍光滑，且颜色较白的一面要朝山下。如遇到干旱年，就使用黄土加水调成稀释的黄泥浆，然后沾在杉苗根部，以保证成活率。

（3）覆土。先将挖出的土壤回填到坑穴中覆盖杉根后压实，回土到穴中的下半部分时，将杉苗稍微往上一提，目的是给杉苗根留出一些呼吸的空间。在山岭地段，因土壤较干燥，那么每一填回一层泥土，就要用锄头或脚压实；在山洼地段，因土壤较湿润，对填回的泥土只能轻压。最后，要往每一棵杉苗的根部堆一层高于

❶ 杨庭硕，杨曾辉.清水江流域杉木育林技术探微［J］.原生态民族文化学刊，2013（4）：2-10.

❷ 《锦屏县林业志》编纂委员会.锦屏县林业志［M］.贵阳：贵州人民出版社，2002：121.

❸ 吴声军.山林经营与村落社会变迁——以清水江下游文斗苗寨的考察为中心［D］.广州：中山大学，2016：86-93.

❹ 黎平县林业局.黎平县林业志［M］.贵阳：贵州人民出版社，1989：286.

根茎和地面的土壤。目的是防止因下雨导致树苗根部及其周围积水，使杉苗因过度吸水而死亡。同时还可防止杉树根茎部分蘖。对于那些土壤层较浅的林地而不能挖穴的，则将附近的土壤集中起来，然后实行堆土移栽。定植好杉树苗之后，要确保定植杉树苗的小土丘和杉树苗入土的基部获得足够的阳光，不能在其基部堆放任何遮蔽物，如杂草、树叶等之物，未经过火的生土也不能放置在土丘上。

有研究者将以上覆土技术称为"堆土定植"和"亮根操作"。这两种技术操作非同一般，它与一般意义上的苗木种植技术存在大很不同，但技术应对的指向是明确的，主要是为了防范病害风险。"堆土定植"即是将经过火焚过后的松土拢成圆锥形的小土堆，稍稍拍紧，目的是防治土堆坍塌。然后将杉树苗定植在土堆的顶部，杉树苗的根沿着坡面排布，再在根上拢上覆土，使用手或一些工具将之拍实即可。这一技术最大的特点是，要保持干燥度，以有效抑制病害微生物的繁殖和蔓延。而"亮根操作"，就是定植树苗后，不许向其根部放置任何物质。这是要确保太阳光可以直晒整个土丘和杉木苗的地上部分。而"亮根操作"即是杉树苗定植后，要让定植杉树苗的小土丘和杉树苗入土的基部吸收更多的阳光，因此，不能在其基部上堆放任何遮蔽物，未经过火的生土也不能放置在土丘上。这是要确保太阳光可以直晒整个土丘和杉木苗的地上部分。❶ 这一项技术的核心就是要借助阳光的直射，依靠阳光中富含的紫外线，抑制有害微生物的滋生和蔓延。❷ 可以说，这传统的苗木定植方法，是该地区人工杉树林走向辉煌的技术保障。❸

清水江流域苗族还掌握其他一些独特的移栽技术，如"鱼鳞坑整地法"和"带状整地法"。"鱼鳞坑整地法"的技术为：先将表土挖开，放到一边，然后开挖树坑，将里层土放到另一边。表土和里层土不能混淆放于一堆。树坑深约30厘米，宽35~40厘米。坑挖好后，将树苗放于坑内，填进表土，轻轻提一下树苗，让其根须舒展，浇上水，最后壅上里层土，踩实即成。采用"带状整地法"的，将坑挖好后，将上一行与下一行之间的表土铲下，置于坑内，植树方法与"鱼鳞坑整地法"相同。❹ 这些移栽技术至今仍在使用。

❶ 杨庭硕，杨曾辉.清水江流域杉木育林技术探微［J］.原生态民族文化学刊，2013（4）：2-10.
❷ 吕永锋.侗族传统林业经营方式的文化逻辑探寻［J］.吉首大学学报：社会科学版，2003（1）：77-79.
❸ 杨庭硕，杨曾辉.树立正确的"文化生态"观是生态文明建设的根基［J］.思想战线，2015（4）：100-115.
❹ 黔东南苗族侗族自治州地方志编纂委员会.黔东南苗族侗族自治州志·民族志［M］.贵阳：贵州人民出版社，2000：52.

5. 林粮间作技术

"林粮间作"是清水江流域乃至整个中国南方的很多民族的一项重要植树造林的传统技术。杨有赓先生在 20 世纪 80 年代对清水江文斗寨调查时就发现《姜氏家谱·记》记载有"万历年，居中仰者咸移附居。只知开坎砌田，挖山栽杉"。这一记载内容表明了文斗苗族早在 16 世纪就已经实行人造杉林，经过长时间的生产实践后，摸索出了林粮间作的先进生产技术。到乾嘉道之际，已经普遍用于林业生产。

所谓"林粮间作"，就是要在营林地里种植树木的同时，还要种植其他的粮食作物。但要在营林地里种植哪种粮食作物，以及先种植杉木还是先种粮食，不同的区域则存在一定的差异性。从一些文献资料的记录来看，清水江流域主要在营林地里种植小米和玉米，而且往往是先种农作物，然后才种杉木。

"林粮间作"的具体操作方法为：农闲时，开荒备地；春天时，将荒地上的杂草树木焚烧，烧出来的草木灰留在地里，作为肥料；四月时，要进行翻地，并种植小米、玉米等农作物；秋天过后，翻地过冬；次年春天，整理土地，然后栽种杉木。"林粮间作"这一传统技术体系中的核心技术在于防治病虫害，以及提升土壤透气性和提高土壤肥力等。在这一技术中，当地村民还要为杉树选择伴生树种，以及配套种植小米、玉米、马铃薯、红薯等各种旱地作物，进而将林业结构逐渐由纯林转向混交林。这样的技术，可以确保了当地植物物种的多样性，维系了生态系统的平衡。

清水江流域少数民族对"林粮间作"有其一套独特的解释，他们说，之所以在为杉树选择伴生树种和配套农作物，是因为树林群落里的不同植物之间，如同人群社会中的人与人之间一样，大家是一个互为结构的互动关系，谁都不能独立存在。

"林粮间作"技术与"种树还山"制度不无关系。在很长的历史时间里，清水江流域乃至整个湘黔桂的毗连地带，贫困家庭向地主家庭租借山场用来种粮的现象十分普遍。形成一种"种树还山"的植树造林制度。《岭表纪蛮》记载："向例，蛮人向地主批垦新地，种杉皆种杂粮，杉木成活后，主佃各分其半，地主若以百元购买山地，其面积至少可植二万株。惟木须二三十年始可成材，蛮人既无远大思想，又为经济压迫，三五年后，木高地瘦，非徒耕，即不得食，于是其所分得之杉，不得不贬价售于地主。"该文献资料就是描述了"种树还山"的基本方式。也就是说，那些生活贫困的家庭向占有大量山场的山主租借山场，用来种植杂粮。在租借期间，租借者在山场里种植杂粮的同时，还必须种植一些树木，以种杉木为主。山场里的杂粮归租借者所有，但所种植的树木属于山主，当然也有租借者与山主共同分享种植出来的杉木。租期结束后，租借者所享有的杉木，可用来抵缴租金。如下这一款契约就涉及这一方面的内容。

契❶:

立讨字人龙生文，因家贫穷，生活难逃，自己上门问到勒洞业主龙凤山土名宗水排坡荒山壹团，佃种小米、栽杉木，连耕三年，长大成林，肆陆成分，业主肆股。栽主陆股。经双方同意，不得异言。恐口无凭，立有讨字□□。

> 讨笔 罗八锡
>
> 讨字人 龙生文
>
> 民国三十六年正月初五日

该契约明确了在林中要皆种小米和杉木，在种植这两者中，有的山主还要求租借者必须栽杉成林，否则栽手将毫无分红，且山主将另让他人租借。如下契约足以为证。

契❷:

立佃帖字人中仰寨陆正泰、陆大昌弟兄二人，今佃到加池寨姜开义、沛清伯侄等山场一块土，名捌股山界趾，上凭盘路，下凭溪，左右凭冲，四至分明。此山分为捌股，姜开义叔侄占一股，中仰占七股，今开义叔侄一股，佃舆中仰种粟栽杉。限至五年内，俱要满山成林，若不栽杉成林，栽手并无係（系）分，地主另招别人。今欲有凭，立此佃字为据。

> 凭中龙起和
>
> 代笔范绍傅
>
> 咸丰四年八月初一 立佃

---

❶ 文书原持有者：罗朝明；来源地：天柱县高酿镇勒洞村，见张新民.天柱文书（第一辑）[M].南京：江苏人民出版社，2014：223.

❷ 张应强，王宗勋.清水江文书：第一辑（6）[M].桂林：广西师范大学出版社，2007：41.

二、喀斯特地区植树造林技术

我国西南喀斯特地区位于世界三大连片喀斯特发育区之一的东亚片区中心，面积约 54 万平方千米，目前居住着 1 亿多人口，少数民族有 48 个。❶ 石漠化地区的植被一旦被破坏，将难以恢复，在石漠化地区种植树木的成活率也相对较低。但西南少数民族除了创造一套保护植被的制度文化外，他们还根据石漠化的生态特点发明了一套传统的植树造林技术。

少数民族植树造林的技术与当地生态环境的特点具有密切的关系。贵州省毕节地区金沙县处在西南喀斯特地位土壤保持重要区，生态十分脆弱，要在该区域植树造林必须结合当地民族所总结的传统技术。当地苗族村民植树造林的地方性知识值得推广与利用。杨庭硕对金沙县平坝乡苗族同胞造林的本土方法的研究，使我们认识到了在特殊的地理环境里，传统生态知识往往发挥独特的文化功能。该研究描述了金沙县平坝乡在 20 世纪 80 年代后期石漠化治理中，当地村民杨明生带领群众的造林方法。杨明生的这一套植树技术，使当地漫山遍野的岩缝中长出了参天的大树。其造林技术的要点主要包括如下几个方面。❷

（1）既不清理林地，也不挖翻土壤，而是在已有残林中相机移栽野生的草本和藤本植物，作为以后苗木定植的基础。

（2）既不建苗圃，也不购买苗木，而是从周边已有树林中，选择林下的各种合适的幼树苗进行移栽。

（3）移栽时完全不清理定植点的原有植被，而是在灌草丛中直接开穴定植，树苗移栽后完全隐藏于灌草丛中。

（4）对原先无灌草的石漠化地段，则不惜工本移开碎石，或是人工填塞土壤，先撒播草种，或移栽灌木。待草类长大后，再定植合适的苗木。

（5）随着树木的生长，待树冠超过灌草丛后，才及时相机清理灌草丛，割去喜欢阳光的植物，留下耐阴的植物。而且仅仅割去植物的上半部，留下半米的残段，目的是让它们继续发挥截留水土的作用。

（6）割下的灌草和落叶不焚烧，与泥土混合后，填入低洼的石坑中，作为日后定植新的苗木基础。

---

❶ 熊康宁，陈永毕，陈浒.点石成金——贵州石漠化治理技术与模式［M］.贵阳：贵州科技出版社，2011：125-139.

❷ 杨庭硕.论地方性知识的生态价值［J］.吉首大学学报：社会科学版，2004（3）：23-28.

麻山是西南一个非常典型的石漠化地区，当地少数民族在植树造林上也总结了一套非常独特的技术。麻山地区位于贵州高原向广西丘陵过渡的斜坡地带，具体为贵州省黔南州的罗甸县、惠水县和长顺县，安顺市的紫云县，以及黔西南州的望谟县等交界接壤处，地势北高南低。清代典籍里就有"麻山"一词记载，该区域在明清两代由于政府施行激励农桑的政策，一度变成为南方的重要麻产地，"麻山"因此而得名。该区域是一个苗族聚集的地区，其方言主要属于川黔滇次方言和麻山次方言。该地区有的县市属于黔桂滇喀斯特石漠化防治生态功能区，有的则属于西南喀斯特土壤保持重要区。

麻山地区属于喀斯特岩溶地貌发育的中期，其地貌为典型的峰丛洼地类型，每一个洼地的周围均被陡峭的石灰岩山体所环绕，各洼地之间的半山处有1~2个隘口相互连通。洼地周围布满了刀砍状垂直裂纹，基岩与表土的结合非常松弛。在长时间的淋蚀下，表土会发生溶胀，基岩与表土之间就容易形成一个摩擦力极小的滑动层，在重力作用下，表土就会出现大面积的滑落，导致麻山地区频繁发生灾害性滑坡。因而，保护好当地的植被，对于避免山体滑坡的自然灾害来说尤为重要。但在这样的生态环境里植树造林，确实是一件非常困难的事。不过，千百年来，当地苗族乡民在植树造林中总结出了一套地方性知识。这一植树造林技术被有的研究者称为"指示植物去选定苗木的种植"方法。有研究者通过对这一植树法的研究，认为苗族的本土生态技能在石漠化地区起到了用武之地。其技术要点如下。❶

（1）在长时间的淋蚀作用下，岩缝里隐藏着一定体积的溶蚀坑，有的岩缝还被泥土所填满。这些岩缝自然长出了一些不同种类的植物，可根据这些植物来判断该种什么样的树种。例如，长出何首乌、葛藤一类块根植物的岩缝可以种植构树和槐树，长有旺盛茅草的岩缝可以种植毛栗和核桃等。

（2）根据山体岩缝的走向及纹路交汇来判断哪些位置可以栽种树木。这些地方是一个体积较大的溶蚀坑、土壤肥厚、地下水位较高，可支撑乔木的生长。同时也要根据这些地方所生长的植物来判断该种什么样的树种。

当地苗族对"指示植物去选定苗木的种植"的技术有其自己的一套解释，他们认为，森林群落中的不同植物之间，有的是朋友关系，有的是敌人关系，是朋友关系的，它们可以生长在类似的生态环境里，是敌人关系的，它们所生长的生

---

❶ 罗义群.苗族本土生态知识与森林生态的恢复与更新［J］.铜仁学院学报，2008（6）：59-63.

态环境也不尽相同。首乌、葛藤一类块根植物与构树和槐树等是一组朋友关系，茅草与毛栗和核桃等是另外一组朋友关系。他们正是根据这样的植物之间的关系来选择在不同的岩缝里栽种不同的树木。

麻山地区的苗族还利用家禽粪便所含树木的种子进行育苗。该技术与当地苗族传统的放牧方式有关。苗族将猪放养到林地里，而林地里的构树是猪的主要饲料。作为一种桑科植物的构树，其树皮纤维长而坚韧，是很多民族用来制作衣物的尚好材料。清代以降，棉花和麻的推广后，构树皮才逐渐退出衣物制作材料的舞台。不过，构树纤维还可以作为优质的造纸原料而成了麻山地区重要的外销土特产品。更重要的是，当地饲养的猪都离不开构树。因此，麻山地区苗族一直保留着构树，不轻易进行大面积的采伐。猪取食构树复果后，因构树的种子外壳比较坚硬，被吞进猪的肠胃里也不易消化，构树种子将随着猪的粪便排出来。然而，放牧方式使猪不断地流窜到林地里，猪的粪便也就散在林地里的不同位置，这意味着构树种子也就分散在林地里。这些种子在春雨过后，就会发芽并长出一丛丛的构树苗。树苗长出来后，人们只需要把这些构树苗就地取舍，用木棒沿着有泥土的石缝戳一个浅洞。然后，把构树苗和猪粪一同塞进洞里。稍加压紧，没过多久，就会长出构树的主干来。树苗长到 3 年左右，其树叶就可以作为猪的饲料，长到 5 年，就可以进行修剪枝叶，还可以剥取树皮。被剥皮后的树枝可作为燃料。构树长高后，在它的荫庇下，原来裸露的石灰岩上就会长出青苔，接着这些石缝还长出一些蕨类植物。❶青苔与蕨类植物将裸露的石灰岩紧紧遮蔽，在炎热的夏天的白天里，这些青苔和蕨类植物起到降低无序升温的作用，在夜间，这些青苔和蕨类植物则饱含着大量的水分，从而滋养着栽种在石缝里的树苗。历史上，麻山苗族正是利用这样的植树技术，有效减缓了麻山地区石漠化的扩展趋势。

"见缝插针植树法"也是西南喀斯特地区少数民族的一项传统植树技术。生活在黔滇桂边区的苗族、布依族，他们植树的传统技术，往往采取的是"见缝插针植树法"。当地村民在植树中，无须过多地改变当地的生态环境。所谓的"见缝插针植树法"，就是不需要触动已有的残存植被，而是在残存植被中见缝插针地种植诸如构树、椿树、桐油树、槐树、山苍子、漆树和马桑等具有经济价值的木本植物。与此同时，当地村民不需要连续几年都清除残株和种植，更是不需要

---

❶ 杨庭硕，吕永锋.人类的根基——生态人类学视野中的水土资源［M］.昆明：云南大学出版社，2004：81.

年年翻土。这样的植树传统技术，实际上有效地保护了当地脆弱的地表，进而有效地控制了石漠化。与此同时，不清除残株，而是保持野生杂草灌丛和木本植物，没有人为地改变物种构成。这种植树技术，不但有效加速了植被的扩大与恢复力，保持动植物的多样性，而且还有效地拦截了从高处自然下泄的水土，其生态效果就是，能够使已经石漠化的土地日益增厚，表土不断地得以扩宽，土地的生产能力日趋得以恢复，石漠化逐渐得以救治。当地苗族、布依族这种见缝插针的植树方法，不但可以防止石漠化，而且能够有效救治已经石漠化了的土地资源。❶这些传统的植树造林技术，一方面体现着当地少数民族对自然的认知与理解，另一面也是当地少数民族结合自然条件而总结的地方性生态技能。

三、其他植树造林技术

除以上提到的清水江流域和喀斯特地区少数民族传统植树造林的一些技术外，在西南其他地区，几乎每一个民族都总结了一套独特的植树造林的技术。这些技术背后，充分反映了他们对自然的认知体系。

少数民族传统植树造林技术，一方面体现着他们的生态伦理观；另一面体现了他们在植树造林中所遵循的因地制宜的原理。彝族植树最常用的方法就是"三填两踩一提苗，树木必然长得旺"，即栽树时要把坑里的泥填满、踩实、保证树苗挺直。与此同时，彝族还根据不同的生态环境选择种植不同种类的树木，充分体现了彝族认识自然与巧妙地利用生态条件的生态智慧。彝族长篇史诗《梅葛》中就描述了彝族植树的传统知识："高高山顶上，撒了白菀树；高山梁子上，撒了青松和赤松；高山菁沟里，撒上青香树。项区山腰上，撒了罗汉松，撒了桂皮树，撒了梧桐树，撒了梨树桃树，撒了花红树，撒了核桃树，撒了稷桃树。坝区山坡上，撒了橄榄树；坝区岩顶上，撒下鸡嗦子树。河头两岸上，撒了水冬瓜树；河边两岸上，撒了杨柳树，撒了麻栗树，撒了锥栗树。野香樟木撒了三岭，马樱花树撒了三岭，白皮松树撒了山凹，橡树栗树撒了三坡，橡树栗树撒了兰箐。树种洒下了，河边两岸都撒遍，山山箐箐都撒到。"❷彝族在高山、坝区、河岸所撒的树种各有不同，可以看出他们很早就已经掌握了因地制宜种植树木的

---

❶ 杨庭硕.论地方性知识的生态价值［J］.吉首大学学报：社会科学版，2004（3）：23-28.

❷ 云南省民族民间文学楚雄调查队.梅葛［M］.昆明：云南人民出版社，2009：52-53.

技术。❶

少数民族植树造林的技术，充分体现了人在森林的种植结构上发挥的能动调控作用。黔东南州黎平县黄岗侗寨平均海拔在800米左右，其村落景观的一个最大特点就是，600米以下的海拔地带是稻田与丛林相间的坡面，而600米海拔以上的山区则覆盖着茂密的森林。当地黄岗侗族有如此谚语："无山就无树，无树就无水，无水不成田，无田不养人。"这说明侗族把森林放在至关重要的位置。可以说，在他们的认知模式里，没有森林就没有人。这种对森林的重视，使他们世代流传了一套特殊的植树技术。侗族传统森林培育技术大概可以归纳为"以伐代护"和"以抚代育"两种。所谓的"以伐代护"是指砍伐那些乔木，目的是腾出一定的空间，让其他树木获得更多的阳光与氧气而茁壮成长。该做法就像是森林游耕，效果十分明显，既可以实现随种随收，也可以实现随收随用。森林面积并非这样的技术而出现减少，相反森林里的树种的结构还在这样的技术之下得以不断地调整。"以抚代育"，则是尽量减少采取人工育苗植树的技术。这种技术实际上是一种合理的利用土地资源。侗族村民在利用土地资源的同时，精细管护那些自然长出的树苗，待其长大成林后就主动退耕。该做法所抚育出来的树苗，高度适应当地的生态环境。其生态智慧主要体现在，"以抚代育"能够使人在森林的种植结构上始终发挥着能动调控作用，不仅满足了人对森林资源的需要，而且还能不断修复当地衰弱的生态系统。

"树桩再生成材"是黄岗侗族村民的另外一项植树造林的传统技术。以杉树再生技术为例，当地村民如果需要使用杉木，就会选择在每年寒露之后立春之前砍伐树木。砍伐杉木的关键技术在于留出一定长度的树桩，树桩要留出50厘米以上。树木砍伐后，还要采取一些措施，如砍伐树木后要对其伤口进行治疗。其治疗的方法是，使用米浆胶凝其创口。当地村民说，通过这样的处理，来年树桩就会长出有5~6株的一圈幼芽。这些幼芽，还要进行人为干预或选择，即将那些长得好的幼芽留下来，长得不好的，就要割掉。通过人为选择下来的树芽在3~5年后，就会长成一棵5米之高的树木。"树桩再生成材"技术另一个关键技术还在于，砍杉树只能使用攀刀，不能使用锯子，否则就不能实现再生。该做法实际上是为了避免树木的细胞组织遭受破坏，使

❶ 刘荣昆.林人共生：彝族森林文化及变迁探究［D］.昆明：云南大学，2016：173.

用锯子工具锯杉树会撕裂形成层的细胞组织，导致树桩难以再次发芽。侗族村民所使用的攀刀工具，是自然性适应的结晶，也是他们保护森林的一把利器。侗族"树桩再生成材"技术实际上实现了砍树不毁林的两全其美的生态效果。[1] 当地村民对他们割据树木技术的解释是，之所以不能使用锯子、斧头等之类的工具来割据树木，是因为这些树木如同人一样，它们都知道疼痛，只能使用诸如攀刀这一类小工具，才能避免树木遭受剧烈的疼痛，这样才不会激怒山神。

通过"刀耕火种"确保种子发芽的植树技术流行于黔东南州的雷公山地区。雷公山地区盛产秃杉，这种植物是从新生代第三纪延续下来的一种远古珍稀树种，属杉科台湾杉属。雷公山地区现保存下来的秃杉植株最多，种群规模最大。尤其是格头苗族村，因保存秃杉最多而被誉为"天然"秃杉分布最密集的地区。格头村总面积为2121.36公顷，森林覆盖率高达88%。村落周围古树参天，主要有秃杉、马尾树、杉木、枫香、水青冈和泡桐等。当地保留如此之多的秃杉，与当地乡民根据秃杉小而轻的特点创造的一套独特的植树技术有关。这一技术就是通过刀耕火种，将地表上的杂草、蕨类植物、枯枝败叶等烧掉后，让坚实的土壤暴露出来，这样小而轻的秃杉种子一旦落到这些土壤上就能够嵌入泥土里而发芽，最后长成参天大树。格头村村民说，如果不进行刀耕火种，地表上的杂草树叶等不被清理掉，秃杉掉落地上时，只会停留于这些杂草树叶之上，与土壤相隔。没过多久，这些掉落的秃杉种子就会腐烂。掉落下来的秃杉种子大多只会成为鸟类的食物，极少部分的种子或许能够发芽，但却因为没有直接接触土壤而枯死。因此，可以在秃杉林地周围那些被弃的耕地或荒地上，通过人工的刀耕火种后，一到种子成熟期，在风力的帮助下，很多从秃杉林地里飘来的种子就会落到土壤之上。通过一段时间，这些种子就会发芽，形成幼苗。这时候，村民们要拔掉一些幼苗移栽到其他的地方。其移栽技术也是很有讲究，要领主要有3条：一是移栽时间必须在农历十一月到次年正月之间。若超过该时段，幼苗即进入停止休眠而开始生长。二是定植苗木时，无须挖深坑，只将地表浮土扒开，形成平底的浅坑，但必须将秃杉苗的根平放进坑底，再壅土。三是秃杉苗定植要注意"朝

---

[1]　崔海洋.试论侗族传统文化对森林生态的维护作用——以贵州黎平县黄岗村个案为例［J］.西北民族大学学报：哲学社会科学版，2009（2）：83-87.

向"，所谓"朝向"就是要确保树梢朝向山谷方向。❶格头村秃杉的繁育技术，是在苗族传统生计"刀耕火种"的实践经验中总结出来的。这说明少数民族的一些地方性知识一般都是在生产中、生活中提炼出来的，而提炼出来的这些技术往往都与当地的自然环境和气候条件具有高度的适应性。

---

❶ 罗康隆，吴声军.民族文化在保护珍稀物种中的应用价值［J］.广西民族大学学报：哲学社会科学版，2013（4）：18-25.

第四章 分类森林：少数民族的认知思维

植树成林之后，西南少数民族对森林的分类又有一套独特的认知模式。对森林的分类，除了便于管理外，更重要的是与不同类别的森林建立一种情感与价值关联，而这种情感关联有效地建构了人对森林的热爱与敬畏。

在西方传统哲学中，人们通常假定人类独立于自然界并掌控自然界，但在中国，"天人合一论"是哲学的基本概念。中国哲学中的"形而上者"与"形而下者"为一个统一的世界。人与自然之间互为环境，人与自然界及其万物之间存在一种内在的价值关系，既不存在人类中心主义，也不存在自然中心主义。因此，在中国哲学中，对自然万物的分类，是一种对大自然的热爱与敬畏的表现。

人类从诞生到现在，一直都是与森林打交道。人与森林之间的关系，不仅仅是认识的关系，而且还是一种生命的情感联系和价值联系。[1]西南少数民族对森林的分类不仅体现了中国哲学的基本思想，而且也是一种人与森林之间的情感与价值联系。施韦泽指出："人赋予其存在以意义的唯一可能性在于，他把自己对世界的自然关系提升为一种精神关系……人不仅为自己度过一生，而且意识到与他接触的所有生命是一个整体……认为他能分享的最大幸福就是拯救和促进生命。这一切使人作为行动的生物与世界建立了精神关系"。[2]少数民族对森林的分类，正是一种通过敬畏森林生命而与其建立精神关系的体现。

---

[1] 谢守鑫.我国森林资源分类经营管理的哲学思考与实践剖析［D].北京：北京林业大学，2006：63.
[2] 阿尔贝特·施韦泽.对生命的敬畏——阿尔贝特·施韦泽自述［M].陈泽环，译.上海：上海人民出版社，2006：130-131.

第一节　古代森林分类方法

中国古代早已对不同类型的森林进行划分。其划分的依据主要有两种，一种是按照功能划分，一种是按照所有权的不同划分。从功能来看，将森林分为水源涵养林、水土保持林、防风固沙林、护路林、护堤林、军事林、农田防护林、风景林、风水林、城市林、纪念林、陵墓林、古树名木等；从所有权的不同来看，将森林划分为公有林和国有林，更进一步细分则有寺庙林、民族林、姓氏宗族林、村有林、县有林、府有林等。

在所有的森林种类中，古代更注重于风水林与皇家公益林的管理。特别是在明清时期，出现了大量的有关风水林划分管理的护林碑刻，以及相关的法律制度等。据不完全统计，北魏、宋代、元代、明代、清代和民国的护林碑刻共有305通。其中，清代是中国传统护林碑刻的鼎盛时期。护林碑刻依据立碑者的身份可分为混合型、民间型和官方型3种基本类型。❶ 为了对风水林进行保护，有的地区还设置有"树长""树头"和"山甲"等人员负责对其看护。

对皇家公益林的经营管理，也设置有专门的管理机构。例如，清代对陵园树木的补栽与管护由屯田清吏司负责。除了设置管理机构外，还通过法律形式对皇家公益林进行强制性管理。《大明律》规定："凡盗园陵树木者，皆杖一百，徒三年⋯⋯若计赃重于本罪者，各加盗罪一等。"总之，古代对森林的分类管理是采取乡规民约与法律强制保护相结合的方式。

第二节　现代森林分类方法

我国现代森林分类管理方法的核心思想仍受传统分类管理方法的影响，不同的是其分类较传统方法更为细化。

---

❶ 倪根金. 中国传统护林碑刻的演进及在环境史研究上的价值［J］. 农业考古，2006（4）：225-233.

我国"九五"林业改革提出"林业分类经营"后，引起了学界的广泛关注。有的学者认为，"林业功能既不能分，更不可分。所谓林业分工或者林业分工论，说到底，就是森林资源分工或森林资源分工论"❶。也有人认为，"'林业分类经营'的实质是森林分类经营。其目的是保障区域经济、社会的可持续发展，保障林业的可持续发展"❷。

从整个国际来看，林学界对森林资源分类经营管理提出了很多不同的看法，形成了诸多的理论。在国外，有关森林资源分类经营管理理论出现了经济派、生态派、协同派和专业化派等。经济派主张利用森林的木材和非木材产品；生态派主张限制森林采伐，建立以森林为主体的自然生态系统；协同派主张发挥森林的各种功能，以满足人类对经济和生态的诸多需求；专业化派则主张最大限度地发挥森林的特定功能，按森林的社会需求和地理位置来划分林种。此外，不同的国家对森林资源分类经营也有所不同。例如，加拿大将人口密集与交通发达地区的森林分为非生产林和生产林，马来西亚按不同的地域而将森林分为生产区森林、游憩区森林、保护区森林和社会林业区森林，日本将国有林区分为国土保安林、木材生产林、自然维护林和空间利用林，法国将森林分为公益林、木材培育林和多功能森林三类，奥地利将森林分为用材林、平原防护林、山地防护林、环境林和休闲林等。而我国则根据森林法的规定，按照森林的主要功能和作用将森林划分为用材林、经济林、薪炭林、防护林、特用林5大林种。从国家层面来看，对森林的分类，主要是根据其功能作用而划分的，其目的是为了建立和完善针对不同林种的森林经营管理技术体系。

此外，有的研究从生态学原理和人类社会的需要为出发点，将森林分为人工林、天然林和秉用林3种。其中，人工林起源于人工的森林，早在农耕社会就已经出现，但在工业社会之后才产生人工林的规模化和基地化。人工林是人工栽培技术的成熟，是人类认识、利用和改造森林的成果，也是人类仿效自然生态系统的一种措施。人工林包括用材林、速生林、防护林、城市森林、乡村森林，以及厂矿、库区、营区、校园森林和行道树、绿色通道、园林等林木；天然林是源于自然的森林，或是没有经过人类染指的森林，也叫原生态的地带性森林植被。天然林的本质是自为，它自己懂得作为，因此要求人类远离和免除对自然的干扰；秉用林是介于

❶ 谢守鑫.我国森林资源分类经营管理的哲学思考与实践剖析［D］.北京：北京林业大学，2006：11.
❷ 郭晋平，张云香，肖扬.森林分类经营的基础和技术条件［J］.世界林业研究，2000（2）：41.

人工林与自然林之间的森林。它包括人工经济林、人工防护林、天然残次林、灌丛等。对待秉用林，人们要持"有所为"和"有所不为"的态度。有所为，就是要对秉用林排除主伐以外的多种利用方法，包括多种经营、综合利用和发展林下经济等；有所不为，就是要对秉用林采取整体性保护措施，用"不规划"和"非规划"，包括封山和人工促进天然更新等方法，以利于森林植被的恢复。❶

总的来说，我国对森林分类经营的出发点是社会对森林的经济和生态的需求，根据森林的功能而把它划分为商品林和公益林，并采取不同的经营管理体制和发展模式。

第三节　少数民族森林分类方法

在西南少数民族地区，人们对森林的分类依据一套地方性知识。他们对森林的分类管理，主要依据其生计、社会、宗教、历史、文化、伦理等，也即由其社区居民基于他们传统的实践和信仰对森林进行分类管理的，被分类的森林受当地文化制度保护。从这一层面理解，少数民族对森林的分类具有生态学和社会学的双重功能。

千百年来，西南地区较高的森林覆盖率很大程度上与他们对森林资源分类的地方性知识有直接的关联性。有学者对森林分类管理的效果进行研究表明，受文化保护的森林（Culturally protected forests，CPFs）和没有受文化保护的森林（NCPFs），其生物多样性具有较大的差异。该研究以中国东南部为研究对象，分别对社区林、宗庙林和墓地林3种类型的CPFs的林层、灌层和草本层内植物物种丰富程度及多样性进行了调查分析。为了进行比较，该研究还对CPFs周围的NCPFs进行调查。结果显示，在CPFs内，共记录了85科187属的325个物种，其中，有17个种属于中国红色物种名录和IUCN濒危物种红皮书的保护物种。比较NCPFs而言，受文化保护的3种类型森林，其林层有更高的DBH（胸高直径）和较低的物种密度。这一特点在墓地林中表现得更加突出。从CPFs和NCPFs比较来看，林、灌、草三层的指标差异也是非常的明显。在研究区内，CPFs的森林

---

❶　苏祖荣.森林哲学散论——走进绿色的哲学［M］.上海：学林出版社，2009：284-288.

覆盖度约为 85.4%。受到文化保护的森林和没有受到文化保护的森林的相似点主要体现在灌丛和草本层中。导致 CPFs 和 NCPFs 的物种的差异性的主要原因，与其森林的利用和管理模式不同有关。CPFs 是地方社区基于其传统文化、实践和信仰体系来进行保存和管理的森林类型。在这一保护森林的文化结构里，严禁人们打猎和伐木。受文化保护的森林退化的速度也就比较缓慢。这些森林对地方社区来说，通常是寄托着他们的精神信仰，并且具有文化遗产价值和美学价值。❶

一、依据生计方式分类的森林

在西南地区，很多少数民族对森林的分类，主要根据其生计方式的特点来进行。从这一点来看，森林分类一方面是为了生存的需要，另一方面也是为了适应生态环境的需要。在此，重点讨论历史上从事刀耕火种活动的民族，他们对森林分类的情况。

刀耕火种，是我国古代文献对烧荒耕地农业的形象叫法。所谓"刀耕"，就是使用刀和斧头砍伐森林；所谓"火种"，就是把砍伐晒干的树木焚烧之后栽种农作物。古时，有关文献将"刀耕火种"称为"刀耕火耨"或"畲田"。❷《史记·货殖列传》载："楚越之地，地广人稀，饭稻羹鱼，或火耕而水耨。"❸唐代，元稹《酬乐天咏通州诗》所云的"沙含水弩多伤骨，田仰畲刀少用牛""水种新秧征莜，山田正烧畲"也有"畲"的记录。但西南地区有关畲田的记录可能要更早一些。《华阳国志·南中志》载：牂牁郡"畲山为田，无蚕桑，寡畜产，虽有僮仆，方诸郡为贫"。西汉牂牁郡地望在今贵州省西南与云南省东南一带。这里的"畲山为田"指的就是采用刀耕火种的耕种方式，即先是采取放火的方式，把山野焚烧后，再翻土种庄稼，焚烧后产生很多草木灰，这些草木灰即用来作为肥料。"畲山为田"也可能是指当地已经开垦了种植旱地作物的山地。❹《唐书·南蛮传》载："东谢蛮……地方千里，土宜五谷，不以牛耕，但为畲田，岁一易之。"❺"东谢"地区为今贵州省黔东南州的台江、剑河至黔南州的三都县一带，

---

❶ Gao H, Ouyang Z, Chen S, et al. Role of culturally protected forests in biodiversity conservation in Southeast China[J]. Biodiversity and conservation, 2013, 22(2): 531–544.

❷ 尹绍亭. 远去的山火——人类学视野中的刀耕火种［M］. 昆明：云南人民出版社，2008：1.

❸ 司马迁. 史记·货殖列传［M］. 影印本. 郑州：中州古籍出版社，1991：564.

❹ 方铁. 西南通史［M］. 郑州：中州古籍出版社，2003：101.

❺ 欧阳修，等. 新唐书·南蛮传（下）［M］. 北京：中华书局，1975：6320.

"东谢蛮"包括今百越后裔的水族、侗族、布依族、毛南族等多个民族。该文献记载了当时各民族从事畲田的生计活动。

根据尹绍亭的研究，从事刀耕火种的民族曾分布在中国南方的广大地区，而在当代仅存于中国西南边境地带。与缅甸、老挝、越南相邻的云南省是我国刀耕火种生产方式留存最多的省份。从事刀耕火种活动的民族主要有羌系民族的彝族、哈尼族、傈僳族、拉祜族、纳西族、景颇族、阿昌族、普米族、怒族、独龙族、基诺族和苦聪人等，濮系民族的有佤族、布朗族和德昂族，苗瑶民族的有苗族和瑶族，越系民族的黎族、侗族、仡佬族、水族、壮族和傣族等。延续刀耕火种生产方式的原因主要有：

（1）这些地区属于亚热带，终年温暖，盛行东南和西南季风，雨水充沛，森林资源丰富。

（2）这些地区山地面积占94%以上，坝子面积小，地形复杂，难以经营灌溉设施，海拔高的地区气温较低，不宜发展灌溉水稻农业。

（3）这些地区在古代离汉文化中心较远，交通不便，汉民族难以向这些地方迁徙，土族民族的人口一直处于较低的水平，森林尚未被大规模地开发与破坏。

（4）在这些地区，民族众多，各民族之间的居住格局呈交错杂居的状况，开发容易且便于流动作业的刀耕火种农业适应山地民族社会的需要。

（5）这些地区因长期从事刀耕火种农业，各山地民族不仅形成了完整的生产技术体系，而且还形成了与之密切相关的社会组织体系和观念形态体系。

此外，尹绍亭还专门对云南刀耕火种农业进行不同角度的分类，将之分为轮作形态的分类、休闲方式的分类、栽培作物的分类和迁徙方式的分类等几种。其中，轮作形态分为无轮作刀耕火种类型、短期轮作刀耕火种类型和长期轮作刀耕火种类型，休闲方式分为自然休闲类型、人工造林休闲类型，栽培作物分为杂谷栽培类型和陆稻栽培类型，迁徙方式分为任意迁徙类型、固定地域内的迁徙类型和定居类型。❶

然而，这些从事不同类型刀耕火种农业的民族，他们对森林的分类也存在一定的差异性。云南独龙江中游的孔当村、巴坡村一带，以及下游的马库村一带的独龙族皆从事短期和长期的轮作刀耕火种，他们将所进行的刀耕火种之地称为"刀子地"，而"刀子地"又分为"砍伐原始森林后进行耕种的地"和"砍伐灌

---

❶ 尹绍亭. 远去的山火——人类学视野中的刀耕火种［M］. 昆明：云南人民出版社，2008：25-65.

木丛、竹木后进行耕种的地"两种。他们在长期从事"刀耕火种"活动中总结了丰富的经验，使他们能够掌握和辨别适合于砍烧树林、灌木丛、竹木和草场的地势、土壤和气候等。❶

对于不同类型的森林，少数民族一般都是采取不同的保护方式。云南西双版纳基诺山地区❷的基诺族从事短期和长期的轮作刀耕火种。被誉为"天然的动植物博物院"和"王冠上的绿宝石"的基诺族地区，其刀耕火种至少已经有200~300年的历史，而其采集狩猎的时间更长。中华人民共和国成立时，基诺族地区的森林覆盖率达到70%以上，植物种类达到1000多种，经济作物有2000多种。基诺族根据不同林地所具有的不同功能，以及他们生计方式的特点将森林资源划分为"轮歇耕作林""寨神林""村寨防风林""坟林""山梁隔火林"和"山箐水源林"6种。除了第一种"轮歇耕作林"可允许进行刀耕火种之外，其余的5种林区均不允许进行刀耕火种。若有违反，社区中的未婚青年组织的"饶考"在社区长老的主持下，将对砍伐人进行重罚。在基诺族社会中，各种森林和基础设施都是由"饶考"这一传统社会组织负责巡查保护。

根据生计方式对森林的分类管理与利用，有利于保持生态的平衡性。云南高黎贡山地区的傈僳族主要从事长期的轮作刀耕火种。当地傈僳族根据其生计方式而将森林分为"刀耕火种地""采集地"和"狩猎地"。刀耕火种是傈僳族最为重要的生计方式，他们每迁徙到一个地方，就会选择某片森林作为耕种所用，并将之称为"刀耕火种地"。在耕种之前，要将森林焚烧，焚烧森林后所产生的木灰能够提高耕地的肥力，土壤得以疏松，杂草和害虫也被烧死，这时种上谷物，不再遭受害虫侵害，定能获得丰收，每片森林耕种2~3年后，其土地肥力耗尽之后，他们就选择另一片森林作为"刀耕火种地"。原来的林地6~7年后，待其林木长成之时，他们又返回，再次焚烧森林，再次进行耕种。傈僳族对"刀耕火种地"的选择是有讲究的，并非选择那些茂密的森林，而是将那些土层深厚、灌木林低矮且略带窝槽之地进行刀耕火种。那些茂密森林是不能砍伐的，而是将之作为采集和狩猎之地。他们所选择的"采集地"和"狩猎地"通常为公用地，每个家庭都可以到这些林地进行

❶ 李宣林.独龙族传统农耕文化与生态保护［J］.云南民族学院学报：哲学社会科学版，2000（6）：70-73.

❷ 基诺山区位于云南西双版纳傣族自治州景洪市中东部，东经100°55′33″~101°14′45″，北纬20°53′11″~22°9′59″。

采集和狩猎。这种对森林的分类管理与利用，充分考虑到了人类与资源间的生态伦理关系，有利于保持生态平衡。❶森林资源在分类中得到了很好的管理。

西南山地民族传统的刀耕火种是人类对森林生态环境的一种适应方式，其体现了人类对生态环境的高度的适应能力和生存的智慧。❷这种对森林的分类管理与利用，既体现了山地民族的生计方式特点，也反映了他们的生态伦理观念。

二、根据宗教信仰分类的森林

森林是各民族自然崇拜的重要源泉。当人类处在生产力极端低下的原始社会时，他们对自然的认识还比较缺乏，从而使其产生了一种对自然现象和超自然力量的崇拜，这是一种原始的宗教意识，但其发展到后来就变成了自然宗教。自然宗教所崇拜的对象主要是森林、动物、日月星辰和风雨雷电等。

少数民族对森林的分类，源于他们相信人类的祖先来自于森林的认知。西双版纳傣族对森林的分类赋予了佛教的文化内涵。傣族人认为，"森林是父亲，大地是母亲，天地间谷子至高无上""有了森林才会有水，有了水才会有田地，有了田地才会有粮食，有了粮食才会有人的生命""大象跟着森林走，气候跟着竹子"。在傣族地区，各村寨（他们称之为"曼"），以及村以上的行政单位叫"勐"，至今都还保留有一片森林，他们称之为"巴消"，其意思就是"龙山林"。他们划分出来的"龙林山"是他们重点关注的对象。"龙山林"里又分有"水源林"和"风水林"。"水源林"是当地农业灌溉的重要保障，"风水林"则是当地傣族人精神信仰的重要依托。这片森林对于傣族人民来说是神圣不可侵犯的，森林里的一草一木和各种动植物都不容侵犯，任何人都不能随意进入"龙山林"采集和狩猎，即使一些枯枝，人们也不能随意拾捡回家烧火。

少数民族对森林的分类，通常根据森林的生态功能、经济功能和文化功能进行划分。云南哀牢山南段的元阳县是哈尼族梯田核心区。当地哈尼族把森林主要分为两大类别。一类是由家庭拥有的私有承包林，另一类是由社区管理的集体林。大多情况下，哈尼族地区的每一个村寨，都会拥有一片森林叫"竜林"，即

❶ 寸瑞红.高黎贡山傈僳族传统森林资源管理初步研究［J］.北京林业大学学报：社会科学版，2002（2）：47.

❷ 尹绍亭."我们并不是要刀耕火种万岁"——对基诺族文化生态变迁的思考［J］.今日民族，2002（6）：33-35.

"神林"之意。"竜林"是受到严格保护的集体林。他们对不同类别的森林进行不同的管理模式。从哈尼族对森林的分类和管理来看，森林的主要功能体现为生态功能、经济功能和文化功能。其中，生态功能主要表现在，它为居民和农业灌溉提供足够的水资源，对防止山体滑坡、泥石流和确保梯田景观，以及村寨的人畜安全提供重要保障；经济功能主要体现在，它为当地提供丰富的木材、薪柴、药材和其他多种林产品；森林的文化功能，则主要是满足哈尼族人民在宗教信仰上的需要，并为各种宗教仪式提供祭祀场域。哈尼族不允许亵渎"竜林"里的神灵，不许人们砍伐"竜林"里的一草一木，并严禁牲畜进入。❶

此外，云南地区其他村寨的哈尼族对森林的分类更加详细，他们根据森林与水源、农业和宗教的关系将之分为如下几种：

（1）寨神、勐神林区（神之地）。

（2）公墓、坟山林区。

（3）村寨防风、防火林区。

（4）传统经济植物区。

（5）传统用材林区。

（6）国境线防火林区。

（7）轮歇地林区。

这当中，传统经济植物区和传统用材林区可适时封育，定期开放和开发；轮歇地林区为恢复区，禁止进入期间通常不得进行伐木和樵采等活动；其他的林区具有祭祀、护寨和维护村寨环境等功能，不可玷污。人畜未经许可均不准进入，更不允许在其间进行垦殖和伐树。❷

还有的哈尼族村寨以本村寨为中心，由内而外地将周围的森林划分为"寨神林""风景林""薪柴林""用材林"和"水源林"等不同的圈层。这一地方性的民间分类知识引起了很多学者的关注，如马岑晔将每一种森林类型的基本特征及功能都做了十分详细的介绍。❸具体如表4-1所示。

❶　杨京彪，郭泺，成功，薛达元.哈尼族传统林业知识对森林生物多样性的影响与分析［J］.云南农业大学学报，2014（3）：307-314.

❷　张慧平，马超德，郑小贤.浅谈少数民族生态文化与森林资源管理［J］.北京林业大学学报：社会科学版，2006（1）：6-9.

❸　马岑晔.哈尼族习惯法在保护森林环境中的作用［J］.红河学院学报，2010（1）：1-5.

表 4-1　哈尼族对森林的分类管理

圈层	名称	位置	特征与功能
第一圈	神林	围绕着村寨四周	（1）在山头上，选一片茂密树林，作为这一片区的总管树林； （2）村寨上方的寨神林，为一村一寨的寨神所在地； （3）村寨下方的神林"丛隆隆波"可镇压恶兽，严禁其危害禽畜的丛林； （4）距村寨约半千米路程的山道旁的"咪刹刹波"，是人与野鬼分界的丛林
第二圈	风景林	村寨中心的第二个圈层	该圈层的林木不仅起到村寨防风固沙、保住水源、留住水土、隔离森林火源与村寨火源的作用，还作为氏族的风水林，是每个氏族神灵的居住之地
第三圈	薪炭林	风景林的外围	薪炭林即为传统的柴山，村民可轮伐薪柴、分片取用、放牧和采集，但砍伐时须遵守村民共同商议的条款。只能砍伐灌木林，小树枝以及各种自然枯萎、坏死的树木，严禁带大型锋利刀具入林，以免对森林造成大的破坏。伐薪时间为农闲时节
第四圈	用材林	薪炭林外围，水源林内侧	用材林主要是用来砍伐修盖房屋、窝棚用的木材，农业生产中的搭杆，棺木和柴薪，但是有砍伐时间和数量限制
第五圈	水源林	在村寨最外围	具有保水功效。水源林里的树木大部分是保水性很高的水冬瓜树，水源林里林木茂密，林下沼泽成片，林里到处长有席子草

此外，少数民族还专门根据神树的功能进行分类。例如，在云南彝族、哈尼族、白族、傣族、纳西族和拉祜族等民族的村寨中，现仍然保留有大量的神树。这些神树被他们划分为不同类型，包括分管水神、山神、草木生长的神树，负责庇护村寨平安的寨神树，负责保护整个家族的祖宗神树，负责保护整个家庭的家神树等。不同类型的神树，人们对其态度也各有不同。

三、其他森林分类体系

对森林的分类，有时候并非仅仅停留在以上提到的根据生计与宗教的需要，很多时候，西南少数民族对森林的分类是综合各种需要来进行的，即使是以上所提到的案例也并非完全是根据生计或宗教的需要来进行，他们对森林的分类往往来自于他们的思维方式、认知心理、生计、生活习惯、宗教、伦理、审美，等等。例如，贵州省贵阳市高坡苗族村寨所处的海拔较高且田土较少，但森林资源却十分丰富，当地苗族自古以来一直依赖森林里的药材、菌类、野果等，以及依靠狩猎来获得生存。这种对森林依赖较强的民族，他们对森林的分类也就更加明确，且分类的依据来自于他们的生活习惯、宗教信仰和生计方式。当地苗族将其周边的森林划分为薪炭林、用材林和风景林。其中，薪炭林主要生长在海拔较高的地段，这些树种主要是红青松和白青松；用材林主要生长在缓坡地段，以松树和柏树为主；而风景林则主要生长在他们村寨的周围，很多树木已经上百年。当地苗族对这些不同种类的森林资源进行了不同的管理，他们传统的习惯法"榔规条约"规定：薪炭林属集体山林，由各村民小组集体管理。具体措施主要有：

（1）有专人看管，护林员由群众推荐。

（2）薪炭林划分为四片，每年轮流砍伐一片。

（3）在每年春天和秋天各秋检查森林一次，每户必须参加。

（4）每年农历十月向每户分一次柴，砍伐森林只能延续至第二年的2~3月。

用材林共分为"公山"和"责任山"。"公山"由各村民小组自行看护，每一户家庭都分有一定面积的"草园"，属于私家拥有，其他人不得破坏。"责任山"则使用"桩"来划界，每一户家庭都拥有一定面积的责任山，但各户要按照村民小组的统一规定进行管理。风景林归全寨人所共有，由全村寨人共同管理，任何人不得侵犯。高坡苗族在"公山"被封期间，村民要使用燃料，就只能修剪"责任山"的树枝，这样"公山"和"责任山"形成了互补关系，这不仅有效保护了生态林，而且还可以解决村民生活需要。当地苗族在每年农历十月砍伐森林，既利用了农闲时间，又不影响树木生长。❶

此外，西南少数民族一直注重对风水林的分类管理。例如，贵州布依族、苗族和瑶族等习惯将社区的一些森林划分为风水林，并将村寨的安全、愿景、财富、兴旺、健康及社区和谐统一的愿望寄希望于风水林。客观上，风水林具有天然林的良好生长态势，在控制水土流失和保护生物多样性等方面发挥着重要作用，因而人们通常将之视为"社区型自然保护区"。

总之，很多少数民族都有一套分类管理森林的丰富经验。尽管从现代林业科技的角度来看，他们对森林分类管理还缺乏系统的理论，但他们对森林的分类管理在很大程度上有利于西南地区生态系统的维护。综合以上各种森林分类管理的特点，少数民族对森林资源的分类可归纳为禁伐林、可伐林和限伐林3种类型。不同民族对这些不同类型森林资源管理的方法也有所不同。其中，禁伐林就是今天我们所说的"生态公益林"，它包括护寨神林、神山林、风景林、密枝林、坟山林等宗教林，以及龙潭林、水井林、山顶箐边的水源林等。这类森林一般都归

---

❶ 余贵忠.少数民族习惯法在森林环境保护中的作用——以贵州苗族侗族风俗习惯为例［J］.贵州大学学报：社会科学版，2006（5）：35-41.

全寨或全族集体所有，这些森林的繁茂，象征着整个村寨的繁荣。可伐林主要指用树林、薪炭林和商品林。限伐林主要指轮歇地林，主要见于传统的刀耕火种农业中，每一块轮歇地都有一套严格的限制砍伐制度，任何人都必须遵照执行，不得违反。禁伐林、可伐林和限伐林，一般都被纳入少数民族习惯法、乡规民约及伦理道德保护范围内。西南少数民族对森林分类管理，并非来自"现代"或"先进"民族的传授，❶ 而是他们在与自然相处中总结的生态智慧。他们对森林分类管理的经验与智慧，对我们今天走可持续林业发展之路具有重要的借鉴作用。

第四节　少数民族森林分类的认知思维

西南少数民族对森林的分类管理反映了他们传统的思维模式。古德纳夫（W.H.Goodenough）被学界推崇为认知人类学的先驱者。在古德纳夫看来，所谓某个社会的文化，就是其成员明确认识的，相互关联的，为进行解释而形成的各种各样的模式。❷ 可以理解为文化即是某个社会的分类体系。"萨丕尔—沃尔夫假说"——文化模式塑造民族思维的假设，影响了早期认知人类学的研究者，他们在探讨各个民族的分类体系中，常常采用雅各布森结构语言的方法。正因这样的研究视角，早期认知人类学又被称为"民间分类学"。从研究的视角与立场来看，认知人类学是借用派克（K.L.Pike）语言中的两个非常重要的概念，即是 etic（源于 phonrtic，语音）和 emic（源于 phonemic，音位）。etic（客位）立场就是站在局外人的立场来看待所研究的文化，emic（主位）立场是站在局内人的立场对待所研究的文化。基于此，认知人类学本质上是一种文化分析的方法。❸ 其分析人类文化与人类思维之间的关系。那些隐藏在文字、故事、文化遗物等中的文化知识都是认知人类学所要研究的重要内容，认知人类学家极力探讨作为群体的人们是如何理解、如何思维，以及如何组织周围世界中的各种物质现象、事件和经验等。当前，认知人类学研究的领域主要涉及知识结构、语义学、模式和系统、

---

❶ 廖国强.中国少数民族生态观对可持续发展的借鉴和启示［J］.云南民族学院学报：哲学社会科学版，2001（5）：162.

❷ 庄锡昌，孙志民.文化人类学的理论构架［M］.杭州：浙江人民出版社，1988：223.

❸ 崔明昆，杨雪吟.植物与思维——认知人类学视野中的民间植物分类［J］.广西民族研究，2008（2）：56–63.

话语分析等。

从事民族植物研究的学者受认知人类学的影响比较深远，他们采用认知人类学的相关理论解释了各民族对植物的认知。美国人类学家康克林（H.C.Conklin）1954 年在他的博士论文《哈努诺人与植物界的关系》中研究的哈努诺人的植物学资料引起了当时学界的注意。特别是列维－斯特劳斯（Claude Lévi-Strauss）的著作《野性的思维》引用了他的资料后，他的博士论文更加受到学界的强烈关注。从他的研究来看，哈努诺人的语言中有 150 多个名称用来表示植物的各个部分和属性。可以说，这些名称为辨认植物和区分各类植物，以及表明具有药用价值和营养价值重要特征的几百种植物特性提供了类目。❶康克林及其团队的研究工作为民间植物分类奠定了重要的基础，至今很多研究仍然在延续其研究思路与方法，尤其是民间植物分类和命名的普遍原理对现代民族植物学研究产生了深远的影响。

19 世纪末至 20 世纪末期，美国出现了大批致力于民族植物研究的学者，进而民族植物学这门学科得以衍生。民族植物学是一门研究人与植物相互作用的科学。但需要注意的是，国际形势对该学科的诞生产生了重要的影响。民族植物学是在 19 世纪后半叶西方工业化国家快速发展的背景下发展起来的，西方国家为了满足工业发展对植物原料的广泛需求不断地从热带美洲、亚洲和非洲地区大量地掠夺诸如药物、纤维、香料、木材、树脂树胶、染料、食用植物等天然植物产品。❷在这样的历史背景下，工业化国家的学界对民族植物开始广泛关注。创立该学科的正是美国植物学家哈什伯杰（J. Harshberger），他于 1895 年在芝加哥太阳报上发表了关于"土著植物学"的文章，其文章的题目为 *Purposes of Ethnobotany*。1896 年，哈什伯杰在芝加哥植物学报上正式采用"民族植物学"作为科学名词，将民族植物学定位为研究土著民族使用和进行贸易的植物状况的科学，重点研究土著原住民对植物是如何利用的，试图通过研究原住民在衣、食、住、行方面对植物的利用来阐述原住民的文化地位，以及揭示植物的空间分布与传播的历史事实，以此来确认古代贸易的线路，其最终的目的是为现代制造业提供一些有价值的参考依据。

哈什伯杰在"民族植物学"方面做出了重大的贡献，但其一些观点也遭到了批判，主要在于他限定"民族植物学"研究的内容比较狭小。1941 年，美国民

---

❶ 列维－斯特劳斯.野性的思维［M］.李幼蒸，译.北京：中国人民大学出版社，2006：14.
❷ 裴盛基.民族植物学研究二十年回顾［J］.云南植物研究，2008（4）：506-509.

族植物学家琼斯（V.H.Jones）对"民族植物学"的定义作了一些调整。他认为，民族植物学应该是研究早期人类和植物之间相互关系的一门科学，并非只是研究原住民曾经利用过的植物，它除了探讨早期人类对周围环境的影响之外，还要研究人类是如何适应于自然环境，人类所利用的植物，以及植物界对人类的经济活动和思维方式产生什么样的影响等。

美国植物学家福特（Richad.I.Ford）在哈什伯杰、琼斯等前人研究的基础上，确立了民族植物学成为独立科学的地位，并极力在世界范围内广为传播。❶福特进一步发展了民族植物学的概念。1978年，他将"民族植物学"定义为研究人与植物之间相互作用的学科。其研究的内容是要透过文化现象来研究人与植物种群之间的直接相互作用的一门科学。民族植物学的研究的内容主要涉及土著人的认识观、对资源的利用与管理所形成的相关原则等。

美国民族植物学家伯林（B.Berlin）、雷文（Peter H.Raven）和布里德洛弗（Dennis E.Breedlove）等重点探讨了民族植物分类的议题。他们三位民族植物学家长期合作，共同对墨西哥南部和秘鲁的广大地区进行了田野调查，花了大量的精力研究墨西哥 Tzeltal 的植物分类。他们所发表的两篇著名论文《民间分类学与生物分类》（*Folk taxonomy and Biological Classification*）和《分类学的起源》（*The Origins of Taxonomy*）影响深远。他们通过对民间植物分类和生物科学分类进行比较后，将民间植物分类与生物分类划分为三种关系，即粗分、细分和一一对应的关系，探讨了民间分类群在文化上的重要性。

20世纪80年代初，民族植物学被介绍到中国，裴盛基成为中国民族植物学的先驱者。他在其《中国民族植物学：回顾与展望》《中国民族植物学研究三十年概述与未来展望》等相关论文中对民族植物学的定义、理论梳理、研究的主要内容及学科发展等进行了讨论。在裴盛基看来，民族植物学研究一定地区的人群与植物界的全面关系，包括那些对经济、文化、社会结构等产生重要作用的植物都是民族植物学所要重点研究的内容，其研究的目的是为人类提供利用植物的传统知识与经验，包括人类对植物的经济利用、生态利用、医药利用和文化利用的历史、现状和特征，以及利用植物的动态变化过程。❷

---

❶ 裴盛基，龙春林.应用民族植物学［M］.昆明：云南民族出版社，1998：1.

❷ 裴盛基.中国民族植物学：回顾与展望［J］.中国医学生物技术应用，2003（2）：66-71；裴盛基.中国民族植物学研究三十年概述与未来展望［J］.中央民族大学学报：自然科学版，2011（2）：5-9.

学术界一直以来重视对传统思维的讨论。爱德华·泰勒（Edward Burnett Tylor）的《原始文化》标志着在西方学界关注原始人的思维方式已经成为一门学科体系。列维－斯特劳斯的著作《野性的思维》对传统思维的探讨堪称经典。列维－斯特劳斯认为，文明人和土著民或原始人之间的思维方式存在不同性质，文明人的"儿童思维"已相当于土著民的"成年思维"。"文明思维"和"原始思维"之间存在很大的鸿沟，主要体现在原始思维的方式既神秘也具有前逻辑性。这样的特征与"文明思维"恰恰相反。

列维－斯特劳斯的观点遭到很多人的质疑。马林诺夫斯基（Malinowski）主张所有人具有同等的理性，具有同样的逻辑规则，并将之运用于日常生活。保尔·拉定（Paul Radin）坚决反对爱德华·泰勒和列维－斯特劳斯的观点，他主张不能低估原始人的思维水准，现代的文明人和原始人都具有发达的智力水平。他以毛利人等为例，揭示了原始人的世界观、宇宙观、生命观、人观等思想对西方哲学范式普适性价值所产生的深远影响。他甚至认为，西方白人引以为豪的哲学，实际上发端于原始人的思维。❶另一位倡导原始人思维对西方哲学所产生的影响的人类学家斯坦利·戴蒙德（Diamond）曾在非洲、阿拉伯村落、易洛魁族印第安人等部落做过长期的田野调查，他号召现代文明人不仅要学习原始人的思维、从原始人的观点去反思人类世界，还要通过从原始人视角理解世界的思维和观点来洞悉人的本质。他强调原始人同样也是人类存在的一个基本方面。此外，现代人类学家罗宾·克拉克和杰弗里·欣德利指出，西方人无法控制他们所卷入的技术社会，这样的技术社会或将于一场大灾难而终结，人类还得回到狩猎、采集和原始农业社会。❷

拉定、戴蒙德和欣德利关于原始人的讨论发人深省，现代人的思维只有超越文明与原始二元对立的模式，超越进化论模式的古今对立和文野对立的文化身份，才能解决现代性所面临诸多难题。❸西南少数民族对森林的分类管理，源于他们传统的思维方式，也是他们纯朴的环保意识和朴素的生态伦理观的具体表现。

---

❶ PAUL RADIN. Primitive man as philosopher［M］.New York：Dover Publications，1957.

❷ Robin Clarke，Geoffrey Hindley. The Challenge of the Primitives［M］. London：Jonathan Cape，1975.

❸ 叶舒宪.西方文化寻根的"原始情结"——从《作为哲学家的原始人》到《原始人的挑战》［J］.文艺理论与批评，2002（5）：109.

第五章 管理森林：一半是技术一半是艺术

树木长大成林之后，除了需要对其进行分类外，对它们的维护尤为关键。西南少数民族对森林的维护，主要体现在两个方面，一个是技术，另一个是艺术。所谓技术，就是他们千百年来所总结的一套维护森林的传统技术，它是侧重于技术层面的一种管理方式；所谓艺术，就是侧重从文化、宗教、伦理、心理等层面对森林加以维护。少数民族对森林的维护，其技术与艺术同现代森林管理的技术有着很大的不同，但这些技术与艺术为维护森林资源，同样起到关键作用，甚至在很多地区，也只有采取这些技术与艺术，才有可能使森林得以很好的维护。

西南少数民族对森林的管理与利用，体现的是他们对自然资源的敬畏与尊重。虽然，我们在生活中认为一切生命都是神圣的，但为了生存与发展，我们不得不牺牲其他的生命来保存自己的生命，这是难以避免的。施韦泽对这样的现象如是解释："具有敬畏生命的人，他们只是出于不可避免的必然性才会伤害和毁灭生命，但从来不会由于疏忽而伤害和毁灭生命。"❶

第一节 采伐祭祀与礼物交换的生态观

森林对很多民族来说，都是生活中所必需的资源。但他们在获取这些资源时，都要进行祭祀以示虔诚，这源于他们尊重生命的心理。因此，在砍伐森林时，要采取一些平等"交易"的措施，方能使其心安理得。祭祀或表现虔诚就是一种平等的"交易"，因为在祭祀或表现虔诚的过程中，人们要么给对方送去祭品，作为交换的礼物，要么心理上表示忏悔之意，以获得对方的谅解。这无疑是

---

❶ 阿尔贝特·施韦泽.敬畏生命——五十年来的基本论述［M］.陈泽环，译.上海：上海社会科学院出版社，2003：134.

对森林生命产生敬畏之心的一种表现。而以敬畏之心对森林资源的获取，实际上就是一种对物质需求的节制。

费尔巴哈（Ludwig Andreas Feuerbach）曾描述过希腊人、奥斯佳克人及北美洲的一些部落在采伐树木或猎取动物时需要举行一些礼物交换的仪式的内容。他说："希腊人相信当一棵树被砍倒时，树的灵魂——树神——是要悲痛的，是要哀诉司命之神对暴徒报复的。罗马人若不拿一口小猪献给树神做禳解，便不敢在自己的土地上砍倒一棵树木。奥斯佳克人当杀死一头熊的时候，要把皮挂在树上，向它做出种种崇敬的姿势，表示他们杀死了它是万分抱歉的。'他们相信这样一来便客客气气地把这个动物的鬼魂所能加在他们身上的灾害免除了'。北美洲的一些部落，也用一些类似的仪式来禳解所杀动物的灵魂。"❶

少数民族在砍伐森林时，通常是面对着树木，然后向树木表示道歉，向对方表明自己之所以砍伐森林，那是因为生活所需，是一种迫于无奈之举，并非有意。例如，武陵山区的土家族在砍伐竹子时，首先要对着竹子念"不得不砍""请原谅""砍一发十"等之类的话语。❷黔桂边区的苗族在砍树之前，首先要向自己掌心吐口唾沫，这一做法表示唾弃这双手，他们认为伤害树木是一种罪恶的行为。与此同时，砍树者还要对着山神土地公发誓要砍一种百，以求山神土地公的宽恕。生活在黔桂边区的侗族同胞，他们将第一次剥棕片称为"开棕门"。剥棕片被他们视为一项十分神圣的仪式。在剥棕片之前，要举行求神宽恕的仪式。剥棕片者还必须双膝跪于棕树前，且嘴里念道："我开棕门，得罪树神，不敢贪心，只取三层。"云南迪庆藏族因盖房而不得不砍树，但在砍树前必须跪在地上祈祷，向树神陈述不得不砍伐的原因或理由，请求树神原谅自己的行为。❸瑶族、侗族和水族等民族在采集森林里的草药时，都会事先向草药周围撒些大米，以此来表示与土地神进行一种礼物交换，而不是强制性的掠夺。❹这充分体现了人与自然之间生命平等的伦理关系。

少数民族往往将自然生态系统看作一个有机整体。在自然界中，各种生命之

---

❶ 费尔巴哈.宗教的本质［M］.王太庆，译.北京：人民出版社，1953：30.

❷ 李良品，彭福荣，吴冬梅.论古代西南地区少数民族的生态伦理观念与生态环境［J］.黑龙江民族丛刊（双月刊），2008（3）：139–145.

❸ 廖国强.朴素而深邃：南方少数民族生态伦理观探析［J］广西民族学院学报：哲学社会科学版，2006（2）：53.

❹ 蒙祥忠.山地民族有"神"社区的建构与生态智慧——以贵州小丹江、苏丫卡两个苗族村寨为例［J］.广西民族大学学报：哲学社会科学版，2015（1）：19.

间都相互保护、相互尊重，某一种生命一旦遭受破坏，必将得到其他生命体的保护。这如同人类社会一样，任何一个个体都不是孤立存在的，一个人的人生权益一旦受损，必将得到相应制度的保护。自然界也是一样，森林作为其中的一个重要系统，必然得到维护。"山神"就是在当地少数民族看来是维护森林的最有力武器。因此，人们在砍伐森林时，必须经过山神的同意。而要得到山神的同意，最好的方式就是对之进行祭祀。例如，云南省云龙县白族上山进行丧葬仪式或伐木时，首先要用一只公鸡祭献山神，而且还要念祭词："我们砍了你的树，动了你的土，现来酬谢你，请你不要怪罪我们。"❶

少数民族崇拜山神有很多神秘的故事。贵州省黔东南州雷公山一带的猫猫河苗族村森林覆盖率高达 75.8%，在当地流传有树木会讲话的故事。传说很久很久以前，除了一种叫"豆龙"（泡桐树，*Paulownia Sieb.et Zucc*）的树不会说话外，其他所有的树木均会说人话。当人们上山砍伐走到树木旁边的时候，树木就会发出声音："求求你们不要砍我，我怕痛。"很多人见状后，都不忍心砍伐。若有人砍树，树就会流血，且哀求人们饶它一命。唯有"豆龙"不会说话，"豆"在当地苗语里意为"聋哑"。它因聋哑而听不见靠近它身边的人，所以人们才将之砍伐。可是，当人将它砍伐流血后，它才感到疼痛。此时就会哀求人们不要将它砍伐。这样一来，当地村民就失去了薪柴之源了。天上的仙人见状后，觉得人们也很可怜，为了解决人们的薪柴问题，于是就对这些树木进行封口，让树木永不说话与流血。唯有"豆龙"没有被封口，仙人也没有止住它的血口。这一故事在其社区里一直流传，因此当地人一直将树木视为神圣之物，若要上山进行大规模的砍伐，首先要对他们所要砍伐的那片森林进行祭祀，祈求树神山神原谅人的砍伐行为。

清水江流域的侗族在采伐前也要举行伐木仪式。每年农历五月至六月是侗族相对集中采伐的时间，这与下文提到的农历一月至六月为采伐禁令的制度不太一样。确定采伐的具体日期后，参与采伐人员要集中到森林里举行伐木仪式。先是由年长者唱道：

喽唏山神，树神！你在何处，你在何方？你在东山西岭，我喊你到东山西岭；你在三山五岳，我喊你到三山五岳。快到我的面前，快来面前领尝。今天不

---

❶ 李良品，彭福荣，吴冬梅.论古代西南地区少数民族的生态伦理观念与生态环境［J］.黑龙江民族丛刊（双月刊），2008（3）：144.

为三十六样，不为四十八种，只因喜爱杉树正直，来与山神树神商量；我们要和杉树做朋友，我们要跟杉树做兄弟，杉树老实，总是站着不会歇息，天气热了不会脱下衣。今天我们来给它打整，让它躺下来歇息，给它脱衣凉快得安逸。山神、树神，你们准不准？你们依不依？

此时，站在一旁的人员齐声回答道：

你们的美意我们领，你们的请求我们一准二又依，一准二又依！

这时，由最年长者执斧砍下第一斧后，众人再接着一斧一斧砍下一根杉树，树倒之后，剥完皮，并在杉树上打草标，又在树皮上捆上红绳。这些仪式完成后，大家才可以自由采伐树木。

砍伐树木后，要么运往村寨里，用于建筑用材；要么运往河里，采取"放排"的方式输送到其他地区。无论是送往哪里，在将木材拖出森林之前，也要举行祭祀山神仪式。仪式就在森林里举行，在森林里摆设祭坛，坛上摆放猪头、鸡蛋、糯米团、香烛和9个酒杯。然后喊山神到位，向之祷告。若将木材运往村寨，采伐组织者就会念道：

树神山神路神！前些日子与杉树结拜为朋友兄弟，今天众人特来请它们到寨上去，到家中去，同去享乐享福，同去荣华富贵。请树神山神路神诸位神灵，开恩赐福，开道让路，让杉树与我们同行，让杉树跟我们同走。

如果将木材拖往河边，就要请求树神、山神、溪神、河神到位，念道：

今与杉木结拜为兄弟，请其出山去远方，乞求诸位神灵保佑，山上莫出事故，溪里莫断轨伤人，河里莫碰岩翻排，一路平安无事。

祭祀完毕，参与采伐者要使用猪血涂抹脸部，吃掉用于祭祀神灵的供品。次日，便可以搬运木材。在搬运木材期间，要用语言表达"吃饭""睡觉""回家"等词汇时，要使用其他词汇或语言替换，"吃饭"改叫"啃糟"，"回家"改叫"到那边拉尿"，"睡觉"改叫"养气练功"等。这样说的目的是为了迷惑鬼神，以摆脱各种它们的纠缠而避免事故的发生。❶

少数民族还将一些日常生活中的重大事件与山神惩罚联系起来，这似乎是一种人为的建构，但对于培育人们的生态伦理意识却起到非常重要的作用。当地村民认为，他们周围的森林及森林里的动物都被山神所保护。如果要砍伐

---

❶ 黔东南苗族侗族自治州地方志编纂委员会.黔东南苗族侗族自治州志·民族志［M］.贵阳：贵州人民出版社，2000：245-246.

森林或猎取森林里的动物，就必须采取祭祀的方式作为回馈，否则将遭到山神惩罚。

少数民族的建筑和一些宗教器物都要使用树木，因此必须进行采伐，但在采伐前要举行一些祭祀仪式，而且在采伐的过程中还有很多的禁忌。例如，聚居于澜沧江以西和怒江以东的怒山山脉南段的佤族，他们在修建新房时，必须上山进行大量的采伐，但在砍伐树木的过程中，首先要选择好笔直的大树，那些呈"丫"字形的树木是不能使用的。在砍伐时，还要注意观察大树倒地的方向，通常是以平稳着地为最佳。树木砍倒之后，还要在树桩上放置一块石头，这表示与树神进行互换物品，否则砍树者就有可能被树压死。在一年的时间里，佤族要举行多次大型的祭鬼仪式，在举行仪式中，木鼓是必用的祭祀工具，因为木鼓被他们看成是通神的器物。而要制作新的木鼓，就会涉及砍木鼓、拉木鼓等活动。其中，砍木鼓时，要派人上山3次，第一次上山是要物色好树木，如果有看中的树木，就在其树底下摆放祭品，念祝词，并做好标记；第二次上山要观察该树木是否曾经被雷电劈打过，树木是否有空洞，若被雷电击打且树干空洞的，就另择其他树木；第三次就要进行砍伐，砍伐活动由老人、头人组织，村寨里的青壮年男子都要参加，在砍伐前先杀鸡占卦，酹酒祝词。❶ 在树木要倒下之前，要进行干预，让大树向村寨的方向倒下。拉木鼓是一项最为隆重的活动，树木砍倒之后，要择日将之从森林里拉入村寨，然后制作新鼓等活动。拉木鼓，一般选择在农历十一月进行，全村寨的男女老少都要参加。在活动的过程中，人们吟唱道："红毛树老大，我们杀鸡卜卦，才选中你。你是树中王，你是寨中主，快快回到你的木鼓房。"在拉木鼓活动中，白天要祭神，夜晚男青壮年要上山砍树。新木鼓制作好之后，全寨人要敲锣打鼓表示祝贺。

广西环江县毛南族每个村（峒）边上也都留有一棵古树，他们称之为"檀木"。这棵古树是鬼神所栖息之地，任何人都不敢侵犯。如果必须砍伐这棵神树，除了给予祭祀之外，负责砍伐者的头部还要套上一块桶装形的黄布。毛南族认为，这样做的目的是为了避免附于"檀木"上的鬼神看见砍伐者的脸部而对之报复。❷ 黄色的布可以迷惑鬼神，使其看不清砍树者。

黔东南州丹寨苗族也是崇拜木鼓，但在砍伐树木制鼓时，也要进行祭祀活

❶ 陈卫东，王有明.佤族风情［M］.昆明：云南民族出版社，1999：95-96.
❷ 谭自安，等.中国毛南族［M］.银川：宁夏人民出版社，2012：133.

动，其活动主要是请求神树的原谅。当地苗族有个传统的节日叫"翻鼓节"。传说很久很久以前，当地遭受各种妖魔鬼怪和害虫作恶，很多人因此而被灾祸病疫，很多庄稼也因此而颗粒无收。氏族长老将这些遭遇告诉祖宗并请求帮助后，祖宗就制作了一巨大木制天鼓，送到凡间镇妖驱邪。得到木鼓后，乡亲们架起木鼓，咚咚咚地敲起来，妖魔鬼怪害虫被惊吓得四处逃窜。从此以后，人们才过上平安的生活，庄稼也获得了丰收。丹寨苗族为了纪念木鼓，感谢祖宗，每年农历二月都要举行"翻鼓节"。然而，苗族在制作木鼓时，也涉及砍伐鼓树的环节。因此在砍伐前要进行祭古树活动，还要念诵"砍鼓树"的贾理，苗语叫"jaxlil"。❶ "砍鼓树"贾理的部分内容如下：❷

　　鼓主细细想，鼓主细细想，备铲备钎等，传话喊上辈，喊哥弟来到，一起来抬筒，一同来抬鼓，一些来抬铲，一些来抬钎，一些来抬饭，一些来抬鱼，一些来抬酒，一些抬醪糟，抬鱼抬肉随，抬饭抬酒跟，起始鼓主壕……拿饭去祭供，拿酒去将地……拿鱼去掺祭……砍您去削筒，砍您去凿鼓，祖神自持刀，祖鼓各拿斧，抽刀来砍树，持斧来砍树。树高到天庭，天上寨子边，根吸乌沙泥，尖喝霜露水……今日是吉日，今晚是良辰，祭祀我亲祖，祭祀我亲娘，请您下天庭，从天寨下来，请您下云端，太阳山下来来给我们凿对筒，来给我们削对鼓，凿筒就兴旺，削鼓就富足……树啊！树啊啊！您生天庭，保佑大地，根吸龙水，尖喝甘露，伸枝展桠，花像太阳，果如龙珠，天庭让砍，天寨让伐，咱砍凿鼓，祭奠父母，祭奠祖神，父母保佑，祖神赐福，儿孙兴旺，子孙富足；树啊！树啊！您吃饱饱，您喝足足，砍您三斧，睡向日出，砍您三剑，睡向月端……

　　以上贾理中，"祖神自持刀，祖鼓各拿斧"等内容表达了砍伐树木是祖神行为，而非人的意愿。通过祈求，神树同意之后，才能采伐。

---

❶ 2007年，苗族口头经典"贾理"入选第二批国家级非物质文化遗产名录。"贾理"被称为苗族古代社会的"百科全书"，是苗族口传心授的一种传统文化，是苗族先辈留给后人最为重要和极具代表性的非物质文化遗产，是苗族哲学、文学、史学、法学、民俗学、自然科学、巫学、语言学的综合集成。尤其是苗族"贾理"中记载有丰富的关于生态环境保护方面的内容更值得研究。可以说，它几乎荟萃了苗族民间文学的所有艺术手法，是苗族民间文学艺术中的一朵奇葩。

❷ 贵州省丹寨县民族事务局.《丹寨苗族习俗礼仪理词选编》(内部资料)，2013：49-58.

第二节　采伐时间禁忌的生态观

秦代《秦简·田律》规定："春二月，毋敢伐林木。"《礼记·月令》中还记载有严禁在一月到六月采伐树木的内容。在这期间，树木为发育时期，若不禁止采伐，将对树木造成极大伤害。《礼记·月令》涉及禁止采伐内容如表5-1。

表5-1　《礼记·月令》山林薮泽关联记事

时间	《礼记·月令》	出典	分类
一月	禁止伐木，毋覆巢，毋杀孩虫胎夭飞鸟，毋麛，毋卵，毋聚大，毋置城郭，掩骼埋胔	《礼记·月令》卷十四	【禁令】
二月	毋竭川泽，毋漉陂池，毋焚山林	《礼记·月令》卷十五	【禁令】
三月	命野虞无伐桑拓	《礼记·月令》卷十五	【禁令】
四月	继长增高。毋有坏堕，毋起土功，毋发大众，毋伐大树	《礼记·月令》卷十四	【禁令】
六月	命渔师伐蛟取鼍，登龟取鼋；命泽人纳材苇	《礼记·月令》卷十六	【禁令】
	树木方盛，乃命虞人，入山行木，毋有斩伐	《礼记·月令》卷十六	【禁令】

这些采伐禁令的制度均受到儒、法、墨等诸家护林思想的影响。若违反采伐禁令将接受严厉的惩罚。《管子·地数》就记载有"有动封山者，罪死而不赦。有犯令者，左足入，左足断，右足入，右足断"的惩罚方式的内容。

少数民族选择采伐的时间也是有讲究的，他们通常会根据树木的生长节气与规律，以及他们本民族的宗教信仰，制定一套采伐时间禁忌的知识体系，有效减缓了对森林的破坏。

少数民族对森林的砍伐，一般要择期进行。禁止采伐时间通常为虎日、羊日等，砍伐往往选择在农闲时间。例如，云南哈尼族在日常生活中砍伐林木主要是用来修建房屋、窝棚。他们规定，除了每逢虎日和羊日禁止下地干农活和砍伐树木之外，❶砍伐时间一般都选择在农闲时间。他们认为，除了农闲时间之外，一

---

❶《民族问题五种丛书》云南省编辑委员会.哈尼族社会历史调查［M］.昆明：云南民族出版社，1982：105.

年中其他的季节都是树木的生长期，必须禁止砍伐，在农闲时间采伐才不会影响树木的正常生长。为了统一砍伐树木，村寨每年都要制定采伐计划，包括统计修建房屋的户数、砍伐森林片区、砍伐的数量及砍伐的时间等。这些计划都要通过全村寨人的公开决议后才能实施。在砍伐的过程中，村干部及寨老要进行监督，杜绝在禁伐时间内砍伐，严禁超数量砍伐与一切滥砍滥伐行为。这些措施有效保证了用材林更新能力和自我恢复能力。❶ 在哈尼族看来，森林如同人一样，长时间砍伐，就相当于不让它休息。

也有的少数民族禁止在龙日和蛇日砍伐，如月亮山地区的榕江县八开地区的苗族认为，在五行上，龙日和蛇日都属水，如果在这样的日子里砍伐树木，那么这些被砍伐来的薪柴就不易干燥，不易燃烧。八开苗族从五行思想出发，将水火相克的逻辑思维延伸至采伐禁忌的制度中。

少数民族择期采伐，往往受到中国传统文化中择日习俗的影响。例如，黔桂边区有"七竹八木"的林业谚语。《上林县志》载："凡取竹木须于七八月两月采伐，渍之水中累月，方免生蛀。故有'七竹八木'之谚。"❷ 在该地区，大多采伐的时间选择在农历七月至八月，同时有的村寨还规定禁伐日。例如，广西巴马瑶族自治县甘长乡的瑶族村民禁止在正月初一、二十三砍伐；❸ 而大瑶山瑶族采伐的时间则规定在每年正月至清明期间，从当地的气候来看，清明过后是树木生长期，因此严禁砍伐。❹ 可见，同一民族，因生活在不同的地区，在不同的生态条件下，他们在采伐时间的禁忌上也有所不同。

采伐时间上的禁忌，实际上也反映了少数民族对生态资源的利用始终坚持对原有生态系统最小改变的原则。例如，湘黔桂边区的侗族，选择砍伐的时间在秋收之后，且在砍伐人工林中，从未大片砍伐，而是长成一株间伐一株，砍伐过后还要对杉树树桩萌生杉苗进行精心管护；❺ 云南德宏傣族景颇族自治州的傣族、景颇族、德昂族、佤族和傈僳族等自古以来就有建寨植竹的传统习俗。在他们的社会中，竹子与人们的生产、生活、宗教信仰等密不可分，他们在长期利用竹子

❶ 马岑晔.哈尼族习惯法在保护森林环境中的作用［J］.红河学院学报，2010（1）：2-5.

❷ 杨盟，等.上林县志（二）［M］.台北：成文出版社，1968：384.

❸ 广西壮族自治区编辑组.广西瑶族社会历史调查（第五册）［M］.南宁：广西民族出版社，1986：148.

❹ 广西壮族自治区地方志编纂委员会.广西通志·民俗志［M］.南宁：广西人民出版社，1992：386.

❺ 杨军昌.侗族传统生计的当代变迁与目标走向［J］中央民族大学学报：哲学社会科学版，2013（5）：86-94.

的过程中，不断积累了竹类资源的利用经验，并逐渐通过竹来认识自然。❶ 他们建筑用竹的砍伐时间选择在每年冬季前后，并且在砍伐时，要保留健壮的植株，让其次年发笋。在冬季前后的时间里，云南德宏地区的气候比较干燥，那么此时竹子所含的水分比较少，竹子的硬度比较好，且不易遭受病虫入侵，使用这样的竹子修建出来的房屋的质量就能够得到保障。

第三节　适度采伐与节制贪欲的生态观

少数民族对自然资源的利用通常采取一种适度原则。有的民族在家庭教育中，还将管理森林作为一项重要的内容，父母常常教育子女从小就要培养节约利用森林资源的美德。

在西南地区，很多民族在砍伐森林时，都规定不许砍光所有的树木，而是要采取适度原则，如几棵树木生长在一起的，只能砍其中的一到两棵，而不能砍尽。例如，云南基诺族砍伐在森林时，都保留"有砍有留有种"的制度。人们虽然有砍伐森林的权力，但也必须承担维护森林生存的义务，这是人与森林之间权利与义务相统一的传统思维，也是诸多山地刀耕火种民族中垦休循环制得以建立的思想基础与认识根源。❷ 此外，基诺族对砍伐的树种或不同类型的树木也是有所选择的，不能砍伐大青树、野果树、路边树、棕树、被雷劈打的树共 5 种。原因在于大青树能寄生紫胶可卖钱而具有守护神功能，野果树可供人充饥，路边树能为行人遮阴纳凉，棕树有守护神不能砍伐，被雷劈打的树不吉利。❸ 再如，云南哈尼族在采集时，不会为了采集到更多的果子而将某一棵树的果子全部摘掉，也不可能将那一棵树砍倒。如在野外捡核桃时，通常情况下只会捡那些掉落地下的已熟透了的核桃，不会爬树摘取，更是不会采光果子或将果树砍倒。❹

在饥荒时期，很多民族都依靠藤类植物的根部充饥，但在采集时不能斩草除根。黔南州苗族在采集藤类植物根部食用时，必须留下细根，让其继续发芽生

---

❶ 袁明，王慷林.云南德宏竹类资源的传统利用和管理［J］.竹子研究汇刊，2006（4）：45-49.

❷ 廖国强.朴素而深邃：南方少数民族生态伦理观探析［J］.广西民族学院学报：哲学社会科学版，2006（2）：52.

❸ 白兴发.少数民族传统习惯法规范与生态保护［J］.青海民族学院学报，2005（1）：93-95.

❹ 马岑晔.哈尼族习惯法在保护森林环境中的作用［J］.红河学院学报，2010（1）：2-5.

长；在采集果实时，不许折断整棵树枝获取果实，而只能一颗颗摘下，以免伤害果树。这是一种对森林资源节制利用的思想。

适度采伐这一生态伦理思想，有利于维护自然界生物的多样性。生活在贵州省荔波县茂兰喀斯特山区里的水族，他们的酿酒工艺十分繁杂，其中一项关键技术要使用村寨周边与森林里的 120 种植物作为酒曲制作的原料。这些植物在水族的思维中是神圣的、不可侵犯的。在他们看来，这些植物具有雄性和雌性之分，两性通过交配后可诞生新的生命，这个生命就是他们所酿造出来的酒。整个酿造是一个非常严密而神秘的过程，如采摘植物要选择吉日上山，不能让一些不吉利的人触碰这些植物。为了不让这些植物灭绝，对某一片山坡的采摘要适度，不能过度采摘。一是单株生长的草本植物，每片山坡一次只能采集 3~5 株；二是对丛生的木本植物和藤蔓植物则采取"见三采一""见五采二"的方式进行；三是生长在一起的雌性与雄性的一对植物，只能采集其中的一株，不能全部采摘，以免灭绝。

黔桂边区月亮山一带的瑶族、壮族对砍伐薪柴也遵循适度原则。瑶族通常将山林划出一部分实行有计划分片砍伐，每年砍一次，每次砍一片，按户均分进行砍伐薪柴。砍伐时不许挖蔸，不许放火烧，不许锄地种植作物，以利于树木的再生长。壮族在砍伐时，一般都要遵循砍大留小、砍老留嫩，禁止乱砍滥伐。在砍伐竹木时，还必须留"长山"，即是种株。砍伐的方法有间砍和刨根伐。间砍就是按照一定的株距、行距标准进行砍伐。刨根伐是在砍大树时，先砍掉枝叶，然后再刨土翻根推到，这样不仅省时省力，而且还可以获得更多的木材。❶ 对于砍伐较大的树木来说，可以使用刨根伐的方法，因为大树一旦被砍掉之后，其树桩难以萌生，因此可刨其根，留出空间，以栽种新的树苗。

采伐中要保留母树，是很多民族所遵循的制度。侗族、苗族、彝族和纳西族等民族在采伐森林中，他们都有意识地保留那些高大且结籽的母树。彝族和苗族认为，母树具有神力，需要给予保护。以彝族保护高山栎为例，一株保留下来的高山栎母树所结的种子，在一年内可以自然生长出上千株幼树。只要进行简单的移植，幼树就会成活，恢复至幼林期只需要 3~5 年的时间，这大大降低了恢复森林的成本。在彝族支持国家建设采伐长江上游水源储养林的时期，彝族

---

❶ 袁翔珠.石缝中的生态法文明：中国西南亚热带岩溶地区少数民族生态保护习惯研究［M］.北京：中国法制出版社，2010：217-218.

也是按照他们传统的采伐制度，即尽可能地保留母树。杨庭硕将这种采伐制度视为一种宗教信仰，而为宗教信仰保留下来的母树在植被恢复中发挥了积极的作用。❶

第四节　采伐范围禁忌的生态观

采伐范围的禁忌源于人对自然的崇拜。前文已讨论到，西南少数民族对森林有着一套严密的分类体系。不同类型的树木，人们对之的态度也各有不同。哪些类型的树木可以砍伐，哪些地方的树木不能砍伐，已经形成了少数民族维护森林的一套制度文化。

在西南少数民族地区，很多村寨都会将其周围的森林划分为不同的类型，其中大多民族都将一部分的树木视为"护寨树"，有的地方称之为"寨神林"。贵州苗族地区的传统社会组织叫"鼓社"，它是由同宗的一个村落或多个村落所组成。在过去，每一个"鼓社"都有一些公共的山林，叫"鼓山林"，苗语里称"Ghab Veud Niol"。此外，每一个村落都有"风景树"。风景树分布在村落周围的第一个圈层，"鼓山林"分布第二个圈层。苗族将"鼓山林"和"风景树"视为神树，每逢佳节，都要给予敬奉，并且明文规定，禁止砍伐这些片区里的神树。在他们的"议榔"就有如此内容："'鼓山林'，平时不准砍伐，鼓社节时才能砍伐少许，作制新鼓和过节之用，任意砍伐'鼓山林'者，决不轻饶……村社敬奉的占树和风景树，大家要以'神树'供祭，若有亵渎或砍伐，决不轻饶。"❷

有的民族村寨还将其周围的某一片森林作为"风水林"。风水林所在之地，往往被视为是"龙脉"所在之地，山上的每一种植物都被重点保护。风水林通常坐落在村寨的正对面，该片森林长得越茂盛，越有利于村寨的兴旺发达。如果该片森林被过度砍伐，那么就会影响村寨的发展。例如，贵州省都匀市归兰水族乡新寨将村寨对面的"石林山"作为他们的风水林。当地村民回忆说，在20世纪60年代之前，石林山上的森林非常茂盛，那时候村里的老人就已经规定禁止

❶　杨庭硕，吕永锋.人类的根基——生态人类学视野中的水土资源［M］.昆明：云南大学出版社，2004：39.

❷　李廷贵，酒素.苗族"习惯法"概论［J］.贵州社会科学，1981（5）：155-156.

砍伐该山上的树木。再如，贵州雷公山上的掌披苗族寨有两片公共山林，当地苗族称为"粉同嘎赫"。"嘎赫"为鬼神之意，"粉同"为山谷之上头。当地苗族将这两片山视为他们的风水林。当地村民一直以来就严禁在这两片山上进行采伐活动，尤其是山上的松树和杂木更是不能砍伐。❶

少数民族对村落周边的一些树林赋予了神性，并加以保护，这种维护树林的艺术不仅表现出了人与树木的伦理关系，而且也体现了他们高度的生态智慧。从这一点来看，少数民族对神林的崇拜，并非仅仅停留在宗教信仰的层面，还体现出了他们应对自然灾害所实施的一种具有高度生态智慧的技术。

第五节　采伐与社区教育的生态观

尊重自然、善待自然是西南少数民族家庭与社区教育的重要内容，很多人自幼就接受了长辈们关于对森林砍伐的有关要求的教育。在贵州省黔南水族地区，当地村民从小就教育自己的孩子，上山砍薪柴时，只能砍其树木的树丫，或者捡起那些枯枝。在水族社区中，长辈们如果看到一个孩子砍伐一整棵树，他们都有义务对之进行教育，并告知其家长，若家长不接受，就向寨老汇报，由寨老教育其家长。通过这样的教育，让砍伐森林的孩子及其家长接受来自整个社区的教育。

培养孩子保护森林的生态意识是很多社区和家庭教育的一项重要内容。苗族、瑶族在家庭与社区教育中，非常重视培育孩子保护森林的生态意识。贵州省贵阳市花溪区高坡乡是一个苗族聚集较多的乡镇，在当地苗族社区里，大人们常常教育孩子们，上山砍树只能取其树叶或干枯的树枝，小孩严禁砍伐一整棵树。当地社区规定，不同自然村寨之间的山界之地，人们只能捡干柴，而不能砍生柴，否则要给予惩罚。1936 年，当地村民早就立下了"榔规"：只能捡干柴或砍马桑树和小米树，其他树种不能砍，砍一捆罚大洋 5 块，若砍伐成材的杉树和柏树则还要重罚。❷ 岜沙苗族也会教育孩子上山砍伐时，只能砍枯死或长得弯曲的

---

❶ 《民族问题五种丛书》贵州省编辑组.苗族社会历史调查（二）[M].贵阳：贵州民族出版社，1987：211.

❷ 余贵忠.少数民族习惯法在森林环境保护中的作用——以贵州苗族侗族风俗习惯为例 [J].贵州大学学报：社会科学版，2006（5）：35-41.

"不成材"的树木，绝不允许砍那些笔直的成年树和树苗。岜沙人从古至今，很少滥伐树木，有时不得已为之，也只是限于生活生产所需。雷公山一带的苗族习惯在村寨周围种植桃树、梨树、李子树等果树，这些果树具有绿化村寨的作用。在日常生活中，大人们会教育小孩，在摘果子时，不能将一棵果树的果子全部摘完，每一棵果树必须留出3~5个果子，他们称之为"守树果"，如果将一棵果树的果子摘完，就像父母失去了孩子一样。实际上，保留"守树果"是为了保证果树之下长出树苗。在当地苗族社区，人们栽果树的目的都是为了自家食用，很少拿到市场销售。因此，他们并不需要过多的果树树苗。如果谁家需要果树树苗，就向别的人家讨要。可以说，"守树果"具有维系社区里人与人之间和谐关系的作用。少数民族对森林的保护，从娃娃抓起。少数民族家庭、社区的生态伦理教育值得推广。

第六节　森林管理与社会地位的生态观

　　西南地区的一些少数民族将管理好森林的能力作为家族和家庭地位的象征。在同一个村寨里的不同家族之间，以及相邻的不同村寨之间，人们往往将某一个家族或某一村寨的森林覆盖率作为"好"与"坏"的评判标准。所谓"好"，即是这些家族或村寨森林覆盖率高，水源丰富，这样他们的庄稼就会长得好，土地也肥沃，因而就会更加富裕。与此同时，这些家族或村寨获得薪柴就会更加方便，相对于那些森林覆盖率低或离森林较远的村寨，所投入的劳动力就会相对小一些。反之，则为"坏"地方，即森林覆盖率低、土地贫瘠、庄稼歉收。由此，在很多地区，不同家族和村寨之间的婚姻交流，往往都取决于彼此之间森林生长对等的状况，即森林覆盖率对等。

　　森林覆盖率成为婚姻中的一个关键因素，森林覆盖率相对对等的区域往往构成一个婚姻集团。例如，贵州省都匀市归兰水族乡主要以水族为主，也有部分苗族和布依族。从该乡的通婚圈来看，形成了几个不同的婚姻集团。而这些婚姻集团一个最大特点就是，森林覆盖率起到了关键性的作用。该乡森林覆盖率较高的是干河片区、潘硐片区和福庄片区，这几个片区的村寨离山林较近，有的村落就掩映于森林里。这样的生态环境决定了他们拥有丰富的水源，从而保证了他们的水田灌溉充足，确保了庄家丰收。森林覆盖率较低的是翁降片区、乌约片区和翁高片区，他们离森林较远，水源也比较短缺，生活比较贫困。在农业灌溉技术较为落后的时期里，一旦春播过后，每个家庭每天都要派人到自家的农田旁"看水"。所谓"看水"，就是一种传统的水源分配制度，需要有家庭人员在水源现场，才能分到水源。这种传统的水源分配制度，需要投入大量的劳力。那些远离森林的片区，由于水源短缺，他们在此项农事活动上就要投入较大的精力。而那些距离森林较近且森林覆盖率较高的片区，他们在此项农事活动上投入的精力就小得多。从过去的婚姻状况来看，除掉同姓氏不能通婚外，在归兰水族乡，干河片区、潘硐片区和福庄片区之间互为通婚的一个较大集团。而翁降片区、乌约片区和翁高片区则为另一个较大的互为通婚的集团。

森林覆盖率还成为人群社会交往的一个重要因素，森林覆盖率高的村寨，往往更受尊重。黔东南黄岗侗族村，各房族之间将爱护森林作为整个社区的一个伦理道德的评判标准。各房族之间的竞争机制，就是看谁更加有效地管理好森林。哪个房族如果在森林管理上，不仅能够满足自身的需要，还能为其他房族提供服务的话，那么这个房族就会得到整个社区的尊重和推崇。这样的生活逻辑，促使侗族村民的每一个成员都会付出精力管护好森林，而且每一个家庭如何利用森林资源都会受到本房族的监督。❶侗族人已经将森林文化融入了他们社会结构与伦理道德之中。

那些在森林管理上取得卓著成绩者，在世时会获得崇高的社会地位，死后人们还要为其树碑立传。锦屏县魁胆村王佑求、王田乐、龙廷厚、王必选、王清禄、王清福、王锡焕、王锡标、王先朵、王光谋 10 位侗族村民于 20 世纪 50~60 年代带领村民植树造林取得了可喜的成绩，当地政府和村民称他们为"十大杉木王"。王佑求曾荣获过全国劳动模范，他将植树造林的技术编为顺口溜，在当地广为流传。

全面整地宽打窝，

阴天栽杉最适合。

宜用一年健壮苗，

根散压紧填满窝。

---

❶ 崔海洋.试论侗族传统文化对森林生态的维护作用——以贵州黎平县黄岗村个案为例［J］.西北民族大学学报：哲学社会科学版，2009（2）：83-87.

打下桩子挡泥土，

杉苗尖子朝下坡。

林粮间作双管理，

保证树苗快成活。

1987 年 5 月 3 日，王佑求病故后，当地政府和村民为其树碑立传。

第六章 管理森林：回归自然与尊重自然

西南少数民族对森林的维护，通常与山神崇拜有关。山神崇拜是民间信仰的重要内容之一。山、森林不仅与人们的价值观、宗教实践和信仰紧密相连，还与宗教认同和传统文化认同关系密切。

国内外很多学者通过对各民族山神崇拜的研究，充分阐述了山神崇拜与生态环境保护之间的关系。例如，美国科罗拉多大学叶亭（Emily T. Yeh）通过对我国四川藏区和青海民间环保组织的跟踪调查，撰写了《从神山到环境保护：揭示西藏的环境标识》一文，该文章阐明和评估了藏区不同区域的环保工作所取得的成效，重点阐述了藏族传统宗教神山文化在当今生态环保中起到的积极作用。剑桥大学凯纳普（Riamsara Kuyakanon Knapp）的《不丹的保护与发展：来自高山的微妙挑战》、美国威斯康星大学伊恩 G. 贝尔德（Ian G. Baird）博士的《柬埔寨东北的神山与博罗－卡佛特（brao–kavet）人：信仰与保护的潜在联系》等都围绕山与环保的关系展开论述，并一致认为山神信仰文化对生态环境保护所起的重要作用。❶

在西南少数民族地区，视自然为亲人和伙伴的生态伦理观无疑是生命中心主义环境伦理学的一个重要命题。P.W. 泰勒（P.W.Taylor）在其著名论著《尊重自然》中指出，采取尊重自然的态度，就是把地区自然生态系统中的野生动植物视为是具有固有价值的东西。生命中心主义环境伦理学通常认为，所有的包括动植物在内的生命体都有其内在于自身的"固有价值"，因此所有的生命体都必须受到同等的尊重，这是以敬畏生命的理念为基础的。所有的生物只要是生命就应该是平等的。❷它主张一切生命体都具有同等的地位。

---

❶ 英加布.山神与神山信仰：从地域性到世界性——"南亚与东南亚山神：地域、文化和影响"研究综述［J］.世界宗教文化，2012（4）：114–117.

❷ 岩佐茂.环境的思想：环境保护与马克思主义的结合处［M］.韩立新，张桂权，刘荣华，等译.北京：中央编译出版社，2006：81.

第一节　祖先来自于森林的传统哲学

自然界的万事万物都是相互依存的。在世界很多神话传说中都有描述人与植物的关系的内容。恩斯特·卡西尔（Ernst Cassirer）说："人是某种植物变种的后裔，以及人变植物和植物变人，这是普遍流行的神话和神话传说的重复主题。"❶森林不仅是人类祖先的摇篮，也是人类自己的家。人类从未逃开与森林的联系。树木在我们之中，森林在文化的地平线上，森林是我们能够原始地纯粹地触到原初元素的场所。❷在人类与森林的关系上，森林不仅具有物理性，它也会成为人类的一种观念。森林作为物理环境，通过人类的形象思维，必然被理解成抽象的对象，而抽象的对象程度的提升还会渗透到人类生活的更深层次的宗教理念之内。❸人类祖先来自于森林的认知模式，就是一种宗教层次的理念。世界很多民族都有如此的宗教理念，进而相信人死后，其灵魂将回到祖先所在之地，而祖先所在之地就是森林，因此人死后，其灵魂会依附于树木。

中国很早就有神灵依附于树木的思想。例如，《战国策·秦策三》中的一则寓言就体现了神灵依托于树林的思想，该寓言内容如下：

应侯谓昭王曰："亦闻恒思有神丛与？恒思有悍少年，请与丛博（赌赛），曰：'吾胜丛，丛借我神三日，不胜丛，丛困我。'乃左手为丛投（投掷赌具），右手自为投，胜丛。丛借其神。三日，丛往求之，遂弗归。五日而丛枯，七日而丛亡。今国者，王之丛，势者，王之神，籍人以此，得无危乎？"

祖先来自于森林的传统哲学，还与古代宗教观念中的树木的生命能量可以向人体转移的思想有关。《后汉书》（卷116）载有夜郎侯的传说：

夜郎者，初有女子浣于遁水，有三节大竹流入足间。闻其中有号声，剖竹视之，得一男儿，归而养之。及长，有才武，自立为夜郎侯，以竹为姓。

该文献描述了人来自于竹木的过程，为了对竹木的纪念而以之为姓氏，表明竹木是生育夜郎侯的母体。

英国民俗学家柯克士（M.R.Cox）也指出，在土著部落中，死者的灵魂会依

❶　恩斯特·卡西尔.神话思维［M］.黄龙保，周振选，译.北京：中国社会科学出版社，1992：207.
❷　霍尔姆斯·罗尔斯顿.森林中的审美体验［J］.张敏，潘淑兰，译.郑州大学学报：哲学社会科学版，2012（2）：6–8.
❸　全京秀.环境人类学［M］.崔海洋，杨洋，译.北京：科学出版社，2015：57.

附于树木是一个极为普通的信仰。例如，澳大利亚南部的狄耶里（the Dieyerie）族之所以将一些树视为神圣物，是因为这些树木被他们看成是自己的父亲们所变者，因而禁止任何人对之进行砍伐。有的菲律宾岛民还相信他们的祖先之灵是在某株树里，进而对这些树木倍加爱护。❶

在少数民族的民间信仰中，他们诸多神话故事、古歌、古训、民间传说等都描述，他们的祖先来自于森林或树洞里，并依靠森林资源维持其生命，进而以树木为祖先或图腾。为了纪念祖先，他们将森林或某些树木作为自己的崇拜对象，森林成了他们的精神依托。这样一种将祖先来自于森林的建构，体现的是人与自然共生共荣，也体现了中国"天人合一"的深层次哲学观。

崇拜森林的民族，大多认为森林如同人一样都有自己的灵魂。祖先来源于森林的信仰，往往都附有很多的神话故事，演绎了多种的源于具体自然物的族源传说，这些故事所描述的内容大多为祖先曾经历过一段艰辛而苦难的生活，最后是森林救活了祖先。云南傣族认为每棵树木的生命都有灵魂，他们将本民族或者其他民族祖先曾经生息的森林之地，视为有神之地。在他们的传说故事里，有很大一部分是描述他们的祖先来自于森林的内容。既然祖先来自于森林，那么祖先的灵魂也就自然地回到森林之中。他们的古训有："森林是父亲，大地是母亲""没有森林就没有水，没有水就没有稻田，没有稻田就没有粮食，没有粮食就没有人类""万物土中长，森林育万物"。叙述傣族祖先变迁史的傣文古籍《沙都加罗》也提到："哪片森林有动物，人群就朝那片森林走，背儿带女，扶老携幼，争先恐后。有的朝前，有的在后，有的停留在途中不走。而分散了的人群，多数都向着热带森林南下，顺着山脉，沿着河流，跟着沙罗，停停走走，哪片有大树就在哪里歇，哪里有河流和平地就在哪里睡。"❷ 在傣族民间故事《山神树》中也有如此描述：

远古时候，地上发生洪水，淹到暖郎地方的一棵古树附近，飘来了五家傣族和七家爱伲人，这棵古树救了他们十二家人的命，十二家人在树上生活了一年又一年，若干年后，大树显得小了，他们才从树上搬下来住到山洞里，后来又建寨居住，从此有了寨子。人们再也不住在那棵古树上了，但大家还牢记着那棵曾经养育和保护过自己的古树，他们把古树当成保护自己的神树，尊称它为山神树并

❶ 柯克士.民俗学浅说［M］.郑振铎，译.北京：商务印书馆，1934：76.
❷ 祜巴勐.论傣族诗歌［M］.岩温扁，译.北京：中国民间文艺出版社，1981：100.

祭祀以求得山神树的保佑。❶

在傣族丧葬仪式中，司仪者带领大家一起唱着："老人在世的时候，很珍惜乡亲邻里的友谊，因为我们是同一个祖先，共同生长在一座森林里，我们同在一个寨子，我们同饮一口井水，我们同开一丘田地，我们同食一堆谷子，我们像竹林一棵挨着一棵，根连着根，难以分离。"❷ 新平"花腰傣"地区的村落被"寨鬼树"保护。该地区每个村寨基本上都有一棵高大的乔木作为其村寨中心的象征。传说他们的祖先在建寨之初，选择"寨心树"作为建寨标志的首领死后，其灵魂依附于"寨心树"之上，并永远陪伴着一代又一代的村人生活。"寨心树"也就成了"寨鬼树"，且象征着村寨的灵魂。因此，村民们每年都要定期对其祭祀。"寨鬼树"成了村人的崇拜对象，"寨鬼树"及其周围成了神圣的空间，村民们使用石头将其包围起来，在日常生活中，人们不得随意进入，女人更是严禁靠近。❸

在日常生活中，傣族人常常提道："傣族为什么会以花草、动物、星月、风云、山水来比喻，任何一种歌都少不了这种比喻呢？其主要原因是因为我们傣族的祖先，在森林和芭蕉林里诞生，是鸟雀和水送给的歌。傣族的歌一出世，花草树叶是衣服，星云日月是装饰品，麂子马鹿和雀鸟是伙伴，所以傣歌永远离不开它们。"❹ 可以说，森林在支撑着傣族的生存与发展。这也是因为傣族先民在采集、狩猎、捕鱼等生产活动中逐渐对森林产生强烈依赖所致。他们将森林称为"竜林"，即是特指傣族各村寨寨神（氏族祖先）、勐神（部落祖先）祭坛所在的山林。❺ "竜林"也就成了傣族祖先崇拜的核心。傣族对祖先崇拜形成的"竜林"信仰文化，使傣族地区的古树、森林得到了精心的照顾，"竜林"确保了傣族社会的农业灌溉的需要。傣族人对"竜林"信仰与依赖，实则是他们心理和生活经历的具体表现，也就是说，我们只有将人与自然的关系提升到人与神的关系的高度之上，才有可能借助神的超自然力量来规范人们的行为，最终才能实现人所处

❶ 《西双版纳傣族民间故事》编辑组.西双版纳傣族民间故事［M］.昆明：云南人民出版社，1984：257-259.

❷ 尹可丽.傣族的心理与行为研究［M］.昆明：云南民族出版社，2005：41.

❸ 崔明昆.象征与思维——新平傣族的植物世界［M］.昆明：云南人民出版社，2011：44-50.

❹ 蒋高宸.云南民族住屋文化［M］.昆明：云南大学出版社，1997：149.

❺ 朱德普.傣族"祭龙""祭竜"之辨析——兼述对树木、森林的崇拜及其衍变［J］.云南民族学院学报，1991（2）：16-20.

的自然环境，以及人类自身的生存空间得以很好的保护。❶ 傣族人民曾经的生活状态为穴居、巢居，这决定了他们对树的崇拜。崇拜森林成了他们一种文化观念和习俗，成为自己的森林文化。当今在傣族社会中，森林在文化的熏陶中得到合理的保护，使傣族人与森林处于和谐融洽的状态。傣族的森林文化，融合了傣族人的生存观、价值观等精神因素的民族态度，❷ 也体现了傣族将人的生命嫁接于自然生命的哲学观念。

祖先来自于森林的信仰，使人们难以将祖先崇拜和森林崇拜相隔开。云南彝族将神树视为自己的祖先神，进而将神树崇拜和祖先崇拜融合在一起。他们的神话故事中就叙述有树木救活他们祖先的内容。故事如是说："很久以前，在发生洪水时，他们的祖先阿谱都阿木，躲在悬崖下，吃的也没有，火种全熄灭，无处把身安，树叶当早饭，树果当午饭，树皮当晚餐。"❸ 该故事讲述了他们祖先在饥饿之时，幸好有树木的果子、叶子和树皮充饥，才幸免于难。彝族撒尼人创世史诗《尼迷诗》也有类似的记载：很久以前，当发生洪水时，有两个兄妹乘坐的木柜漂落到一座石头山的半山腰，兄妹俩首先爬到斯凯树（青冈树）上之后，才得以攀上一座山顶之上，这样他们就躲过了滔滔洪水，并幸免于难。俩兄妹对青冈树说："小斯凯树呀，你救了我们，我们感谢你，认你为父母，认你为那斯（'那斯'，即为祖宗牌位之意），年年来祭你，岁岁来献你。"❹ 该故事讲述了青冈树在洪水之时救活了彝族祖先的内容。这些神话故事充分说明，树木对彝族来说，树木与其祖先具有密切的关联。

祖先来自于森林的信仰，还被融入建筑文化之中。苗族将枫树看成是万物和人类的始祖。黔东南西江苗族流传的《酒歌》❺ 中有：

寨子里有寨头，

山中有大树，

大树陪衬着大山；

最大的树算枫香，

❶　莫国香，王思明.傣族"竜林"信仰对农业文化遗产保护方式的启示［J］.中国农史，2013（4）：112–117.
❷　闫莉.傣族"竜林"文化探析［J］.贵州民族研究，2010（6）：66–72.
❸　李涛，普学旺.红河彝族文化遗产古籍典藏（第1卷）［M］.昆明：云南人民出版社，2010：272.
❹　云南省曲靖地区少数民族古籍办公室.尼迷诗［M］.昆明：云南民族出版社，1989：180–181.
❺　韦启光：《雷山县西江苗寨调查报告》，载贵州省民族研究所编.《贵州民族调查（之三）》（内部资料），1985：197.

枫香生我的妈妈；

其次是松树，

它是常绿树，

它生我爸爸。

另外《苗族史诗·枫树歌》❶也记录有枫树的内容：

松树栽哪里？

杉树栽哪里？

枫树栽哪里？

松树厚衣裳，

不怕冰和霜，

栽满大高山，

四季绿苍苍。

杉树翠又绿，

树干直又长，

栽在大山中，

长大做栋梁。

枫树枝丫多，

枫树枝丫长，

栽在山坳上，

苗家来歇气，

汉家来乘凉。

在苗语里，"一棵枫树"隐喻着有"一个祖先"之意。在一些苗族村落中，往往枫树环绕村寨而生，如贵州黔东南州岑巩县水尾镇的四周被108棵枫树环绕。当地苗族认为他们的祖先就是来自于枫树，因此这些枫树就是他们村落的"守护神"。苗族为了表达对枫树的崇拜，在修建房屋时，世世代代都用枫木作中柱，因为在有的苗族地区有枫木做中柱是沟通祖先的桥梁的说法。枫木也是生命力的象征，用枫木做中柱能够保佑多子多孙、后代繁衍快。苗族为何崇拜枫树呢？苗族的祖先是"蝴蝶妈妈"，但他们认为"蝴蝶妈妈"是由古枫树变化而来

---

❶ 潘定智，等.苗族古歌［M］.贵阳：贵州人民出版社，1997：78.

的，他们的这一认知肯定了枫树与自己有着直接的血缘关系。这在《苗族古歌》里有所记载："还有枫树干，还有枫树心，树干生妹榜，树心生妹留，古时老妈妈。"在苗语里，"妹榜妹留"是"蝴蝶妈妈"的意思。由于苗族的祖先由枫树变化而来，所以枫树也就成了他们先民的图腾。苗族自称蚩尤的后代，在一些汉文典籍里也记载有蚩尤与枫树的关系，如《云笈七签》卷一百《轩辕本纪》载："黄帝杀蚩尤于黎山之丘，掷戒于大荒之中，宋山之上，后化为枫木之林。"又《山海经·大荒南经》载："有宋山者，有赤蛇，名曰育蛇。有木生山上，名曰枫木。枫木，蚩尤所弃其桎梏，是为枫木。"

　　苗族将自己的祖先与枫树联系起来，这使他们对树的崇拜中，枫树成了重要的关注对象。因此，在他们的建筑中，房屋的中柱就必须使用枫木，若找不到能作中柱的枫木，也要想方设法找到枫木来做"瓜柱"。所谓"瓜柱"，即为梁柱中两层梁间的短柱和支承脊檩的短柱。苗族在建屋选择中柱时，要作一系列的精心安排。雷山县地区的苗族在砍伐中柱时，要在深夜进行。在夜深人静的时候，族中的几位力壮的人悄悄深入林中，将事先选定的枫木砍伐运回家。搬运到家后，悬放在屋檐下，不能让其着地，也不能让其淋雨。当地苗族村民说，之所以选择在深夜进行，就是为了避免被人发现，如果发现的人说一些不吉利的话，就不利于建屋人家的今后发展。枫木搬运回家后，要3年之后才能进行加工使用。苗族认为，将枫树做房屋的中柱，好比祖先一直居住在家屋里，能随时保护着家人和家禽。

　　西南地区的一些少数民族还将竹子视为自己的祖先，很多民族都有竹生人的神话传说。在汉文典籍里，较早记载竹生人的神话传说是东晋常璩《华阳国志》卷四《南中志》："汉兴遂石宾，有竹王者，兴于遁水。有一女子，洗于水滨，有三节大竹，流入女子足间，推之不肯去。闻有儿声，取持归，破之，得一男儿，长养有才武，遂雄夷狄。氏以竹为姓。捐所破竹于野，成竹林，今竹王祠竹林是也。"在西南地区，很多民族所流传的竹生人的神话故事与该文献所记载的内容极为相似。例如，贵州省威宁县一彝族支系"青彝"有如此传说：

　　很久以前，有个人在山上耕牧遇到暴雨后，走进岩脚边避雨，突然看见几筒竹子从山洪中向他漂流而来，此人取其中的一竹筒并划开，却发现竹筒内有5个孩子，他很乐意地收养了这些孩子。这5个孩子长大后，其中的一人会铸铁制铧口，他的子孙后来发展为红彝；一人为农民，他的子孙后来发展为白彝；一人会制竹器，他的子孙后来发展为青彝。由于竹子从水中取出时是青色的，所以称为

"青彝"。为了纪念老祖宗竹子，青彝世代以编蔑为业。世代赶山赶水，哪里有竹就在哪里编……❶

相信祖先来自于竹子的民族通常会有特定的祭竹仪式。在贵州普定县苗族的神话故事里有如此描述：

远古之时，苗家所居住之地，皆莽莽竹林。有一年，在一片竹林里生了一棵大竹笋。这棵竹笋长了一人多高后，就不再往高处，而朝横处长，越长越大。长了9个月，10个月不到就破裂了，从里面钻出一个胖娃娃。一位好心的妇女到竹林捡笋壳，听到娃娃之哭声，顺声而寻，找着这个娃娃，将他抱回家，养长大后，文武双全，人们便叫他为多同。多同就是英雄的意思，多同带领苗民开荒劈草，五谷丰登，六畜兴旺，人们劳动来的东西，吃不完，穿不尽，用不了，天天鼓声，唢呐声，响彻云霄。突然，北面来了一批人抢占这块美丽的地。多同带领苗民英勇抵抗，由于敌我力量悬殊，苗民失败，多同被俘而杀。从此，苗民被赶到深山老林。他们非常怀念多同。每年都把一捆竹筷当成多同来供奉。

普定苗族认为，他们的祖先与竹有血缘关系，因此他们要进行竹子祭祀和供奉竹筷。在他们看来，他们的总始祖是蚩尤，蚩尤就像是竹子的"总根兜"，竹成为他们总始祖的象征。多同是他们继蚩尤后的第二个老祖宗，多同是竹所生。洋鲁是他们进入贵州的第一个总始祖，也就像竹的总根兜，把竹作为祖先的象征。正因为这样的祖先传说故事，普定县的苗语祭祀祖先叫作"赖丢"，其意思就是祭竹筷。分宗支叫"刺丢"，意思就是分竹筷，即分先祖来供奉。正因如此，普定县的苗族在后来确定自己的姓氏时，大多以竹为姓。而支系之分及具体姓氏之分，则以是否同为一根竹或同一根竹的同一竹筷来定。当地苗族在举行竹祭祀时念道：

唔啊蚩尤嘞！

你是我们的总根兜（始祖）。

给你洗脸擦额，

叫你干净、爽朗，

把那些不干净的抛在黄泉之下。

你来同祖先们同桌共酒。

---

❶ 何耀华.彝族的图腾与宗教的起源［J］.思想战线，1981（6）.

唔啊洋鲁嘞！

你是我们的多同（英雄）。

同你擦脸洗身，

使你眼明亮，身舒服，

将那些不清白地丢在阴世里。

你来与祖先们同桌共饭。

唔啊吾辈（或三辈祖）嘞！

给你洗脸擦额，

将那些肮脏的甩到九泉里去，

使你一身爽朗，耳晰眼亮。

来同先祖们饮酒吃肉。

普定苗族供奉竹筷，就是供奉蚩尤、多同、洋鲁和供奉先祖。供奉先祖，有3世祖者，有5世祖者，皆以竹筷为先祖的象征。祭祀竹筷规模有大有小，大者以猪牺牲，小者只需鸡鸭即可。一个家庭中，如果儿子全部成家立业后，也要举行一次竹祭祀活动。

将竹与祖先联系起来的少数民族，他们存在着对竹的图腾禁忌。例如，在大凉山彝族支系保罗人的传统村落里，通常都栽种一块香竹，且在香竹周围修建石墙，石墙外边还有竹篱笆，香竹就是保罗人的图腾。❶滇桂交界之处的彝族因认为自己的族人与竹有血缘关系，故而在妇女即将分娩之时，要提前砍来一根长约0.6米的兰竹（楠竹）筒，待孩子降生之后，就将胎儿的胎血灌进事先准备好的竹筒里，然后用芭蕉叶子塞住，并将之吊在兰竹枝叶上，以此来显示他们作为兰竹的后裔，❷以及强化人们对竹的记忆。彝族妇女若不孕，还可以向竹子求子，如"云南澄江松子园的彝族自认'金竹'是他们的老太祖，并称为'金竹爷爷'。不妊娠之妇女，如想要生儿育女，便要到徐家渡竹山上向图腾神（一丛金竹）求子，在金竹丛前跪拜祝祷。当夜便在附近的庙里投宿，以为这样便可怀孕

---

❶ 高明强.神秘的图腾［M］.南京：江苏人民出版社，1989：67.

❷ 何耀华.彝族的图腾与宗教的起源［J］.思想战线，1981（6）.

生子"❶。与其说彝族在向竹子求子，不如说他们是在向自己的祖先请求送子。

第二节　祭祀森林与原始宗教文化

对森林的祭祀，源自于人们相信树神具备超自然的本领。弗雷泽认为："作为树的精灵所能运用的能力都在树身上表现出来，它具有树神的能力。树木是被看作有生命的精灵，它能够行云降雨，能使阳光普照，六畜兴旺，妇女多子。同时树木被看作与人同形或者被看作化为人身的树神，同样具有上述能力。"❷

人类由森林派生的，森林与人类的关系就是父母同子女的关系，子女应对森林持整体性的尊重。❸ 而对森林尊重，一个重要的表达方式就是对之进行祭祀。少数民族对森林的尊重与崇拜，通常都是通过祭祀的方式来加以表达。这些祭祀，一般都会选择在一些重要的活动，或者固定的仪式里进行。我们可从各种对森林的祭祀仪式中看出，少数民族与森林之间具有重要的生态伦理关系，而正是这一充满宗教色彩的森林祭祀文化结构，才使西南地区的青山绿水得以很好的保护。在这里，我们更加肯定的是，对森林的保护，光靠现代科技还远远不够，宗教、文化、伦理等因素对森林的保护更加重要。

祭祀森林习俗，源于人们相信人与森林是一个生命共同体的生态伦理观。祭祀森林文化变迁会影响生态环境。贵州省黔东南州从江县小黄侗族村，自古以来都把树木当作生命的起源而加以崇拜。通常情况下，每个家族都把他们房屋周围的"护寨树"奉为神灵，他们认为"护寨树"会保佑家族人丁兴旺，外人不能随便触碰，更是不允许任何人伤害。"护寨树"周围的土地也不许随便挖掘，否则就会破坏他们的风水，整个家族就会招致不同程度的灾难。与此同时，在"护寨树"周围的小环境内禁止采集、伐木和狩猎等各种活动。为了感谢"护寨树"对家族的护佑，小黄侗族村在每年的春节期间，以及一些重要的节日，都要对"护寨树"举行隆重的拜祭活动。这一活动一直持续到20世纪六七十年代。目前在该村，仅有老人认同"一个侗寨如果没有百年老树，就算不上是村寨"的传

---

❶ 何星亮.中国图腾文化［M］.北京：中国社会科学出版社，1992：234.

❷ 弗雷泽.金枝［M］.徐育新，等译.北京：新世界出版社，2006：994.

❸ 苏祖荣.森林哲学散论——走进绿色的哲学［M］.上海：学林出版社，2009：24.

统，一些年轻人对古树已经失去了敬畏之心，他们的生态环保意识也不如他们的长辈。大多数中年人和年轻人对古树的认同主要停留在美化环境的作用的层面上，[1]缺乏从更加深层的哲学层面去思考人与古树之间的关系。

祭祀森林，通常具有组织性、集体性等特点。贵州普定县窝子乡的仡佬族在每年农历正月初三，每个村寨都要举行"拜树节"。在每年活动中，每个村寨都要选举6户人家来组织，他们负责集资和购买祭品。节日前一天晚上，由一人推着空石磨转动3圈，这一动作象征着要惊动神树或神山。一人走到每一个户人家的门前喊着"去做客的快回来，我们要祭拜神树神山"，"请神树神山明日来享祭"。初三清晨，由这6户人家组成的队伍，有的挑水、有的捉鸡、有的赶猪，大家来到神山之上后，宰鸡杀猪并洗净，然后蒸煮鸡肉和猪肉。整个村寨里的男子们也集中到神山上，大家在此共同举行拜树活动。先是由寨老跪对神树，然后祈祷树神山神庇护全寨。祭祀结束后，整个村寨要在神树下会餐。在祭祀神树期间，若村寨里有孩子出生的，次年"拜树节"时，其家庭要带鸡鸭到神树下献祭。[2]云南哈尼族多半生活在半坡上，每个村寨都有自己的"寨神"，即是"竜树"，"竜树"所在之森林即为"竜林"。哈尼族每年都要举行祭祀竜林活动。除了祭祀活动的时候可进入竜林外，在平日里，任何人不得随意进入竜林进行采集、狩猎和放牧。很多哈尼族村寨对竜林都设立了禁忌或村规民约，加以对竜林的保护。有的哈尼族村寨对竜林的管护，则融入了一些现代的管理理念。例如，居住在墨江县龙坝乡竜宾村蚌海寨子的如豪尼支系，他们为了保护好竜林，规定直接由竜头管理竜林，但每户每年要捐3元钱作为竜头的报酬，竜头会竭尽全力管护竜林的安全，且每年负责组织全村寨人举行隆重的祭竜活动。[3]在哈尼族迁徙史诗《哈尼阿培聪坡坡》中如是表达："最直最粗的树选作神树，它荫蔽着哈尼子孙繁荣。"哈尼族认为，竜林庇护着整个村寨和族人。因此，哈尼族村寨每年都要举行祭祀竜林的活动，祈求五谷丰登、人畜平安。祭祀竜林活动，通常选择在每年农历四月进行。祭祀当日，由竜头带头，走在最前面，后面跟着年轻人，他们敲打鼓、铓和锣，所带的供品有3只鸡、2只羊、1头猪，另有一些酒水。走

---

[1]　刘珊，闵庆文，等.传统知识在民族地区森林资源保护中的作用——以贵州省从江县小黄村为例［J］.资源科学，2011（6）：1046-1052.

[2]　安顺地区民族事务委员会.安顺地区民族志［M］.贵阳：贵州民族出版社，1996：173-174.

[3]　金晶.哈尼族竜林的生态价值与保护机制探析——以云南省墨江县为例［J］.云南社会主义学院学报，2012（4）：41-44.

到竜林后，由主持人在树下杀鸡、杀猪、宰羊，点燃火堆，先是在竜林之下倒上3杯茶、3杯酒、3碗饭祭献，然后在水井旁杀1只白公鸡祭敬水神。在杀供品祭献的同时，精通哈尼族迁徙史内容和懂得哈尼族文化的贝玛念唱经文，祈求竜林庇护整个村寨，整个活动充满神圣性。云南弥勒县彝族支系阿哲颇各家族要选择那些高大笔直、枝叶茂盛的麻栗树作为他们祖先的象征，他们称之为"族树"。每年农历正月初二上午，整个家族要组织到"族树"前进行祭祀。❶

云南澄江等地的彝族每年都要祭祀他们村寨中高大的松树和梨树。松树或梨树在很多彝族地区被视为是他们的始祖，有的彝族村寨内都有一片叫"民址"的山林，"民址"里长有大松树和梨树。"民址"是一个神圣之地，他们称之为"阿斯塔坡"神，严禁任何人损坏和砍伐"民址"里的树木，违犯者要遭受族人的惩罚。每年农历三月初三，村里人要举行隆重的祭祀"民址"活动。祭祀由村中的长老主持，由他率领12岁以上的男子对"民址"进行祭祀。所有参加祭祀的人，每人都必须折断一枝松树和梨树的树枝，插在大松树的脚下。在整个祭祀的过程中，年满12岁的女子，不仅禁止参加，而且还不许在远处偷看。❷在日常生活里，每当有人生病或遇到不祥的预兆时，就带着香烛酒饭到松树、梨树前献祭。他们还规定，任何人都不许砍伐和损坏"民址"里及其周围的松树、梨树，违者将面临严惩。

相信祖先从树洞而来的少数民族，他们祭祀树木时，要把祭品放入树洞内。广西隆林地区的仫佬族认为，他们的祖先的神灵就居住在桐树之上，因此他们举行的祭祖活动，都选择在村寨附近的大桐树之下，祭祀祖先也即是祭祀神灵，桐树对当地村里来说已经是一种圣物，禁止将牲畜拴在桐树下，禁止人们在桐树下纳凉，如有违犯，其家里的母畜就不能生育，家人就会发疟疾。在每年祭祀的时候，主持祭祀的长老会在桐树上挖出一个洞，然后把他们所准备的祭品放入树洞之内，❸并请居住在桐树里的祖先领取供品。

有的少数民族重点祭祀果树，他们之所以崇拜果树，大概是因为果树可以充饥，它与人的生产生活具有最直接的关系。例如，苗岭山区的苗族对果树倍加爱护。雷公山猫猫河苗族村每年大年初一要对果树进行祭祀。祭祀当天，整个家

---

❶ 刘荣昆.林人共生：彝族森林文化及变迁探究［D］.昆明：云南大学，2016：127.
❷ 何耀华.彝族的图腾与宗教的起源［J］.思想战线，1981（6）：77-84.
❸ 杨琳.社神与树林之关系探秘［J］.民族艺术，1999（3）：90-96.

族集中在某一人家，该家庭妇女一早就煮好糯米饭和几片猪肉，并使用棕树叶分别将糯米饭和猪肉包起来。在出发之前，由妇女交给主持祭祀者。主持人拿到供品后，率领一群小孩来到一棵较大的果树之下，然后将包好的糯米饭和猪肉挂在果树上，在果树下摆设几个碗，并插上几炷香。主持人边向碗里倒酒，边念道："请所有的果树都来吃，感谢你们一年来辛辛苦苦结果，为我们大人小孩提供了果实。"念毕，主持人使用一把柴刀的刀背敲击所拜祭的果树的一枝树干，共敲击三下。在敲击的同时，对果树大声问道："结不结果？"站旁边的人，他们就代替果树答道："结！"又问："落不落？"答道："不落！"

此外，"苗年"也是苗族祭祀果树的节日。农历十月，苗族要过"苗年"，该节日的一项重要活动就是祭祀果树。在过"苗年"当天凌晨，户主要带领一位男孩，并拿着一踏纸钱、一包糯米饭、一只破草鞋和一把砍柴刀，然后悄悄地走出家门，来到一棵果树之下后，男孩子在大人的帮助下爬到果树上，并将他们所带来的祭品挂在果树上。站在树下的大人，使用刀背敲击树干且大声问道："结不结？"爬在树上的孩子答道："结！"大人问："大不大？"孩子答道："大！"大人问："甜不甜？"孩子答道："甜！"大人再次问道："落不落？"孩子答道："不落！不落！"

问答完毕后，孩子跳下树，在树下捡起一块鹅卵石当作牲口，然后使用草绳将之捆绑后，"牵"其回家，并放在房屋东面的墙壁下。此时，等候在家的其他人都集中起来，共同供奉该石头。

有的苗族村寨不过"苗年"，而过春节的，他们也要在大年初一祭祀果树。有的村寨则在大年初一祭祀"发财树"，大年初一凌晨，大人带上小孩，手持一把柴刀，一起上山祭祀"发财树"。被他们视为"发财树"的树木，通常是那些具有再生能力的树种，如枫树、榕树、杉树、柏树、椿树、银杏树等，因为这些树木被砍伐之后，其树根不仅不会腐烂，而且还可以长出嫩芽，并继续生长发育，长成参天大树。祭祀完毕之后，还要砍伐"发财树"的几枝树枝，并带回家当着薪柴烧掉，其灰用作肥料，洒在田地里，有的则使用棉布将其包裹，然后捆绑在房梁上，且长期供奉，祈求家庭兴旺发达。又如干脑河苗族村民习惯在村寨周围种植李子树、樱桃树、杏树等，这些果树的果子成熟后，不许外来人爬树摘果子，否则来年果子就会生虫，在摘果子时，每株也要留出 4~5 个果子，不能全部摘掉。在每年春节初一，人们会带上酒肉去祭祀果树，祭祀时，使用柴刀轻轻撬果树的一块树皮，所撬的位置大概离地面有 40 厘米，撬的树皮不断掉落，其树皮一头仍连接树干，然后将一些肉片和米饭放在树皮下，并使用杂草捆在原来的地方。当地村民说，祭祀果树，是因为果树为人们提供了果实，人也必须懂得知恩图报，给予祭祀后，来年果树才会结更多的果实。湘黔边区的侗族也有祭祀果树的习惯，每年岁终至次年正月，择一吉日，一家人带着祭品来到果树下，然后举行"审问"仪式。一人手持一把刀，然后洋装向果树砍去，挥舞几次后，问果树是否结果，站在一旁的其他人则连声说，一定结果累累。

祭祀神林，通常都有一个固定的地点。地处澜沧江东岸的高半山区的叶枝镇同乐村是一个傈僳族村寨。傈僳族将其村寨周围的神山称为"果尼"，他们认为，山中的一切动植物都是由"果尼"所掌管，因此同乐村人每年都要对山神举行祭祀。祭祀活动选择在每年的 5 月进行。祭祀山神的费用，一方面来自每个家庭的集资，另一方面来自牧场外村交的管理费。祭祀地点固定在进入森林的一条道路旁边，该地方是一个平坦的山坡，且有一棵上百年的杉树，当地老人说："晚上山神像人类一样的睡觉，白天到大树附近巡视。"祭祀山神由"东巴"主持，全村每户人家都必须派人参加。祭祀之时，先是使用石头在杉树下搭建成一个三脚架，然后在其上面放一口大锅，加上井水，并烧柴加热。紧接着，"东巴"开始念祭词，其大意为：请山神保佑放牧顺利，保佑全村老小四季平安，五谷丰登，六畜兴旺等。念毕，在杉树下杀鸡，并将鸡血淋到树根上。之后，由参加祭祀的妇女烹饪午饭。在用餐之前，先是将做好的饭菜和酒供奉山神，大家方能食用。祭祀山神既是傈僳族传统文化的表现形式之一，也是傈僳族敬畏自然的观念，对保护森林及野生动物大有裨益。[1] 在云南佤族的原始宗教中，"莫伟"是最大的神灵，佤族视其为创造万物的神灵，可以主宰人类。佤族创世神话《司岗里》就有记述，人从司岗出来后，不知住何方，就在愁眉莫展之时，"莫伟"对岩佤说："凡有大椿树的地方就是你的住处。"大椿树、森林也就成了佤族人生存繁衍的最早依托。如今，佤族村寨周围通常都留有一片原始森林，他们视之为神林，如沧源勐角乡翁丁村、糯良乡南撒寨、单甲乡单甲大寨东和班洪乡南板村等村寨至今都还保留有神林。[2] 神林里搭建有一个草棚，专门用来供奉"莫伟"。如果佤族人要进入森林

❶ 韩汉白，崔明昆，闵庆文.傈僳族垂直农业的生态人类学研究——以云南省迪庆州维西县同乐村为例［J］.资源科学，2012（7）.

❷ 李洁.临沧地区佤族百年社会变迁［M］.昆明：云南教育出版社，2001：177.

里进行狩猎，一旦猎到动物之后，就要在猎获之地祭祀山神，以表达对山神的感恩。他们认为，之所以获得猎物，是因为山神的恩赐。每年农历二月初八是祭祀"莫伟"的日子，佤族人以家族为单位，组织人员前往神林里举行祭祀，祈求神灵的保护。

有的佤族村寨将村落周围的神林称为"色林"。澜沧江自然保护区周边勐简乡大寨村举行祭祀"色林"活动具有一定的代表性。他们每年要举行两次较大的祭祀"色林"活动，仪式由"色主"主持。"色主"是由社区推选出来的一名既精通仪式活动知识，又是有威望的人担任。"色林"属于集体林，功能上被划为水源涵养林。对其管理，名义上是行政村和林业部门的管理，但因其具有的特殊文化价值和象征意义而被"色主"带领人们来维护。2007年，大寨村共有4个社，这4个社中有30%的村民聚居于"色林"的周围，全村"色林"面积有100亩左右。"色林"周围有10个左右的水井，水质良好，出水量大，完全满足整个村的人畜用水。从大寨村的地理位置来看，每个村社都是顺山坡而建，且均位于"色林"的下方。"色林"所具有的生态价值，降低了村寨被雨水冲刷的危险性。"色林"里植物种群多样，树体高大。"色林"对大寨佤族来说是神灵的栖息之地，任何人都不敢侵犯，若村落中举行一些与宗教有关的极为特殊的活动而需要砍伐"色林"的，也必须在"色主"祈求神灵同意之后方能砍伐。若有人激怒"色林"，就有可能招致灾害。当然"色林"对他们来说，有时候也可以保佑人们平安。为了祈求"色林"保护村寨风调雨顺、粮食丰收，"色主"每年要主持举行两次"色林"祭祀活动。佤族这一传统祭祀神林文化，使"色林"发挥了森林生态系统所具有的水源涵养、水土保持、气候调节的作用。❶

祭祀神林神树，通常都是在一个固定的日子里进行。清水江上游支流龙头河两岸的贵州麻江龙山乡的10多个尧家寨子中，每一个寨子周围都是茂密的森林。尤其是在他们寨子的后山上都保留有一大片的树林，尧家要选择其中一棵大树作为神树来供奉。每年农历三月三，寨子上的每一户人家都要凑钱，且大家轮流做东，哪一年轮到谁家做东，这一家就要组织购买鸡、鸭、猪，以及酒水、香烛和鞭炮等。祭树当天，每一户人家都要派一男士参与活动，但禁止妇女参加。贵州梵净山地区的仡佬族，祭祀神林选择在每年农历6月份的卯日进行。松桃县半坡

---

❶ 程小放，杨宇明，黄莹，王娟.云南澜沧江自然保护区周边少数民族传统文化在森林资源保护中的作用［J］.北京林业大学学报：社会科学版，2008（1）：10-11.

乡是一个仡佬族聚集的地区，该乡村的候旗村位于一山沟之中，村寨全为罗姓，且都是仡佬族。他们在 20 世纪 90 年代之前，仍然流行祭祀神林的习俗。每年农历六月，选择一卯日前往神林所在的地方进行祭祀。村寨每一户人家都要集资，购买一头猪，然后赶到村寨河对面的一座神山里。在寨老的组织下，选定一棵大树为神树，并使用布料做成的旗子插在神树下，旗子的颜色有红、白、黄、绿、蓝和黑，旗子的形状为三角形，有两尺长，共 12 杆。神树下放 9 碗酒水、1 碗糯米粑、1 碗豆腐等。烧香化纸后，将猪宰杀，作为神树的供品。祭祀时，由轮值二人头戴高顶冠身穿长袍，且跪于神树前，由一名巫师着法，领跪于神树前。巫师祭毕后，全村人就餐于神树周围。同样是仡佬族，但不同地区祭祀神树的时间也是有差异的。乌蒙山地区大方县普底乡红丰村的苗族村民祭祀神树的时间就选择在每年农历三月初三。他们将这一活动称为"搓茅弄"，其意思就是"献祭神树"。活动由族长主持，族长带领村民来到神山里的神树前，使用他们所称的"泡木"树临时搭建一个简易的架子，然后使用"泡木花"铺设在架子上，"泡木花"之上使用茅草覆盖。茅草之上摆设有一筒米，其上插着香，筒前摆酒一杯。接着要宰鸡杀猪，将其血涂抹在架子上，将鸡的翅膀砍掉，然后插在筒上。之后，要在神树前煮熟牺牲，以此献祭。族长要对着神树祈祷，求其保佑整个村寨平安吉祥、人畜兴旺、岩鹰不拖鸡、豹狗不拿猪。祭毕，参与活动的人员就在神树下会餐。仡佬族的祭神树活动在 20 世纪 90 年代前，几乎每年都要举行。但进入 21 世纪后，该祭祀活动举行的频率逐渐下降。有时候，2~3 年才举行一次。

云南盘江上源及元江流域的彝族则在每年正月牛日举行"龙树节"。该节日就是祭树的节庆。在当地，每个彝族村寨都要选择村落附近的一片茂盛树林作为神林，他们叫"龙树林"。该林地通常是圆形，直径一般在一丈五尺。村人们要在林地里选一棵有双桠叉的大树作为"龙树"。每年祭祀龙树时，要在族内选择人口兴旺的一户人家带头，人们称之为"龙头"。当日，"龙头"要带头大家在"龙树"下设坛。村里的中老年男子一清早就要负责清理树林，到下午太阳下山时，每家都要派一名男子参加活动，每个男子要带一碗糯米饭和一枚熟鸡蛋，鸡蛋染成红色。在"龙头"的带领下，大家同时进入树林，然后把这些食物放于龙树前。在献祭时，大家叩头，并呼"索！索！"（"索"为平安的意思）。献毕，每人摘一片树叶插在头上，然后返回村寨，路上大家齐唱"索！索！"。回到家

后，把树叶供在祖宗的灵牌面前。❶

　　祭祀神林文化并非一成不变，在一些地区，传统的祭祀形式已经发生了变迁，古老的祭祀神林仪式已融入社会主义的法制当中。黔东南州黎平县坝寨乡高场侗族村周边有一片约 20 公顷的原始森林，属常绿乔木阔叶林。当地侗族村民将这一片森林视为他们的"神林"。每年农历"六月六"，该村都要举行隆重的护林仪式，每户人家都要派人参加，没有特殊情况不能缺席，即使全家人外出打工，不能亲自参与，也要委托家族里的人送来一些米酒。仪式由村里的长老主持，他当众宰杀一只公鸡，然后将鸡血依次滴入参与人员手里所持的碗里。待每人碗里都有一滴鸡血之后，大家围在主持人周围，然后跪拜并庄严宣誓："不动后山一草一木，违者严惩不贷。"如今，高场侗族村的护林仪式仍在举行，但是他们已把这种古老的仪式与社会主义法制相结合，成立了专职防火队和护林队，加强对森林的管理。

　　在一些地区，神林还被分为公有和私有，两者的分工各有不同，祭祀神山的组织形式也不相同。乌蒙山区贵州省威宁县苏丫卡苗寨，平均海拔约 2100 米，森林覆盖率约 50%，村寨各户人家散居于树林间，林木主要是一些耐寒耐旱的松树、青杠树、毛栗树、漆树、核桃树等。苏丫卡苗寨每年也要祭祀神山。苏丫卡既有公共的神山，也有私人的神山，神山的分工也各不相同。自从其祖先迁入苏丫卡后，不管是何种姓氏家族都必须供奉某一座山，他们称为鸡山，是因供奉祭品为鸡而得名。鸡山主要是护佑整个村寨风调雨顺、五谷丰登、人畜平安等。而私有的神山分属于不同的家族里。例如，狗山主要是陶氏家族、朱氏家族和吴氏家族共有，护佑这几个家族人丁兴旺、家庭和睦。据当地某朱公叙述，很久以前，王某和朱某为两郎舅，带着狗深入某山林打猎，在返回途中的某一青杠树下，朱某顿时发病，回家后，其家人采取了很多治疗方法都未好转，最后使用狗作为祭品祭拜了长有青杠树的某一山林，朱某的病很快痊愈。从此，朱家便开始祭祀这一山林，并称之为狗山。陶家和吴家是后来跟随朱家共同祭祀狗山的。苏丫卡苗族同胞每年都要祭拜公共的神山。祭祀神山的日子选择在每年农历四月份的丑日或午日。祭祀当天，每家每户都必须派出一个代表，并各自带上一只鸡、一瓶酒、一些猪油和食物等作为祭品，并推举一权威寨老当祭师。仪式在祭师的主持下进行。祭师当众念道："祭山石林木，目的是为全村寨远离强风暴雨、促

---

❶　赵心愚，秦和平．西南少数民族历史资料集［M］．成都：巴蜀书社，2012：202.

进邻里和睦、保佑人畜安康、五谷丰登。若谁乱砍伐森林，定遭祸害等。"❶

祭祀森林，一般都是为了祈求神林对整个村社的保护。祭祀除了在特定的节日里进行外，有时候也是因为人的某些不当行为触犯了神林后，不得不对之进行祭祀，以表示赎罪。称号"中国民间艺术之乡"和"中国景观村落"的贵州雷山县郎德上寨拥有各种各样的"保寨树"。这些"保寨树"不仅不能砍伐，还要在一些特定的日子里对之进行祭祀。例如，在过"苗年"时，家家户户要以米酒、鲤鱼、鸭蛋等作为祭品，并拿到保寨树下进行祭祀。其祭祀词为：祭了保寨树，火就不烧寨，水也不冲田，家家打谷一百二十仓，人人活到一百二十年。在日常生活中，孩童难免会触犯保寨树，虽然是孩子触犯，但其父母必须以酒、鱼等作为祭品，对这些神树进行祭祀，以表示"赎罪"。

有的民族村寨祭祀的对象通常是某一棵特殊的古树，并流传着很多动人的人与古树的神秘故事。贵州省威宁县板底彝族村的每一个自然寨边都有一棵古树，也是他们的护寨树。板底村一带有如此传说：

很久以前，一对热恋的彝族男女青年遭到父母反对，并被告到官家。官家于是派人将男青年抓起来，并捆在村寨边上的一棵大树上，官家还派人监守，不许他人给他送饭吃送水喝。那姑娘眼睁睁地看着自己的心上人被捆在树上，但却没有什么办法援救。几日后，男青年就活活地被捆死在树上了。那姑娘见状后，痛不欲生。但她无法违抗父母之命，最后只有被迫嫁到遥远的地区去。男青年死后，他的灵魂还是思念家乡和亲人，思念着与他相爱的姑娘。于是在一天夜里，男青年托梦给村里的一位老人，他每年三月初三要来寨上探望，一来要保佑村寨和乡亲们平安，二来要保佑村寨的庄家丰收、家禽安康。这位老人将梦中的事情告诉全寨后，他们就决定将该大树视为神树，并在每年三月初三，全寨男女老少一起出发，来到那棵大树下进行祭奠。在祭祀之前，要先用三根五倍子树枝，在神树前搭成一个门的形状，编草绳一根，长九尺九寸，每三节插上几根鸡毛，草绳挂在五倍子搭成的门上。整个活动由寨内年长者主持，集体集资购买一头羊，每一户交一个鸡蛋、一只白鸡和一碗酒。祭祀开始，先是由寨老面对着神树将村民们的心愿念上一遍后，将上一年捆在树上的鸡毛取下并挂在五倍子门上，然后将新的鸡毛捆在神树上。紧接着由主祭人将羊拴于五倍子门脚，又将每家送来的

---

❶ 蒙祥忠.山地民族有"神"社区的建构与生态智慧——以贵州小丹江、苏丫卡两个苗族村寨为例 [J].广西民族大学学报：哲学社会科学版，2015（1）：18-19.

鸡蛋统一埋在神树之下。每家推选一人，由主祭人带领围绕五倍子门走三圈。每户代表者依次捧酒面对神树祭奠后，再将酒碗递交给主祭人，他再一次祭祀后，才将酒碗交还主人，主人将几滴酒洒于地上，并将全家人的名字一一念出，最后把碗中的酒一饮而尽。依此方法，每户都要敬，在场的人都要向神树烧香跪拜，与此同时杀羊叩头，最后将羊煮为一大锅，全寨人共同分享。❶如今，板底彝族村祭树的传统文化仍在延续着。

贵州重安江流域的苗族村落也有人与古树的神秘故事。当地苗族也认为他们村落周围的古树是神树，他们说"石大有鬼，树大有神"。另外，贵州望谟县麻山地区的苗族村寨则流传着动物与神树的故事。麻山，位于望谟县的东北面，包括该县乐旺片区的蛮结、乐旺、乐宽、牛场以及桑郎片区的述里、麻山等地。传说该地区的麻山乡政府驻地有一根几个合抱的岩莲树，当地村民曾欲将之卖给附近的桑郎人，就要砍树时，该岩莲树上突然出现了两只鹰，每只有 9 个头。村民不顾这一怪事出现，将斧头砍向大树，结果才砍第一刀，大树就出血了，草索拴在大树上立马就会自然断掉。看到这一怪事后，村民们只好停止砍伐，取消了交易活动。自此，当地村民就认定该大树为神树，人们时常到树下求拜。❷故事传开后，周围的其他民族也前来祭拜这一古树。

祭祀的对象往往带有吉祥的象征意义，如作为禾本科竹亚属的竹子，常被人们推崇至精神崇拜的偶像地位。人们常将之与独立刚正、坚忍不拔的精神联系起来，进而形成了祭竹的习俗。如在四川川西坝子，那里的村民至今还保留有祭竹的习俗文化，除夕之夜，每一个家庭的长辈要率全家人向竹祭拜，在清扫干净屋后的竹林坝内插上点燃的香烛后，母亲首先要贴着孩子的耳朵，小声传教一首祷词。之后，孩子走到竹子前并摇动嫩竹，与此同时反复诵唱祷词："嫩竹妈，嫩竹娘，今后我长来比你长……"川北农村祭竹活动，则选择在正月十四日，当天，大人要组织孩子们走进竹林里寻找挺拔、才露叶子的嫩竹。找到嫩竹后，孩子们就一边摇动嫩竹一边唱道："十四节，摇嫩竹。嫩竹长，我也长；嫩竹高，我也高，我和嫩竹一样高。"❸当地人认为，孩子们接触摇动的青竹后，他们就会

---

❶ 唐文允，等.《威宁县板底彝族村调查》，载贵州省民族研究学会，贵州省民族研究所编的《贵州民族调查（之四）》（内部资料），1986：508–509.

❷ 杨昌文.望谟县麻山地区苗族的原始宗教，载贵州省民族研究所编的《贵州民族调查（之三）》（内部资料），1985：361.

❸ 关传友.论竹的图腾崇拜文化［J］.六安师专学报，1999（3）：32–40.

像青竹一样茁壮成长，而且能得到竹的保护，避免各种灾难。

祭祀古树，源于人们相信树神能够扼制自然灾害的发生。水族对古树的祭祀，选择在他们隆重的"卯节"里进行，这一项祭祀与古代的祭祀社稷极为相似。水族信仰多神，高大挺拔的树木和形状怪异的石头往往被认为是神灵的化身而加以崇拜。水族把一些古树视为他们的祖树，这些大树多位于村寨附近，且为参天的古树。在水族的卯节期间，人们要举行祭祀祖树活动。祭品一般包括猪肉、糯米饭、米酒、豆腐，以及一把谷穗。祭祀祖树一般以家族或一个村寨为单位集体祭祀。其目的主要是祈求树神保佑全家族或全村寨农业生产风调雨顺，粮食丰收，以及人禽安康。过去，水族许多村寨都有一片公共的稻田叫"韵娘田"，祭祀费用均由此出。而今"韵娘田"已不复存在，所需费用由全寨各户均摊。祭祀时，由水书先生主持，各户出一人做代表参加。祭祀当天进入村寨的各路口都插上草标，严禁外人擅自闯入。祭祀活动在被奉为神的大树下进行，众人先生火烧水杀猪，煮猪肉稀饭，然后将煮熟的猪头、糯米饭、猪肉稀饭等摆放在簸箕内供祭于树根下，仪式正式开始。水书先生是祭祀仪式的主角，他要念咒语祈祷一番，燃香化纸后，还要将酒杯中的酒泼洒在树根下，祭祀仪式告一段落。随后众人在树下聚餐会饮，庆祝祭祀活动圆满结束。村寨祭祀树神的活动通常要持续一天。水族对古树的祭祀，最直接的目的就是希望树神降临，保护农作物免遭各种自然灾害。

有的少数民族还通过祭祀神树来维护其社区秩序。当地村民从不轻易砍伐一棵大树，在该村落里早就有这样的说法："毁坏树林，就是破坏自己的家园。没有树林，人们就无家可归。树林在，社会就有了秩序。"这样的树林文化，决定了土坎子人具有拜神树的文化习俗。然而，他们祭祀神树的原因与其他地区略有不同。通常情况下，人们祭祀树林主要是祈求人和家禽的平安。但土坎子人祭祀神树的目的主要是为了其社区的有序运转。在土坎子村寨，有一棵硕大的古树，村民将之视为神树。一旦哪一家人被偷盗，在无法查明的情况下，他们就会组织家族人员到该神树下举行祭树活动，该仪式隐喻着向神树告状之意。因为他们认为，神树如同村里的寨老或头人一样，它会主持公道，且会惩罚那些做坏事的人。古树只会帮助社区里的那些好人和弱势群体。如果谁做坏事或在社区里为人苛刻，就会遭受神树的惩罚。土坎子苗人这样的心理模式，某种程度上决定了他们的人格气质，也较好地维护了土坎子苗寨的人群关系。

有的少数民族祭树的目的是祈求树林里的猛兽减少对牲畜的伤害。在一些少数民族传统思维里，树林及其树林里的动物同为一个生命共同体，它们都受同一种神灵的保护，或为动物之神，或为树林之神。那么只要祭祀其中一种神灵，家禽就会免遭攻击。云南澜沧江流域山区里的布朗族祭树的目的就是为了保护牲畜。当地布朗族每年夏季也要举行祭树活动，仪式不许妇女参与。当日要在神树下杀一头猪，以之为神树祭品。他们祭树就是为了不让豹子、豺狼等猛兽进入村里咬伤牲畜。❶这一祭树文化，充分表明了历史上澜沧江流域的生态状况非常良好。猛兽经常进入村寨攻击牲畜，足以说明当地曾经拥有丰富的树林资源。

第三节　以植物为名的人树关联意识

植物名称在少数民族的语言中，往往具有特殊的象征意义。很多少数民族将植物名称植入了他们的生命价值里，他们在给孩子取名字或对地点命名时，常以植物的名字来命名。例如，苗族给孩子取名的法则，通常以植物、金属、动物、自然物、器物等命名。给男孩取名，一般使用"惹""豆""尼"等；给女孩取名则一般使用"扁""鸥"等。在苗语里，"惹""豆""尼""扁""鸥"分别是石头、树木、牛、花草、河水之意。❷苗族尤其崇拜枫树，有的村寨直接以枫树为名。贵州榕江县八开乡有一苗族村寨叫"者猛"，翻译起来就是"枫树村"或"枫树家"的意识。彝族名字中常常带有植物名称，如凉山名字中含有"竹""铁杉"和"茜草"等植物名称。这三种植物在宗教活动中是用得较多的植物，也是他们十分崇拜的植物。❸四川攀枝花市的俚濮人，他们家里一旦有小孩患病，就参照某棵树的名字为孩子取名，以驱除疾病，祈祷孩子健康成长。其具体做法是，要根据孩子的生辰八字来选择一吉日，在巫师的指挥下，父母带着孩子，并拿着酒肉和香纸等祭品来到所拜的树下，先是在树前插上三杈松，然后烧香化

---

❶ 赵心愚，秦和平. 西南少数民族历史资料集［M］. 成都：巴蜀书社，2012：228.
❷ 蒙祥忠. 山地民族有"神"社区的建构与生态智慧——以贵州小丹江、苏丫卡两个苗族村寨为例［J］. 广西民族大学学报：哲学社会科学版，2015（1）：17.
❸ 刘荣昆. 林人共生：彝族森林文化及变迁探究［D］. 昆明：云南大学，2016：154.

纸、叩头，最后请神树赐名。日后，每三年就要对该树举行一次祭祀，时间为正月初二，父母携着小孩来到此树前拜祭，以此来感谢神树对孩子的护佑。[1] 这些被引入人的名字的植物，较其他植物来说，具有特殊的意义，且成为重点保护的对象。

除了以植物名为人名外，以植物名为地名也比较常见。例如，有研究者统计云南省沧源佤族自治县以植物名为地名的就有 50 个左右，如佤族有永绕（译作：森林寨）、永拷榕（译作：榕树寨）、永曼（译作：藤竹寨）、会友山（译作：榕树寨）、永格龙得不老（译作：聚果榕树河寨）、羊俄（译作：竹子寨）、永不龙（译作：茅草寨）、法播（译作：火冈树寨）、永拷衣（译作：猴子瘿袋果寨）、永莱（译作：五眼果寨）、芒歪（译作：省藤寨）、永代不赖（译作：杜鹃花寨）等，傣族有班中（译作：红毛树坪掌）、班洪（译作：大榕树坪掌）、丙外（译作：冬瓜树坪掌）、公坎（译作：余甘子山）、斑别（译作：松树坪掌）、班撒（译作：构树坪掌），拉祜族有初毕百（译作：野姜寨）、海那柯哥租（译作：小米山）等。[2] 在侗语中以植物名为地名的也比较多，如 Xaih Yaop（译作：枫寨）、Ocbuc（译作：瓜寨）、Dinl jenc meix yint（译作：青冈木脚寨）、Banc gangv（译作：盘杠）、Unxliemc xuh（译作：榕树塝）、Dih doh（译作：地豆）等。[3] 水语中以植物名为地名的比比皆是，如弯埋捞（译作：大树寨）、弯埋（译作：树木寨）、弯布工（译作：木榔寨）等。

少数民族以植物名为人名和地名的习俗，体现了他们将人类的生命植入到植物生命里的伦理观。正如博德利（John Bodley）所说，部落民在一定意义上常常把自己看作自然的一部分，他们会给自己取一个动物的名字，把灵魂转嫁给动植物，承认与某些物种的亲属关系。[4] 人与自然环境之间，实际上构成了一个相互依存的超级网络关系，各种生命现象都是平等的，而且是互相依赖的。

---

❶ 李仲先，邬明辉.彝族支系俚濮人的山神崇拜及其文化特征——对四川省攀枝花市仁和区啊喇么的调查［J］.西华大学学报：哲学社会科学版，2008（4）：19.

❷ 刘如良.以植物命名的佤山村寨［J］.植物杂志，1992（1）.

❸ 石林，黄勇.侗语植物名物的分类命名与文化内涵［J］.百色学院学报，2017（2）：47.

❹ 约翰·博德利.人类学与当今人类问题［M］.5 版.周云水，等译.北京：北京大学出版社，2010：75.

第四节 "保爷树"习俗文化中的人树同根同源意识

在西南少数民传统文化中，人与自然同根同源的意识根深蒂固，除了以上所提到的将树木视为自己的祖先外，他们还将孩子的命运寄托于树木的保护，这一观念表现在他们的"保爷树"习俗文化中。孩子出生后不久，为了祈求孩子健康成长，老人通常指定某棵大树为孩子的"保爷"，可理解为保护孩子健康的爷爷。但并非所有的树木都可以担当"保爷树"，枫香树、柏树、松树、槐树、桑树、银杏树、桂树、杉树、桐树等是优先选择。因为这些树种的寿命比较长，有的超过千年之久。这些树种常常被记载于中国古代名树志与现代地方志之类的文献资料中，且往往将之描述为拥有神异生命本体的特质，具有空间与时间的无限延展性。因此选择这些树木作为"保爷树"，寓意着孩子长命百岁。为了表达对"保爷"的感谢，逢年过节都要用酒、肉、糯米等到"保爷"面前祭拜，而且被指定为"保爷"的大树是不能砍伐的。"保爷树"习俗文化主要见于布依族、水族、苗族、彝族等。这种将人的生命、命运与树木相连的习俗，体现的是他们将树看作具备人性的伦理观念。

被祭拜为保爷树的，常常被人们赋予一些神话故事。在布依族地区，在春节或一些重要的节庆里，父母都会带上孩子，用米酒、糯米、鸡等物品祭祀"保爷树"，并在树上粘贴纸钱、鸡血等，目的是祈求保福寿康宁。这些"保爷树"往往就是村寨周围的"神树"，它们大多为榕树、檬子树、皂角树、香樟树、楠木等。在贵州贵阳市花溪区竹林寨，他们将神树分为"男神""女神"和"龙王神"三种。代表男神树的是香樟树，代表女神树的是檬子树。这两棵神树分别生长在村寨左右两侧，两棵神树遥相呼应。"龙王神树"则是一棵皂角树，生长在村寨寨脚的水井旁边。这些神树还被村民赋予了一些神话故事，如女神檬子树的传说故事讲道：相传很久以前，人们从很远的地方看见该树上有一位十分漂亮的布依族姑娘，她有时候在树底下唱歌，一些男青年被她美丽的外貌和动听的山歌所打动，于是就走到树底下欲与其对歌。然而当大家靠近该大树时，却什么也没有看见。于是大家就将该檬子树奉为神树。❶ 如果家里有小孩生病，父母都会拿着祭品来到该大树底下祭祀，并拜之为"保爷树"。

有的少数民族在拜"保爷树"时，往往要根据孩子的生辰八字来定。在水族社会，孩子出生后，父母就要请水书先生为其算命，如果孩子的命中缺木的话，就必须拜某棵大树为"保爷树"。孩子满月过后，选择一吉日举行拜树仪式。拜树当天，父母要背着孩子，并带着香纸及糯米饭、酒水、肉食等供品来到大树下。先是帮助小孩向大树鞠三个躬，并代替小孩向大树大声喊道"大树爸爸"，从此该大树就作为孩子的"保爷树"。孩子的名字里，也要改为"木某某"，或者名字中要选择有木字旁的字。至此，逢年过节，父母都要带孩子前来供奉"保爷树"。如果孩子在成长的过程中患上重病，父母除了带孩子进医院外，还要前来"保爷树"底下祭祀，祈求"保爷树"保护孩子的生命。

有的少数民族还将"保爷树"移植到家庭院落里，并精心照料。贵州苗岭山区的苗族"保爷树"习俗文化比较独特，他们可以将他们所敬奉的"保爷树"移栽至家里。如果一对夫妻结婚多年未生育的，或孩子体弱多病的，父母就会请巫师前来占卜，如果需要拜"保爷树"的，他们就从山上挖来两株"连根树"，即两棵树木生长在一起，且它们的树根是相连的。挖来的两株"连根树"要栽在堂屋中柱旁边。栽种"保爷树"时，主人要请家族里那些父母健康、儿女双全的 12 个家庭前来参加。栽种"保爷树"就是一项祭祀活动，俗称"喝栽保爷树酒"。"保爷树"栽好之后，要在其根部中央安放一个小罐，罐内盛满酒，今后主人要经常向罐内加酒，不能让其干掉，否则就不吉利。每年过"苗年"时，在用餐之前，必须先使用米酒、鲤鱼等作为祭品，对"保爷树"进行祭祀。❷

生育与未生育者对"保爷树"的祭拜略有不同，未生育的夫妻也可以向"保爷树"祈求送子。在雷山县猫猫河苗族村，如果一对夫妻婚后多年没有生育或孩子体弱多病，他们就会拜某棵大树为"保爷"。他们首先要选择一棵形状完好、枝繁叶茂的大树作为"保爷树"，然后带上一只公鸡，以及酒肉、糯米饭、红布等来到该大树底下举行祭祀，向大树祈求子女。夫妻俩在树底下念道："我们夫妻俩，坐村不合村人，坐寨不合寨人，别的夫妻都有子女，就我们两个不能

---

❶ 黄椿．布依族信仰民俗中的环保理念［J］．民俗研究，2001（3）：19-20.
❷ 吴正光．贵州生态遗产研究［J］．中国文物科学研究，2008（1）：77-81.

生，现在拿鸡拿酒肉来给您老人家吃，请您送给我们一男半女，让我们坐村合村人，坐寨合寨人。"如果已生育有子女，但孩子多病的，则对大树说："我儿吃不下，吃不香，现拿鸡拿酒肉来给您老人家吃，请您保佑我家孩子吃香睡足，万病不倒，长命百岁。"念完之后，将带来的红布围着树干捆一圈，然后才把鸡杀死，将鸡翅膀和鸡羽毛沾上鸡血后，粘贴在树干上，并向树根洒几滴酒，放几片猪肉和一坨米饭，以此表示向"保爷树"提供了祭品。此后，在每年农历二月，主人都要祭拜"保爷树"，祈求"保爷树"保佑孩子健康成长。

对"保爷树"的祭拜，一般源于人们期望子女如同树木一样茁壮成长的心理。因此，他们选择"保爷树"很有讲究。云南怒江州和迪庆州的普米族习惯在孩子出生后，就将孩子的生命寄托于那些比较粗壮的大树或某种强悍、灵敏的动物，这样做的目的是，不仅期望孩子得到这些树木和动物的保佑，而且期望孩子如同动植物一样生机勃勃、强壮敏捷。在祭拜树木的时候，要举行一些简单的仪式，先让父母给孩子换上新衣服，然后抱到事先就选定好的大树底下，先在大树上洒一些酒，再让孩子向大树磕头。仪式结束后，要在大树周围编上栅栏，人们看到被栅栏包围了的大树，不管这一大树归哪个家庭所有，都不许砍伐。从此以后，这一家庭就与该大树接下了情缘，他们之间形成了相互支撑、相互保护的互动关系。如果他们祭拜对象为动物的，一旦祭拜哪种动物，那么这个人一生都不许猎取这一类的动物。❶ 普米族正是通过这样的一种方式，最大限度地控制了人们对自然界动植物的获取，有效平衡了人与自然的关系。

有的少数民族在祭拜"保爷树"时，还将婴儿的胎盘挂在大树上，认为胎盘作为婴儿身体的一部分，将之挂在树上，如同将婴儿的生命植入树木的生命里。例如，有的彝族支系，家里一旦生男孩，就使用糍粑对龙神树举行祭祀，如果生女孩，就挑一担水到龙神树下举行祭祀，祈求龙神树保佑孩子健康而快乐成长。有的彝族支系则祈求"灵树"保佑。婴儿出生后，父母就把胎盘装进一竹筒里，并使用棉布封住筒口，然后将之挂在一棵事先就选定好了的"灵树"上。这棵"灵树"就与孩子的命运紧紧联系在一起，任何人都不能对之破坏与砍伐。❷

---

❶　白葆莉.中国少数民族生态伦理研究［D］.北京：中央民族大学，2007：56–57.
❷　文山壮族苗族自治州民族宗教事务委员会.文山壮族苗族自治州民族志［M］.昆明：云南民族出版社，2005：122.

第七章　管理森林：制度规训与生态保护

西南少数民族对森林的管理，还有一套严厉的制度文化。人类社会这一复杂系统，是由各种制度化的要素所构成的。制度是社会群体在某种价值观念的需要下，在日常生活中自觉或不自觉建构起来的且具有相对稳定性的共同行为规范，这种行为规范对维系其社会运转起到了核心作用。

民间制度是相对于各类正式组织制定的制度而言的，是民间社会某一群体内部约定俗成、被群体成员一致认可并共同遵守的行为模式。❶很多民族都有一套自己的民间制度，这些制度无论在历史上，还是在当今社会都发挥着极其重要的文化功能。这些民间制度，诸如各民族传统习惯法、生活习俗、宗教信仰、民族禁忌等，都是其在长期的生产生活实践中不断地总结和积累起来的。在西南地区，各少数民族同样积累了丰富的民间制度，如苗族、侗族、水族等都有一套传统的习惯法，这些习惯法与森林资源的保护密切关联。

我国学界对习惯法的解释存在多种看法。吴大华对习惯法的概念如是界定，习惯法是"相对于官方法，自发产生于民间社会的，在人类长期生活中自然形成积累而成的，源于生存发展需要的行为规范"❷。周相卿认为"习惯法是存在于少数民族社会中，通过多种途径产生但非国家制定或认可的，有外部强制力或其他公认的强制力保证实施，与国家法多元并存的社会规范体系"❸。俞荣根将习惯法看成是"维持和调整单一社会组织或群体及成员之间关系的习惯约束力量的总和，是由该组织或群体的成员出于维护生产和生活需要而约定俗成，适用一定区域的带有强制性的行为规范"❹。

---

❶　马宗保.西北少数民族民间制度文化与生态环境保护［J］.内蒙古社会科学：汉文版，2011（1）：64-68.

❷　吴大华，等.侗族习惯法研究［M］.北京：北京大学出版社，2012：22.

❸　周相卿.中西方关于习惯法含义的基本观点［J］.贵州大学学报：社会科学版，2007（6）：13-19.

❹　俞荣根.习惯法与羌族习惯法［J］.中外法学，1999（5）：32-35.

第一节 碑刻中的习惯法与森林管理

历史上，很多民族都将重大事件刻于石碑上。碑刻一般包括碑、摩崖刻石、建筑刻石、墓志等。碑刻内容对我们今天做好社会治理与生态文明建设提供了一面可以借鉴的镜子。

碑刻中的习惯法内容大多涉及森林保护。历史上，森林在不同时期均遭到不同程度的破坏。从明朝开始，中央王朝不断地在滇黔地区设置卫所和驿路后，在数万大军进入西南地区的情况下，当地生态环境也遭受了不同程度的破坏。尤其是在明清时期，皇木采办在西南地区的设置，使该地区的森林遭到了严重的破坏。据有关历史文献记载，在嘉靖三十六年至三十七年（1557—1558 年），湖广、四川、贵州共采伐楠杉 11 280 株，15 712 根块，这当中围逾一丈和围逾一丈四五尺的大楠杉就分别为 2000 余株和 117 株。至万历时期（1573—1619 年），采办的数量更加惊人，光是万历二十四年（1596 年）采办的楠杉等木就达 5600 块，至三十六年（1608 年），数量已经高达 8000 多株，24 601 块。这几次采办的皇木达 44 913 块。❶ 在大量森林被破坏的情况下，当地少数民族保护生态环境的意识逐渐凸显，此时各种保护森林资源的习惯法的制定较之前更加完善。很多有关森林保护和管理的碑刻内容就是一个具体的表现。有研究者专门统计了云南澜沧江流域彝族地区的涉林碑刻共有 18 块。从立碑时间看，明朝有 2 块，清朝有 15 块，民国有 1 块。❷ 贵州少数民族地区涉林碑刻更加丰富，如贵州从江县高增侗寨，有一块碑刻于清康十一年（1672 年），该碑刻的很多内容明确了对森林的保护，当地村民一直以来严格遵照这些规定，使当地森林资源得到了很好的保护。该碑刻明文规定：

议砍伐山林，风水树木，不顾劝告，罚银三千文；议山场杉树，各有分界，若有争执，依据为凭。理论为清，油锅为止；议偷棉花、茶子，罚钱六千文整，

---

❶ 蓝勇.明清时期的皇木采办［J］.历史研究，1994（6）：87.

❷ 刘荣昆.澜沧江流域彝族地区涉林碑刻的生态文化解析［J］.农业考古，2014（3）：248.

偷堆柴、瓜菜、割蒿草，火烧或养牲践踏五谷，罚钱一千二百文整。❶

该碑刻内容严禁人们砍伐风水林和山界林等，若有违反，将罚银三千文，如有发生争论，难以判断时，最后将采取"捞油锅"审判方式进行。"捞油锅"是一种古老的神判方式。它的具体做法是，在社区寨老、头人或巫师等人的主持下，双方当事人当着众人将手伸进正烧滚烫的油锅里捞出某物件，物件通常为石块、斧头、金环、银圆、虎牙和鸡蛋等，如果手没有受伤的一方，就是有理的一方，反之就是理亏一方。历史上，"捞油锅"广泛流行于侗族、苗族、景颇族、佤族、傈僳族、阿昌族、怒族、独龙族等，在有关地方文献中都有记载。《沿河县志》记载："乡民被盗，凡家中进入人多，无从查实，便请巫师用桐油二斤入锅煎涨，随即诅咒。待油沸腾，凡同室之人以手入锅捞之，直者伸手入锅如常无恙；盗者近前，油即喷起，以手探之，即溃痛非常。此习乡民每多从之，被盗不明，动以捞油为说。俗谓之'抓油火'。"《南诏野史》也有记载："有争者，告天，沸汤投物，以手捉之，曲者糜烂，直者无恙。"又《镇远俯志》记载："黑苗性猜……如事涉暗昧难明，则'捞汤'。捞汤者，立大锅于野，高丈许，用柴数百担，以水和油及粟米、黄蜡等物件入锅，置铁斧其中，炽火令沸，呼天叫地，梯而上之，伸手入锅取斧出，以水沃手，验手之焦否为曲直。盖谓凭天断也。"❷ "捞油锅"神判，虽然是一种神灵观念，但它具有维系社会经济秩序、保持生态平衡的功能。

有的碑文除了规定禁止乱砍滥伐外，还涉及维护整个森林系统的内容。比较有代表性的是刻于清乾隆三十八年（1773 年）的黔东南州锦屏县文斗苗族村的"六禁碑"，该碑刻被誉为"民族环保第一碑"，是目前国内少数民族地区发现刊立较早的环保古碑，其碑文明文规定：

一禁：不拘远近杉木，吾等依靠，不许大人小孩砍削，如违罚银十两。

一禁：各甲之街日后分落、颓坏者自己修补，不遵禁者罚银五两，各兴众修补，留传后世子孙遵照。

一禁：四至油山，不许乱伐乱捡，如违罚银五两。

一禁：后龙之阶，不许放六畜践踏，如违罚银三两修补。

一禁：不许赶瘟猪牛进寨，恐有不法之徒宰杀，不遵禁者众送官治罪。

❶ 张子刚.《从江文史资料第七集——从江石刻资料汇编》（内部资料），2007 年。

❷ 丁世良，赵放.中国地方志民俗资料汇编：西南卷（下）[M].北京：书目文献出版社，1991：597.

一禁：逐年放鸭，不许众妇女挖前后左右锄虫蟮，如违罚银三两。❶

"六禁碑"对保护村寨环境和山林，禁止人们乱砍滥伐，以及对规范当地林业市场秩序都起到了重要的作用。在"六禁碑"旁，另有一块比"六禁碑"晚立12年的环保碑，该碑文专门对文斗村周边的森林管理作了具体规定：

此本寨护寨木，蓄禁，不许后代砍伐，存以壮丽山川。

文斗村碑刻上的习惯法内容对培养村民的生态意识影响深远，碑文成了当地生态伦理教育的一个重要内容。无论在家庭教育，还是在学校教育中，父母和老师都时常向孩子们讲解碑刻上的内容。文斗村小学校长姜丽春曾向有关媒体透露，学校平时会把村里的碑文和契约文书上的内容讲解给学生听，目的是让孩子们从小养成爱护大自然爱护树木的好习惯。❷通过世代生态伦理的教育，这里的村民更加爱护村寨周边的森林，尤其是对那些古树和名贵树木更加珍爱。文斗村的森林覆盖率在70%以上，保留有700多棵百年古树，其中有近百棵国家重点保护的野生红豆杉、银杏树等。2004年，文斗村群众还自发筹集了绿化基金，村里还出台了一项新举措：栽一棵银杏、红豆杉、香樟等"国宝树"，奖励50元。几年来，村民们已在村寨周围种植了1000多棵"国宝树"，其中870多棵已经存活。2001年，文斗村在修建公路时，本应砍掉一些红豆杉，但为了保护这些树木，他们宁可绕道开辟公路，也不愿意砍伐这些树木。修建公路也因此而拖延了工期，直至2010年才正式修通。❸

有的碑文禁止乱砍滥伐源自于风水观念。由于风水中讲究金、木、水、火、土相生。因此，保护植被也就成为人们的一种环保实践。例如，黔东南州黎平县潘老乡长春村于同治八年（公元1869年）立下禁碑规定：❹

吾村后有青龙山，林木葱茏，四季常青，乃天工造就之福地也，为子孙福禄、六畜兴旺、五谷丰登，全村聚集于大坪饮生鸡血酒盟誓，凡我后龙山与笔架山一草一木，不得妄砍，违者，与血同红，与酒同尽。

该碑文所指的"青龙山"就是长春村的龙脉，为了保护这山上的林木，全村人曾集中在一块平坝上"喝鸡血"。"喝鸡血"是一种发誓行为，如果某一村寨

---

❶ 张子刚:《从江文史资料第七集——从江石刻资料汇编》(内部资料)，2007年。

❷ 王远白.锦屏文斗村：三百年"礼法社会"[N].贵阳日报，2010-01-06.

❸ 邱存双，吴育瑞.文斗苗寨纪行[N].贵州日报，2014-05-16.

❹ 刘启仁.黔东南苗族侗族自治州志·林业志[M].北京：中国林业出版社，1990：161.

或某一家族，甚至是两个人之间，为了达成某一协议或约定，并使这一协议或约定得以长久维持，那么就采取"喝鸡血"的方式进行发誓。另外，"喝鸡血"也是一种神判方式，如果出现一些疑难案件难以判定，那么可通过"喝鸡血"的方式来处理纠纷，当事人之间都"喝鸡血"后，理亏一方自然会面临一些灾难，严重的还会出现死亡。无论是何种缘故"喝鸡血"，其基本做法是，在巫师的主持下，将一只公鸡杀死后，把鸡血滴到盛有酒的碗里，喝鸡血者要事先跪于地上发誓后，才将鸡血酒饮下。石启贵在其《湘西苗族实地调查报告》中也对"喝鸡血"的做法进行了描述："用大雄鸡一只及酒一碗，原被两告齐跪神前，俯伏祷断。所谓神者，系指鸭溪天王神。一般人证，参加其间，燃烛烧香，各诉情词。诉毕，砍断鸡头，滴血酒中，争端当事者饮以盟心，并盟誓曰：受冤者吃发吃旺，冤枉人者断子绝孙。"❶"喝鸡血"被引入森林保护之中，说明人们宁愿冒着生命危险，也要维护森林资源。

此外，黔西南州兴义市"绿荫乡规民约碑"也源自风水观念。该碑立于咸丰五年的兴义市，碑文充分反映了当地村民在当时就高度重视森林植被，深刻认识到森林植被对生态环境保护的重要性。该碑刻规定：

然山深必因乎木茂，而人杰必赖乎地灵。以此之故，众寨公议，近来因屋后两山牧放牲畜，草木因之濯濯；掀开石厂，巍石遂成嶙峋。举目四顾，不甚叹惜……在后龙培植树木，禁止开挖，庶几，龙脉丰满，人物咸宁。

源于风水观念的碑刻习惯法，还见于云南少数民族地区。云南有关林业的碑刻十分丰富。据不完全统计，云南省共搜集、发掘和整理了198块林业碑刻。这些碑刻的内容大致可包括美化自然环境、绿化秀美山川、造林植树、护林禁伐、封山育林、山林权属界址、颂扬古树名木、采伐珍稀古树、保护鸟兽、树木与奇花异草、木材运输、林业人物业绩等内容。❷其中，有的碑刻明文规定的禁止乱砍滥伐内容，也源自于风水观念。如清代云南的禁伐碑刻规定：

尝闻育人材者，莫先培植风水；培风水者，亦莫先于禁山林。夫山林关系风水，而风水亦关乎人材也。爰稽我寨，世居此土，前者人文蔚起，物亦繁昌，盖因林木掩映，山水深密，而人才于是乎振焉。今者人文衰败，物类凋零，此皆无耻之徒不知山林所系风俗、人才之攸关，而斧斤时入，盗砍前后左右山树株，则

---

❶ 石启贵.湘西苗族实地调查报告［M］.长沙：湖南人民出版社，2008：544-545.
❷ 李荣高.以史为鉴 绿我山川——古代林业碑碣对云南绿化的启示［J］.云南林业，2013（2）：60-61.

树株败而人杰地灵亦因之违遭焉。❶

该碑文体现出了"禁伐森林——保护水源——教育人才"的递进因果逻辑关系。风水观念，首先是处于信仰上的需要，但在实践中却转化为社会所需求的人才培育，进而要求通过蓄养林木的方式来培植风水，最终满足社会的需求。❷风水观深入人的认知心理，进而转化为一种环保意识。

有的碑文内容不仅与风水观有关，而且还强调了森林对涵养水源的重要性。如立于清乾隆四十六年（1831年）的云南楚雄市紫溪山的《鹿城西紫溪封山护持龙泉碑》就有规定：

大龙等水所从出，属在田亩，无不有资于灌溉。是所需者在水，而所以保水之兴旺而不竭者，则在林木之阴（荫）翳，树木之茂盛，然后龙脉旺相，泉水汪洋。近因砍伐不时，挖掘罔恤，以致树木残伤，龙水细涸矣。❸

云南澜沧江流域发现的几块碑刻也都阐述了保护森林对涵养水源的重要性。如《弥祉八士村告示碑》内容如下：

弥祉太极山老树参天，泉水四处，左有雾果箐，右有仓房箐，中有绕香箐，其水源灌溉全密，其余注溢弥渡，千家万户性命，千万亩良田其利溥矣。❹

有的少数民族对幼林的保护更加重视。白族对童树十分爱护，在他们的碑文中明确规定，对砍伐童树者要进行重罚。清道光二十一年（1841年），云南大理剑川县沙西北半山区石头村白族刊刻在本主庙殿庑主山墙上的《蕨市坪乡规碑》规定：

若乱砍山场古树和水源树，一棵罚钱一千；砍童松者处以重罚，拿获砍童松一棵者罚银五钱。❺

白族人认为，童树如同儿童一样，其生命都比较脆弱，需要更多人加以关爱与保护，体现了白族人更加注重对弱小生命的关照。

涉林碑刻有利于培养公共生态意识。有研究者专门对出现涉林碑刻地区的森林资源进行调查，得出的结论是这些地区的森林覆盖率普遍都较高，生态环境总体较好。例如，在云南澜沧江流域，《者后封山育林碑》所在的景东彝族自治县

❶ 《告白》，道光四年立石，碑现存广南县旧莫乡基底村。
❷ 周飞.清代云南禁伐碑刻与环境史研究［J］.中国农史，2015（3）：90-100.
❸ 曹善寿，李荣高.云南林业文化碑刻［M］.潞西：德宏民族出版社，2005：157.
❹ 曹善寿，李荣高.云南林业文化碑刻［M］.潞西：德宏民族出版社，2005：516.
❺ 曹善寿，李荣高.云南林业文化碑刻［M］.潞西：德宏民族出版社，2005：352－354.

文井镇的森林覆盖率达 69.0%,《永垂不朽碑》《植树碑》所在的镇沅彝族哈尼族拉祜族自治县的森林覆盖率达 66.7%,《来凤蹊合村告白护林碑》所在的宾川县拉乌彝族乡的森林覆盖率高达 92.0%,《永远护山碑记》《永卓水松牧养利序》两块护林碑刻所在的大理市下关镇的森林覆盖率达 88.0%,《封山禁牧碑》所在的巍山彝族回族自治县南诏镇的森林覆盖率达 65.0%,《弥祉八士村告示碑》所在的弥渡县弥祉乡的森林覆盖率达 72.8%,《东山彝族乡恩多摩乍村护林碑》所在的祥云县东山彝族乡的森林覆盖率达 85.44%。❶ 这些涉林碑刻潜移默化地推进了当地群众公共生态意识的形成。

第二节　文书契约中的责任伦理与森林管理

在西南地区,契约文书中涉及森林管理方面的内容非常多,单从清水江文书来看,就涉及丰富的森林管理方面的知识。清水江文书,乃至整个湘黔桂毗连地带各民族传统的无文字的契约形式与今天我们所看到的使用汉字记录的契约文书在精神实质上是相一致的。契约文书是当地社会习惯法的一种演变形式,它起到规范当地伦理道德、维护社会秩序和生态环境的作用,对于今天我们所倡导的生态文明建设有积极的意义。

明代以降,贵州清水江流域丰富的木材资源为国家建设和社会发展提供了大量的木材。清水江文书是人与自然和谐共处高度智慧的载体,是环境保护、人类可持续发展研究不可多得的材料。❷ 对清水江文书的收集整理,以贵州省锦屏县为最早,学界最初称之为"锦屏林业契约",它是指明清以降西南地区以贵州省清水江流域锦屏县为中心的苗、侗等民族,在长期从事混农林生产中所形成的、以山林契约为主的、记录当地苗族和侗族的生产生活与社会发展状况并具有明显的林业特征和生态实践特点的文本。它的作用主要是明晰人们在林业经济活动中的权利与责任,规范人们的行为,调整人们的经济利益关系和维护人们的合法利益。

---

❶ 刘荣昆. 澜沧江流域彝族地区涉林碑刻的生态文化解析 [J]. 农业考古,2014(3):252.

❷ 张昇莲. 论锦屏文书的特点与价值 [J]. 档案学研究,2011(6):93.

一、清水江文书形成的社会基础

清水江文书大都为"白契"，即没有官方印鉴，是一种民间私下签订的契约。有学者统计，清水江下游，即黔东南地区的文斗寨、魁胆寨、岑梧寨、乌山寨、坪地村、关蒙寨等"白契"所占比例都在95%以上。[1]如此之多的民间契约之所以得到有效的遵守和执行，其主要原因来自于乡民社会习惯法的根深蒂固。他们本身所具备的一套完备的契约制度保证机制，对契约的设置与执行均起到支撑作用。[2]

目前，我们所看到的清水江文书的文本都使用汉字书写，其形成绝大部分是在明清以后，文书的表达形式、格式和惯例差异不大。正因如此，有的研究者认为清水江文书是汉文化进入这一流域之后才发明起来的。例如，杨有赓认为，清水江下游群众使用汉文字书写土地山林买卖契约，是他们汲取先进汉文化的显著标志。[3]徐晓光认为，苗、侗民族借助内地汉族地区土地买卖中定型的契约形式，是较高势能的内地法律文化向民族地区流动，国家法和汉族地区民间法文化向这一地区的浸润。[4]还有的研究者将清水江文书与徽州文书作比较研究，并认为这两者整体上大致相同，均继承和吸收了中原契约文书的基本要素。[5]这种认识，是将清水江文书看作汉文化传播过程中的一种次生产物。但实际上，清水江文书的形成应该与其社会基础，尤其是乡民社会中的习惯法有必然的联系。

早在宋代，就有人记录了清水江流域，乃至湘黔桂毗连地带的有关民间契约形式。例如，朱辅所著的民族志典籍《溪蛮丛笑》就有"木契"的记载："刻木为符契，长短大小不等，冗其傍，多至十数，各志其事，持以出验，名木契。"另外还有"门款"的记载："彼此歃血为盟，缓急相援，名门款。"门款虽为一种口头契约，但各盟友都必须遵照执行。周去非所著的《岭外代答》也记载："瑶人无文字，其要约以木契。合二板而刻之，人执其一，守之甚信。若其投牒于州县，亦用木契。"《岭外代答》还记载："史有款塞之语，亦曰纳款，读者略之，盖未睹其事。款者誓词也。今人谓中心之事为款，狱事以情实为款。蛮夷效顺，

---

❶　刘亚男，吴才茂.从契约文书看清代清水江下游地区的伦理经济［J］.原生态民族文化学刊，2012（2）：38.

❷　罗康隆.从清水江林地契约看林地利用与生态维护的关系［J］.林业经济，2011（2）：14.

❸　杨有赓.清代苗族山林买卖契约反映的苗汉等族间的经济关系［J］.贵州民族研究，1990（3）：116.

❹　徐晓光.清水江流域林业经济法制的历史回溯［M］.贵阳：贵州人民出版社，2006：1-5.

❺　栾成显.清水江土地文书考述——与徽州文书之比较［J］.中国史研究，2015（3）：186.

以其中心情实发其誓词，故曰款也。"❶周去非所指的"款"，即为"誓词"，是一种以口诵的方式来规约盟人之间的权责关系。这些对无文字的契约形式的记载，已经表明了在清水江流域，乃至整个湘黔桂毗连地带的民族地区，历史上就已经出现了非常原始的契约形式。

使用汉文字记载的契约文书只是原始契约形式的一种延续。刘锡蕃著作《岭表纪蛮》所详细描述的"木契"和"草契"，以及反映"字契"在地方社会中所存在的弊端，能够证实这一观点。他在该著作中提到蛮人的"木契""草契"和"字契"。其中，"木契"方法为："如甲典卖某种物业与乙，则以其中指骨节为标准，砍木为痕，以授于乙。此痕最要点，必须与骨节横纹之距离相同，日后如果发生轇轕，比痕无讹，则其人应受严厉之惩戒。刻画指痕之外，仍须另画若干痕点，表明卖价及物数若干。然后中剖为两，各执其一，买者得左半，卖者得右半，此为双方之交易上之必要手续，蛮人对于此等手续，称之为'砍木刻'。""草契"的方法为："如甲向乙告贷银款，即以草本准银一两，取而结之；五两结草五本，十两结草十本，凭中以授于乙。数多者，照数结草或'砍木刻'与之。"该记载表明了"木契"和"草契"是蛮人最为常见的两种契约形式，即使"不结草，不刻木，只凭中人授受者，亦绝少发生意外"。而"字契"则出现较晚。该书记载："獞峒猺峒各族，近已书立字契，'砍木刻'之俗，已无所闻。惟苗山区域，所居无论苗、猺、㑇、獞，多以木刻结草为契约。其交通较便之区，间或改用字契，然纠纷每多发生于字契之中……代笔者，多为汉人，此等汉人，大都无聊之极，不容于乡土，乃流落苗山，以敲诈为生活者，故苗人每被愚弄。一苗老告予：'吾能识木刻，而不能识字；由木刻而发生的争论，凡属苗、㑇民众，类能分判曲直；若为文字，不止公断无人，赴愬于长官，或反遗无穷之累'……"❷

从刘锡蕃所记载的内容来看，确实可以证明在湘黔桂毗连地带出现"字契"之前，就已存在各种原始的契约形式。只是在汉文化传入该区域之后，当地社会才逐渐借用汉字来记录契约关系，且使用"字契"在当地社会还出现了一个适应的过程。但无论是"字契"，还是传统的"木契"和"草契"，它们本质上是一致的。

此外，诸多民族志所记录的清水江流域，以及湘黔桂毗连地带各民族习惯法的资料，如"议榔制"中的"栽岩议事"也是一种盟约形式。"栽岩"历史悠

❶ 周去非.岭外代答：蛮俗门［M］.北京：中华书局，1999：426.
❷ 刘锡蕃.岭表纪蛮［M］.台北：南天书局，1987：103–104.

久，在《清史稿》中就有张广泗与归降的丹江鸡讲五苗寨，饮血刻木，栽岩为誓的历史记载。❶《清实录·乾隆实录》也有记载：清乾隆元年（1736年）贵州经略苗疆总督张广泗上疏说："苗民风俗与内地百姓迥别，嗣后一切自相争讼之事，但照'苗例'完结，不必绳以官法。"这当中的"苗例"指的就是苗族的习惯法，"栽岩"显然就是"苗例"的一种。有学者根据这一历史记载而认为，"栽岩"早在清乾隆年间之前就已盛行。❷"栽岩"誓约在贵州、广西所辖的月亮山区较为盛行，当地苗族一旦立法，就召集相关村寨的寨老聚集起来，杀牛祭神后，在一块地上埋上一块石头，俗称"栽岩"或"埋岩"，然后口头宣布榔规，凡是涉及整个村寨或多个村寨的权利义务的时候，都必须集中起来以"栽岩"为依据。20世纪80年代，贵州省民族研究所在贵州月亮山计划公社的调查中，就对当地苗族的"栽岩议事"进行了详细的记录。当地"栽岩议事"主要有四种情况：一是每个村寨单独栽岩议事，二是几个临近的小村寨联合栽岩议事，三是几个邻近的大村寨联合栽岩议事，四是整个计划公社一带联合栽岩议事。❸在苗族的一些古歌中也有关于"栽岩"的记载，如"做栽岩才稳定地方，做栽岩才丰衣足食"的说法就流传在月亮山一带。

在清水江文书中，有的在引用汉字书写契约文书的同时，虽然立了字契，但有时候还同时使用传统的"埋岩"方式，这表明在一段时间里契约文书与传统的习惯法的表达方式并行且互相兼容。如下一条契约文书就表明了这一历史事实。

契❹：

为因党东凤形风水一宝，界至未分，近日与本寨姜佐与廷芳之模等争持，当即请中理请二彼自愿和息，凭中将此风水中间埋岩分定名下三人，占下绝姜佐与等，占上绝从今分派已定，日后各葬各穴，占下者不许葬上，占上者不许葬下，如有强葬，任凭执字送官，今欲有凭立此合同一纸，各执一纸张存照。

凭中：姜成凤等
代笔：龙本拯
嘉庆二十二年十二月十二日

---

❶ 赵尔巽，等.清史稿［M］.北京：中华书局，1977.
❷ 李干芬.融水苗族"埋岩"习俗谈［J］.广西民族研究，1997（4）：90.
❸ 贵州民族研究所：《月亮山地区民族调查》（内部资料），1983：236-253.
❹ 张应强，王宗勋.清水江文书：第一辑［M］.桂林：广西师范大学出版社，2007：151.

该契约文书于嘉庆年间签订，其内容是三人为因风水宝地之分而签订契约，契约的方式不仅采取了当时流行的"字契"，还在文书中明确采取"埋岩"的方式，并举行相关仪式，对各方进行约束。该文书正是表明了在一段时间里，传统的"埋岩"契约形式与当时流行的"字契"并行不悖。

综上，清水江文书，乃至整个湘黔桂毗连地带各民族传统的无文字的契约形式与今天我们所看到的使用汉字记录的契约文书，均出现在同一区域中，其空间是重叠的。契约文书是当地社会习惯法的一种演变形式。远古的使用符号记录的诸如"草契""木契""埋岩"等契约形式，与今天看到的契约文书在精神实质上相一致，它们都起到规范当地伦理道德、维护社会秩序和保护生态环境的作用。

二、清水江文书蕴含的情感生态学理念与林业管理

在清水江文书发现之初，学界之所以将其称为"锦屏林业契约"，主要原因是其内容大多涉及林业经营方式，从目前所发现锦屏县等清水江中下游地区的文书来看，有70%左右的文书反映的是林业方面的内容。[1] 但今天对清水江文书的研究已远远超出了林业契约的范畴，它还涉及解决民间纠纷、土地制度、租佃关系、宗法制度、里甲制度、土司制度等。不过林业经营方式一直是学界所重点关注的内容。既然清水江文书的主要内容涉及林业经营方式，那么其所蕴含的生态伦理也就值得我们重点关注。

在清水江流域，村落空间的布局往往嵌入情感生态学的思想，这表现在他们对神树的崇拜上，也有的人将之理解为一种风水观念。在这一流域中，神树是村落空间的一个重要元素。这些神树分为"保寨树""龙脉树""风景树""保爷树"等。每逢佳节，村民都会祭拜这些神树。神树对他们来说，能保护人们的安康，是不可侵犯的。关于这些神树都流传有一些神话故事，体现出了自然中的审美价值。传说清水江上游的重安镇枫香革家寨旁边的两棵樟树曾是两个美男子，前往十几千米之外的凯里市龙场镇一带与当地的女孩谈恋爱，在与对方谈恋爱之时，他们都要赠予女孩一张手绢作为信物。一天，获得手绢的两个女孩主动前来枫香寨寻找她们的心上人，当她们来到枫香寨时，发现有两棵大樟树上分别挂着一张

---

❶ 王宗勋.浅谈锦屏文书在促进林业经济发展和生态文明建设中的作用 [J].贵州大学学报：社会科学版，2012（5）：5.

手绢，且与她们所获的手绢一模一样，这时才发现她们所爱上的美男子是这两棵樟树所变。这一故事在当地传开后，枫香寨及其周边村寨均将村落旁边的樟树作为神树来看待，再也不敢砍伐。这一类似的传说还出现在侗族地区，如在黔东南州的一些侗族村寨就流传有"古树管村，老人掌寨"的说法，他们将村头寨尾的大树看作地脉龙神。

为了维系人与自然之间的情感关系，清水江流域各民族通过制定习惯法来加以巩固，并通过碑刻的方式表达。有研究者对黔东南州的锦屏、天柱、凯里、剑河、黎平、台江、麻江、三穗等县市涉及林业经营的碑刻资料进行收集整理发现，碑刻的类型主要有风水林、经济林、风景林、桥头林、寺庙林、祭祀林、蓄水林、纪念林、墓冢林、保寨林等。碑刻内容多涉及封山育林、农田水利保护、风水保护、经济林和用材保护等方面。[1] 这当中，对破坏风水林者，所受到的惩罚程度比较重，有的除了罚银两之外，还要送官究治。例如，乾隆三十八年（1773 年），天柱县坌处镇大冲村曾因李、谢两姓之间出现砍伐风水树而诉诸官府判决立了"遵批立碑万代不朽"碑。[2] 道光八年（1828 年），黎平县南泉山"公议禁止碑"规定：坟墓周围所有大小树木均不能砍伐，山中树木是为培植风水所用，不准砍伐，若有违反，送官究治。[3] 立该碑刻是为了保护寺庙以及祖坟周边的风水林。这种人与自然之间情感关系的构建，是当地民族一种原始思维的表达方式，在他们的契约文书中也得到了充分的体现。

从契约文书的内容来看，有一部分涉及对神树的崇拜，很多文书记录了不允许砍伐风水林、不许开荒龙脉等规约。清水江文书的精神实质来源于其日常生活中的习惯法、宗教信仰等，表现出一种人与自然的情感关系。在此仅举一份文书为例。

契[4]：

立分封禁合约字人加池姜恩照、恩瑞、显国等，岩湾范镜湖、本秀、兴荣、炳廷、张正兴等，情因我两寨龙脉，来自银广坡与塘东，中仰文斗，分而后到头

❶ 李鹏飞.清水江流域林业生态保护中的奖惩机制——以林业碑刻为研究文本［J］.农业考古，2014（6）：215.

❷ 李斌，吴才茂，龙泽江.刻在石头上的历史：清水江中下游苗侗地区的碑铭及其学术价值［J］.中国社会经济史研究，2012（6）：30—36.

❸ 黔东南苗族侗族自治州地方志编纂委员会.黔东南苗族侗族自治州志·林业志［M］.北京：中国林业出版社，1990：292—293.

❹ 张应强，王宗勋.清水江文书：第一辑［M］.桂林：广西师范大学出版社，2007：68.

一节即松诸岗，中抽一脉，出里丹下黄土坳，遂起一峰报皆绞，由此峰分下两寨，以结为我数百家之阴、阳两宅。我等先人于斯聚族安居，竹见人丁鹊起矣然。松诸岗为我两寨之太祖山，报皆绞之，雄峰为少祖山，一起一伏，中间盘绕数峰。虽是我等地殿，诚恐百十年后，人有不肖，暗起谋心，或挖断龙脉，或偷葬后龙，或截断靠山等事，为此立分封禁合约，凡松诸岗以报皆绞之，正龙傍脉，靠山过峡，无论哪寨哪人，均不许偷葬、挖断、截断。倘有哪寨哪人，不遵封禁议条，明知故犯者，即任两寨人等扭捆，送官惩治。立封禁之后，各守条约为要，恐口无凭，立此封禁为据。合约二纸，岩湾范镜湖存第一纸，池姜恩瑞存第二纸。

同治五年三月十六日

刘洪兴笔立

该契约文书，看上去是当地民族风水观念的一种表现。但实际上，这种风水观是他们情感生态学的内涵。当地村民将其所处的生态环境视为神圣的空间，进而加以崇拜，而实现对生态环境崇拜的前提条件是他们对自然环境赋予情感关怀。清水江契约文书所蕴含的情感生态学，有效控制了人与自然之间的交往所产生的"额外压抑"。

三、清水江文书蕴含的责任伦理观与林业管理

生态伦理学需要思考的一个重要问题就是在商业活动中，如何协调好各方的权利与义务，以及相关利益。这种人与人之间的关系，也可以拓展到人与自然之间的关系。而要维系这样的关系，责任伦理至关重要。罗尔斯顿在讨论商业与环境的伦理问题时指出，环境事务所涉及的道德责任非常复杂，他所提出的"不推诿责任准则"❶就强调了环境问题的复杂性不能被用作推迟负责任或违反法律时的避风港。而汉斯·约纳斯所提出的责任伦理学，对于我们理解清水江文书中所体现的在商业活动中如何明确各方的责任，共同维护森林资源，具有很大的启发意义。

约纳斯基于现代科技活动对社会所产生的危险性提出了责任伦理学。古代技术活动在伦理上应该是属于中立的，它对大自然的冲击是相对较小的，不足以对作为整体的自然秩序产生破坏，但现代技术的发展与人的行为性质的改变对自

---

❶ 霍尔姆斯·罗尔斯顿.哲学走向荒野［M］.刘耳，叶平，译.吉林：吉林人民出版社，2000：296-301.

然环境形成了挑战。约纳斯将责任伦理分为形式责任与实质责任、相互性责任与非相互性责任、自然责任与契约责任等几种类型。在人类和自然正面临"额外压抑"的当今社会，责任伦理可作为一种控制这种"额外压抑"的力量。它与那种无视人类及自然未来命运的发展观势不两立，对今天的生态文明建设提供了理论支撑。

从清水江文书的结构来看，其最大的特点就是签订契约双方的责任非常明确，各种权利与义务都做了清晰的表达。就林地产权而言，契约双方的责任都做了详细的规定，林地产权的归属问题表达得非常清楚。而林权产权的清晰，为维护林业生产稳定运行提供了制度保障。这种商业活动中的责任伦理观，实际上与其社会结构密切关联。我们都知道，清水江流域的大片区域，在明至清初，仍属于所谓的"生苗"区。田雯在其《黔书》卷一中说："何为生苗？定番之谷蔺、兴隆、清平、偏桥之九股，都匀之紫姜、夭坝、九名九姓，镇远之黑苗，铜仁之红苗，黎平之阳罗汉苗……是也。"如按此划分，今贵州省镇远、黄平、施秉、黎平、惠水、都匀、铜仁等地都属于"生苗"范畴。❶ 在明朝之前，王朝统治力量所达"生苗"区比较有限。到明末时期，王朝统治力量所达也仅及清水江流域东部和北部的边缘地区。❷

这些"生苗"地区在"改土归流"之前，其社会政治处于一种"有族属""无君长""不相统属"之状态。其社会的运转主要是依靠自我治理，以及强大的族群内部的内聚力。詹姆斯·斯科特在讨论东南亚乡村社会的风险保障时就指出，生存伦理的社会力量对穷人的保护，会因不同的乡村和地区而产生不同的作用，在传统的乡村形势发展良好且未受殖民主义破坏的地方，其力量最为强大，反之则为弱小。这说明那些自治程度高、内聚力强的乡村，生存保障就可靠。❸ 这一观点，恰好可以说明在清水江流域，林业类契约文书之所以得以遵照执行，除了以上所提到的宗教信仰、习惯法等因素之外，另外一个重要的原因来自于其社会结构的特点。而这种高度自治的社会结构，其前提条件是必须具备责任伦理的社会生态。

---

❶ 孙秋云.核心与边缘：18世纪汉苗文明的传播与碰撞［M］.北京：人民出版社，2007：63.

❷ 张应强.木材之流动：清代清水江下游地区的市场、权力与社会［M］.北京：生活·读书·新知三联书店，2006：19.

❸ 詹姆斯·斯科特.农民的道义经济学：东南亚的反叛与生存［M］.程立显，刘建，等译.南京：译林出版社，2011：51-52.

从以往我国林权制度改革的历程来看，一个最大的任务就在于解决林权—林地产权的归属问题，因为林地产权制度与生态保护具有直接的关系。中华人民共和国成立以来，我国集体林权主要经历了从私有到公有，又从公有转向私有的改革道路，历经了"分山林到户""山林入社""山林集体所有、统一经营"，以及"林业三定"等不同的阶段。但每一次改革，都没有彻底解决产权的问题，即林地产权不明晰、使用权不完善、处置权不完整、收益权得不到保障等问题，由此导致林权争议和边界纠纷难以遏制，使国有（自然保护区、国有林场）森林、林木和林地与村集体、村民的纠纷更为突出。而林地产权不清，直接导致了林业管理的效果。

然而，从清水江文书所反映的林地产权来看，其林业经济活动中的权利却非常明确。林业类契约文书大致可分为山林土地所有权买卖活动文书、林业管理文书、佃山造林合同文书、林业纠纷调解和诉讼文书、林业产品经营和利益分成合同文书等。从其分类来看，文书的最大功能之一就是更加能够明晰人们在林业经营活动中的各种权利与义务，这大大提高了林业管理的效果。我们可从以下一些不同类型的契约文化中去加以分析。

契❶（山林土地买卖的契约文书）：

立断卖山场杉木约人岩湾寨范咸芳、文龙兄弟二人，为因缺少钱用，情愿将山场杉木一块，坐落地名乌干崇，此山木界至上凭田，下凭岩洞，左凭冲，右凭冲，四至分明。凭中出卖与加池寨姜佐章名下承买为业。当日凭中议定价银十九两三钱正，亲手收回便用。自卖之后，买主修理管业，卖主房族兄弟以及外人不得异言争论，倘有此情，卖主一力承当，无与买主□□。欲后有凭执约存照。

凭中：姜起龙、范镇远、三蔼

代书：范文玉

乾隆五十四年三月十八日立

该契约应属于山林土地买卖的文书，从其内容来看，卖方所卖的山林土地地名为"乌干崇"，山林的"四至"已明确标出，买卖双方的权利与义务，以及事后追责等事项都已有明确的规定。

契❷（佃山造林类契约文书）：

---

❶ 张应强，王宗勋．清水江文书：第一辑［M］．桂林：广西师范大学出版社，2007：3.

❷ 张应强，王宗勋．清水江文书：第一辑［M］．桂林：广西师范大学出版社，2007：65.

　　立佃字人本寨王玉山，今佃到姜凤仪、恩茂、恩瑞伯侄山场壹块，地名皆陋觉，此山界址，上凭贵生之共山，下凭大荣、明高、买主、贵生之山，左凭小冲，右凭山主之山，四至分清。今佃与王玉山种粟栽杉，日后木植长大成林，五股均分，地主占三股，栽手占贰股。倘有不成，栽手全丢分股，如果成土后，卖之时，先问地主后问他人，不准妄卖，恐后难凭，立此佃字为据。

　　……

凭中：姜克顺
光绪五年正月二十六日　立

　　该契约文书，除了明确山场的地名、四至、中介外，还规定了佃者对山林的使用，即为"种粟栽杉"，也即是一种"林粮间作"，而且对今后林业成果的利益进行了分配，"地主"和"栽手"分别占三股和二股。如果栽不成林，那么"栽手"就不能获得股份。佃主与佃者双方所负的责任有明确分工。这种契约关系，能够有效地激励"栽手"负责任地精心管理林地，大大地提高了林业管理的效果。

　　以上所列举的两种类型的契约文书中，涉及的内容非常丰富，包括山林土地的地名、四至、包含物、因由、中证、中介、价格、所栽树种、林粮间作、双方的权利与义务、事后追责及其他需要说明的事项等，对利益方面的规定也十分翔实。因此，有研究者指出，20 世纪 80 年代以来，政府部门所颁发给林农或集体的"山林管理证"和"林权证"都没有"山林土地买卖的契约文书"的内容具体周全，集体与集体、集体与个人、个人与个人所签订的造林合同也没有"佃山造林类契约文书"细致。[1]清代之后，清水江流域的木材贸易逐渐繁荣，当地社会可通过人工造林来获得经济利益。这就决定了当地出现"土地兼并"的现象，只有少部分人拥有大片山场，那些没有山场的人则只有通过佃山来造林。在佃山造林的活动中，只有双方都能各负其责、信守承诺且密切合作，山场才能得以较好地垦殖，林木才得以较好地护理。然而，也有极少数人不负责任、不遵守诺言，有的山场主违背佃约而克扣佃户所获的林木收益，也有的佃户仅图林间杂粮，缺乏对幼林的照料，导致山主的土地效益未能充分发挥。[2]而契约的严肃性，必须

---

❶　王宗勋.浅谈锦屏文书在促进林业经济发展和生态文明建设中的作用［J］.贵州大学学报：社会科学版，2012（5）：70-75.

❷　王宗勋.浅谈锦屏文书在促进林业经济发展和生态文明建设中的作用［J］.贵州大学学报：社会科学版，2012（5）：70-75.

依靠所有权的稳定性来实现，在林权改革中清水江契约文书在确认土地所有权上起到积极作用，尤其是在林业确权、防止纠纷工作中所发挥的作用更大。❶清水江文书所反映的责权明晰的运转机制和重诚守信经营规范，为我们今天的生态文明建设提供了可靠的方法途径和牢固的心理认同基础。❷

清水江文书的形成，来自于其牢固的社会基础，尤其是与其习惯法密切关联。而清水江流域各民族的习惯法本身就蕴含着丰富的生态伦理思想，这种生态伦理思想本身就是一种协调人与自然之间和谐关系的理念，它把人与自然的交往中所产生的"额外压抑"限制在一个有效的范围内，这对于今天我们所倡导的生态文明建设起到非常重要的启示作用。

第三节　乡规民约中的习惯法与森林管理

乡规民约是国家法律的一种补充形式，也是少数民族的一种习惯法文本，其书写文字均为汉字，行文方式有的按照古文格式，也有的按照现代汉语及条例格式。不仅有横排的，也有竖排的。其内容不仅具有法的权威性，也具有社会约束力。在西南少数民族地区，这些文本涉及森林保护的内容非常丰富。

历史上，这些乡规民约中的习惯法对森林管理极其严格，惩罚措施相当严厉，若谁违反相关制度，将付出沉重代价。森林覆盖率高与有效的森林管理制度密切相关。乡规民约对森林的管理，在地方社会具有很强的嵌入性，地方社会的治理离不开社区的头人、寨老等权威。森林管理相关制度的有效运转主要依靠社区权威，而乡村社会结构的稳定性确保了传统权威的功能转化，这就决定了乡规民约这一传统制度得以稳定地发挥作用，其结果是森林资源得到了有效的保护。

森林覆盖率高，往往与当地社会习惯法制度的完善有直接的关系。武陵山区森林覆盖率一直都比较高的一个重要原因是，当地少数民族，尤其是土家族早就形成了一套完整的保护森林的乡规民约制度。这些制度形成的社会基础是地方社会的宗族村社制。例如，湘西土家族苗族自治州的永顺县塔卧镇仓坪乡那西村

---

❶　徐晓光."清水江文书"对生态文明制度建设的启示［J］.贵州大学学报：社会科学版，2016（2）：105-113.

❷　吴声军.清水江林业契约在生态文明建设中的价值［J］.贵州民族研究，2016（1）：188-193.

的瞿氏宗族在土家族中算是一个中等的宗族，宗族组织在该社区运行中发挥了关键作用，其族规家训就有明确规定："在使用大自然时，个人不需要时，要留给公用，不能独个占有。"该条族规家训被利用到森林资源的保护之中。目前，那西村还有大量的作为公用形式的森林资源。当地村民规定，那些暂时用不到的树木，要以本宗族名义进行保护，若砍伐须得到全族人的同意。❶ 可见，土家族宗族村社制中孕育着可贵的生态环保意识。

传统社会组织对推动森林管理制度的发挥也具有十分重要的作用。武陵山脉主峰梵净山下的贵州江口县土家族具有悠久的传统社会组织，主要有"合团""乡约""家族""宗族"4个组织。通常情况下，"合团"组织由一个或数个以上的"乡约"联合组成，"乡约"由几个"家族"联合建成，而"家族"则由几个"宗族"组成。每一个组织都有首领，其中，"合团"首领称为"团首"，"乡约"首领称为"客总"，"家族"首领称为"寨老"，"宗族"首领称为"族长"。每一个组织领导机构称为"议事会"。"合团"组建时，要开全体成员大会，叫"开团"，届时要设香案，供奉"关公"牌位，全体成员要烧香化纸，顶礼膜拜，且共饮鸡血酒宣誓"有福同享，有难同当"。"开团"大会要拟定"团规、团约"。"乡约"组织也定有"乡规、乡约"，其内容比"团规、团约"更加具体。

土家族传统的社会组织形式，为习惯法的运行中发挥了关键作用，因此在历史上，很多相邻地区的村寨自发组织联盟，共同订立了一些具有区域性的乡规民约，如江口县凯岩街上片区，曾于1987年制定了《凯岩街上片区乡规民约》，它根据宪法、刑法和治安管理条例，以及森林法等有关条例精神，并结合其传统的习惯法，制定了自己的乡规民约，其中涉及森林管理的内容如下 ❷：

第一条 凡属于本片区风景、水源、水口、老坟山，不许任何人以任何借口进行砍伐，如有违章者，砍一根要栽活10根，并罚以全片区封山育林议约时的全部生活费用，并放炮火五千封山（本片区封山的山有：水口山、安塘堨、坟山、后山、中岭山、面山、坳上、凰形等处）。

第二条 按照"山林三定"队里承包给每户社员的责任山、自留山必须坚决维

---

❶　瞿州莲.浅论土家族宗族村社制在生态维护中的价值［J］.中南民族大学学报：人文社会科学版，2005（3）：20-22.

❷　赵大富：《江口县土家族社会历史及社会组织》，载贵州省民族研究所，贵州省民族研究学会编的《贵州民族调查（之六）》（内部资料），1989年，第363-371页。

护，不许任何人在别人的承包山里砍伐材林、竹林，如界限不清，要经民约小组调解后方得管理，如无故偷砍、□砍者，要没收其全部物资归承包者所有，另罚15元，10元作为对其原主赔偿损失，5元奖励给报案者，知情不报者罚款5元。

第三条 对于偷挖他人笋子，破坏别人所管山林的人，要没收侵占的全部财产，由群众检查，并罚款10元，其中5元奖励报案者。

有的村规民约对不同类型的森林还加以区别保护。贵州雷公山猫猫河苗族村将山林划为集体林山、管理山林、自留山林和风景林。为了加强对森林资源的管理，明确风景林的使用权、所有权都归集体所有，任何人不得砍伐；集体山林因无人管理而被偷砍盗伐严重的分配到每一户人家，其使用权归家庭所有，但其所有权则归集体所有。猫猫河村还制定乡规民约，对森林加以保护。《猫猫河村规民约》所涉保护森林的条款如下：

…………

第二条 管理山是生产队交给管理者负责管理的，管理者有权管好，不得任意使用。

…………

第五条 偷砍竹子，一根罚款5元，扯一根笋子罚款5角，水竹除外。

第六条 划给农户的自留山，现仍是荒着或使用不当的，应收归本队所有。

第七条 有意放牛羊进山糟蹋者，按每头罚款50元。

…………

第十三条 有意乱砍桥、电杆和村边风景树，每刀罚3元。

…………

有的村规民约对乱砍滥伐森林的处罚制度非常细化，对不同树种的砍伐、不同大小树木的破坏都有详细的处罚规定。黔东南州台江县排羊九摆村1989年制定的村规民约中涉及森林管理的内容如下：

…………

第一条 各农民自留山只允许自己砍柴，各户加强管理保护，违者砍一挑柴罚款5元；偷砍松、杉树木10厘米以下，每根罚款20~25元，10厘米以上每根罚款50~100元；经济山林木每根罚款10~15元；其他杂木树20厘米以下每根罚款30~50元，20厘米以上每根罚款100~150元，并没收全部树木。

第二条 各农户责任田坎上、下的树木，按各组原来所规定的丈数为准，属各农户管理保护各安排支配。

第三条 全村组与组山界的农户责任田坎上、下的树木，按 1.5 丈为限，属农民管理保护

…………

第七条 严禁破坏风景树（砍掉整死），15 厘米以下每根罚款 40~50 元，15 厘米以上每根罚款 100~200 元。

第八条 禁止出售木炭，违者出售每百斤木炭罚款 10 元。

第九条 村内烧炭范围：上界从松干降至翁鱼路坎上，下界从原集体小米土山下至翁南坦，这边从干这苏下至极牙，若不按指定地烧炭者，烧每窑罚款 30 元。

第十条 不论是村内、外人，凡由山上担来的松、杉、杂木树，各位村民有权追查盘问。

…………

随着乡村社会治理体制的不断创新，一些少数民族地区的社会治安管理公约也相继出台，在这些公约中，森林管理仍是一项重要内容。2006 年，黔东南黎平县肇兴村《肇兴社会治安管理公约》第 5 章专门规定了 "对乱砍滥伐的处理" [1]：

…………

第二十一条：凡是山林纠纷界限或山林造成纠纷，不管是集体或个人，尚未处理清楚的，不准任何一方去砍伐。违者除没收外，另罚款 200 元。

第二十二条：盗伐林木，除没收外，每盗一次罚款 200 元。

第二十三条：凡无证砍伐，或者少批多伐杉树的，除没收多伐外，另罚款 100 元。

第二十四条：乱砍或偷砍他人的楠竹，每根罚款 50 元。

第二十五条：在封山内砍林木或柴火，每次罚款 100 元。

第二十六条：乱砍或偷砍他人的经济林，每砍一株罚款 50 元。

第二十七条：砍杉树枝作柴火或烧炭，不能超过树干总长的三分之二，违者罚款 50 元。

---

[1] 袁翔珠. 石缝中的生态法文明：中国西南亚热带岩溶地区少数民族生态保护习惯研究［M］.北京：中国法制出版社，2010：226-227.

第二十八条：伪造或涂改山林证、砍伐证等，每次罚款200元。

第二十九条：凡是倒卖青山和他人青山者，除追回没收归公外，每次罚款500元。

第三十条：乱卖他人松树、杉树和其他杂树，每根罚款200元。

第三十一条：为保护生态平衡，禁止砍伐生态天然林，违者每次罚款50元。

…………

在少数民族地区，尤其是在明清以前，没有专门的林业机构，对森林的保护，主要依靠地方社会的习惯法。在政府林业管理组织相对薄弱的情况下，民间对林业的管理获得了较大的发挥空间，一些民间林业管理机构在此背景下应运而生。例如，民国初年，邛水县（今黔东州南三穗县）瓦寨人自发成立了瓦寨林业公会，该公会发动群众种植杉树和桐树，并于民国九年（1920年）6月订立了《邛水县瓦寨联合林业会规约》。该规约要求："浪放牛马猪羊践踏树木农产等物者，除相应赔偿损失外，罚洋一元至三元。""盗人杉树一株，赔洋二元。""无力缴纳者，酌照银行计算，罚充本会林场苦工。"在瓦寨的影响下，周边其他村寨也效仿瓦寨的做法，纷纷进行封山育林。没过几年，瓦寨一带杉木连片、桐茶满山。

中华人民共和国成立以后，政府组织人民群众封山护林，各少数民族村寨根据自己传统的习惯法，订立更加完善的护林公约。1968年，黔东南州黄平县共有250个生产队订立护林乡规民约，这些乡规民约大多规定"毁1株，要栽活3株，并罚5倍的损失"。此外，黔东南凯里万潮镇劳动桥大队于1966年订立了"四不准"的乡规民约，即"不准放牛进山，不准进山砍柴割草，不准进山烧灰积肥，不准进山吸烟玩火"。20年过后，该大队育成山林200公顷，共处理偷砍盗伐37起，罚款500余元。雷山县响水楼乡乌秀村于1974年订立护林公约，4年过后又对公约进行修订完善。他们专门成立了护林小组，小组人员由村寨里9名德高望重的苗族寨老构成，护林小组主要负责检查督促和执行护林公约。从公约订立后的14年时间里，未发生过乱砍滥伐和偷砍盗伐事件，全村森林覆盖率达74.1%。此外，有的民族村寨还将乡规民约的内容纳入学校教育和群众教育之中。黔东南州天柱县地湖公社于1983年订立乡规民约后，公社小学将乡规民约的有关内容安排在课程之内，作为学校的护林课，加强护林教育。与此同时，公社利用文化下乡的机会，每逢看电影，在放映之前，由专门人员对广大群众进行爱林护林宣传。❶ 乡规民约的制定与推行，使森林资源得到了有效的保护。

村规民约对生态系统的维护产生了积极的影响。卢之遥、薛达元教授对黔东南雷公山地区的上郎德村、乌东村、西江村和毛坪村的村规民约文本资料与生物多样性相关的条款进行整理，统计分析了四个苗寨的村规民约中与生物多样性相关的条款数及其占总条款数的比例，认为苗族村规民约对当地的山林树木、动植物资源、稻田和农作物的保护与管理具有积极作用，对山林火灾防治也有重要作用。❷ 统计结果如表7-1。

表7-1　四个苗寨村规民约条款统计

类目	乌东村	西江村	上郎德村	毛坪村	总计	占与生物多样性相关条款数比例（%）
总条款（条）	69	24	51	22	166	—
与生物多样性相关条款（条）	34	7	20	8	69	—
集体山林木资源条款（条）	12	1	3	2	18	26.0
私有山林木资源条款（条）	3	2	7	3	15	21.7
其他生物、自然资源条款（条）	6	3	7	0	16	23.2
稻田与农作物条款（条）	7	0	2	0	9	13.0
山林火灾防范条款（条）	6	1	1	3	11	15.9
与生物多样性相关条款占总条款比例（%）	49.3	29.2	39.2	36.4	41.6	—

该研究表明，在西南很多民族地方的乡规民约中，保护树木的内容占较大比例，但村规民约所保护的对象包括整个生态系统。

---

❶ 徐晓光.黔东南自治州传统林业法规范与时代性变化——苗族、侗族林业习惯法的历史、现状及其与国家法律的衔接 [M]// 徐杰舜，周建新.人类学与当代中国社会.哈尔滨：黑龙江人民出版社，2002.

❷ 卢之遥，薛达元.黔东南苗族习惯法及对生物多样性保护的作用 [J].中央民族大学学报：自然科学版，2011（2）：41.

第四节　防火技术中的习惯法与森林管理

《周礼·地官·司马》记载的"司爟"就是专门掌管防火政令的官员。若有人放火烧山或失火烧毁国家财物，由"司爟"予以量刑处罚。汉代以降，山林防火管理进一步严格，在《淮南子·说山训》等文献中就记载有野外用火时间的限制等内容。

在西南少数民族地区，各民族历来重视火灾的防范，并制定了一套森林管理习惯法，从有关文献记载来看，1950—1987 年仅贵州省黔东南州，就因人为因素导致了 19 462 起森林火灾，受灾面积达 315 425 公顷。1969 年，发生了 522 起森林火灾，毁林面积达 11 879 公顷。当年黔东南州造林面积有 19 265 公顷，被烧毁的森林占造林面积的 61.7%。[1]

历史上，刀耕火种是很多少数民族中的重要生计方式。在进行刀耕火种的生产中，在利用火的同时，可能也会面临火灾的威胁。但为了保护森林资源，他们不得不创造和总结了一套防火、救火，以及严惩纵火的技术与习惯法。

一、用火禁忌及其防火

少数民族将火纳入信仰体系，形成了许多用火禁忌。而用火禁忌则蕴含了他们对森林管理的一种生态智慧。

很多少数民族都相信森林受"火神"的保护，一旦触犯火神，就有可能引发森林火灾。侗族将火视为恶神，一旦村寨或森林发生火灾，或者尚未发生火灾之前，他们都要在一定的时间里择日举行驱除火殃仪式。其仪式选择在夜晚进行，每户人家派一人参与。整个村寨集资购买一头小猪，然后使用木材制作一只小船。在夜深人静的时候，从每一个家庭的火灶里取出一小撮火灰，然后放进小船里，带上祭品，大家一起来到河边后，将小船投放河里，让其自由漂流。之后，参加仪式者在河边聚餐，就餐所剩下的饭菜全部倒掉，不许拿回家，餐具也要在

---

❶ 黔东南苗族侗族自治州地方志编纂委员会.黔东南苗族侗族自治州志·林业志［M］.北京：中国林业出版社，1990：152–155.

河边洗净。这象征着把所有不洁的东西洗干净。在整个仪式的过程中，村寨上不许任何一户人家点灯烧火。他们还要派人把守村寨的各个路口，不许外人进入寨内，如有人擅自进入村寨内，仪式就视为失败，要另择日举行。❶云南红河县一带的哈尼族每年农历三月的蛇日都要举行祭山，其目的是通过祭祀"火神"，请之保护森林，避免森林火灾的发生。祭祀"火神"有一个固定的地方，由家族里一位德高望重者主持，带领大家来到祭祀地点烧香叩头，并念"保佑山火不来烧"等之类的话语。祭山，可以说是哈尼人渴望避免森林火灾的精神寄托。❷驱除火殃仪式实际上是人们在面对每一次火灾过后产生的一种恐惧心理。人在大火面前，其力量显得非常渺小，这就产生了"火神"的观念，希望有一种超自然的力量帮助人们躲避火灾所带来的痛苦与生命财产的损失。因此，驱除火殃仪式就是祭祀"火神"，希望其降临保护村寨和森林，也体现了人们对森林资源的高度爱护。

"扫寨"仪式是用火禁忌的一种表达形式。"扫寨"常见于苗族、水族、侗族、布依族等少数民族。"扫寨"是一项将村寨里所有"不干净的东西"扫掉的仪式，据说能让村寨避免各种灾难，这其中一个最大的灾难就是火灾。"扫寨"仪式几乎成了这些少数民族的一项年中惯例活动。例如，水族在每年春节过后，都要举行"扫寨"仪式。仪式通常由村寨里的"水书先生"主持，每一户人家的所有男子都要参加，聚餐时则不管是男女老少都要到场。整个村寨集资购买一头牛或一头猪，其大小要根据村寨的人数来定。仪式当天，水书先生走在最前面，后面跟着一群男子，其中有一名男子手提一只水桶，两名男子提一只鸭子。大家要走到每一户人家的灶边，手提水桶者，要向灶里洒水，与此同时，跟在后面的人群齐声喊道："灭火啦！灭火啦！"在仪式的过程中，所有的人家要将灶里的火灭掉，全村寨要断电，还专门派人蹲守在村寨的各个路口，不许人、车子等进入村寨内，也不许村寨里的任何人、车子等走出村寨。直到仪式结束，才能自由走动。谁若不遵守，要面临严厉的处罚，仪式另将择日进行，但所花掉的费用，包括已经造成的损失和改日再举行仪式所花的费用都由其支付。在仪式中，水书先生要请天上的"火神"降临保佑村寨和村寨周围的森林不发生火灾。

---

❶　徐晓光.黔桂边区侗族火灾防范习惯法研究［J］.原生态民族文化学刊，2016（1）：76-81.
❷　《民族问题五种丛书》云南省编辑委员会.哈尼族社会历史调查［M］.昆明：云南民族出版社，1982：76.

在平日里，如果谁家不小心失火，包括上山从事农活时，不小心造成森林发生火灾的，水族村寨也要举行"扫寨"仪式。但仪式的所有费用要由失火者承担。例如，2010 年，贵州省都匀市归兰水族乡姑扒寨的蒙邦家不小心失火烧掉了自家房屋的一面墙壁，幸好发现及时，在族人的帮助下，才将火势控制，否则可能会引发一场大火灾。事后，在寨老的商议下，决定举行一次"扫寨"仪式，但费用由蒙邦家支付。失火人家并无怨言，购买了一头大肥猪供仪式使用。通过举行仪式，告诫大家要小心用火，以免发生火灾，达到警示教育的作用。

"扫寨"仪式，通常是由整个村寨共同集资举行，但若有人不慎用火造成火灾的，那么仪式所花的费用，将由肇事者承担。苗族每年要举行"扫寨"的宗教仪式，他们也称之为"扫火星"。在很多苗族村寨，如果村寨或森林发生火灾，之后必须进行"扫寨"，如没有火灾发生的，也要在每年 11 月举行，"扫寨"仪式的费也是由于全村人分担。如有火灾发生，肇事者则自己承担"扫寨"仪式的全部费用。这些费用主要用来购买猪头 1 个，大米、猪肉和米酒各 120 斤。另外，肇事者还被处罚一头肥猪，他们称之为"救火洗手猪"，供参与救火人员共餐，2001 年 11 月 30 日，黔东南雷山县报德村发生火灾，损失严重，肇事者为吴真里。火灾过后，村里商议决定在 12 月 20 日举行扫寨仪式。根据他们的习惯法，此次仪式由吴真里家出了 1 头黄牛、1 头猪、1 只公鸡、1 只鸭，以及大米和白酒各 120 斤。❶

贵州月亮山地区的苗族将类似于"扫寨"仪式称为"退火殃"。在当地的苗族看来，"火殃"是一种非常大的鬼，必须对之敬重，否则就有可能遭受火灾。在 1949 年以前，月亮山地区的苗族村寨，每年或两年都必须举行一次"退火殃"仪式。1950—1980 年，"退火殃"仪式举行得比较少，有的村寨甚至在这 30 年的时间里没有举办过。但自 20 世纪 90 年代以来，"退火殃"仪式举办的次数逐渐增多。尤其是进入 2005 年以后，该地区外出务工的人数逐渐增多后，村落中的各种邻里关系也因此而发生了变化。过去，一年四季的大多数时间里，村落中的人们可随时面对面的交往。但在大量的人口外出务工后，人们大多只有在春节期间才有机会面对面的交流。这样的社会转型，迫使村民们十分重视各种集体活动，"退火殃"仪式也就成了当前村落中的一项重要的年中惯例活动。

举行"退火殃"的当天，要封锁村寨的各个路口，本寨人不得出寨，外寨人

❶ 徐晓光.贵州苗族水火利用与灾害预防习惯规范调查研究［J］.广西民族大学学报：哲学社会科学版，2006（6）：24.

也不许进入寨内。"退火殃"时，巫师要带领一群人进入到寨内的每一户人家。走在前面的四个人，第一人拿着一个竹筐，每走到哪一家，这一家人就要往竹筐里倒一碗大米；第二个人拿着一个簸箕，每走到哪一家，这一家人就要向簸箕里放一把炭灰；第三个人挑着一担水，每走到哪一家，就向火塘里洒一瓢水；第四个人肩上扛着一木棒，棒上拴一只白色公鸡。每走到哪一家，鬼师都要在屋内打卦念咒，大意是驱赶"火殃"鬼的内容。最后，大家来到河边，全村寨人，男女老少都集中在河边聚餐。这一集体活动，使村中的人们获得了交流的机会，因此，"退火殃"成了一项社区整合的重要仪式。因"退火殃"时，已将全寨的每一户人家的火种消灭，且人们要重新点火时不得在寨内或寨边点燃，因此要跨过一条河，采取钻木取火等方式获得火种，然后再带入寨内，分发给每一户人家。❶ 在当地苗族思维里，这样取得的火种最为洁净，不易发生火灾殃及房屋和森林。但这种火种保持洁净的时间也是有限的，一旦使用时间过长，就由洁净转向危险。因此，每年都必须通过举行"退火殃"仪式更新村寨内的火种，以此避免火灾。

有的少数民族村寨要通过占卜的方式来判断是否进行"扫寨"仪式。布依族"扫寨"也是为了驱赶"火星鬼"，避免房屋和森林发生火灾。布依族举行"扫寨"仪式通常选择在每年农历正月和二月，但他们要通过占卜的方式来决定何时"扫寨"。占卜方式是杀鸡看卦，其"扫寨"习俗与其他民族有一定的相似性。例如，贵州黔西南州望谟县乐康乡的布依族在"扫寨"前要在村寨的各个路口或寨门横拉一根草绳，意为封寨，不许外人进入寨内。草绳上挂有两把木刀和几片当地所称的"桑龙"树叶，木刀是使用当地所称的"炮仗树"切割而成。参加"扫寨"仪式者均为成年男性，由巫师领头，后面跟着一群男子，巫师肩膀扛着一打大刀，手提着一只使用一根细草绳穿了鼻孔的公鸡。他们要走进每一户人家，从左自右围绕火坑转三圈，大家一边转一边念咒语。巫师带领的队伍走出大门后，家里的小孩从火坑里抓起一把火灰洒出大门，然后将大门关上，且还要拉出一根草绳，上面挂着一把小木刀和几片树叶。仪式最后，整个村寨的男女老少要集中在某山坡或河边聚餐。在聚餐过程中，大人们不断地给小孩们讲述有关防火的一些知识。❷ "扫寨"实则是一项防火教育仪式。

---

❶　贵州民族研究所：《月亮山地区民族调查》（内部资料），1983年，第384页。
❷　赵崇南：《望谟县乐康布依族生活习俗调查》，载贵州省民族研究所，贵州省民族研究学会编的《贵州民族调查（之四）》（内部资料），1986年，第269页。

在少数民族地区，一旦森林或房屋发生火灾，每个人都不能违反他们传统的禁忌，否则火势将很快蔓延开来，最后将造成更大的损失。例如，在水族地区，如果房屋发生火灾，参与灭火者在灭火的过程中不能走进其他人家的房屋里，否则火焰将随其进入其他人家，导致其他人家的房屋也因此而被烧毁，也不能逃跑到森林里躲避，否则火焰也会追随到森林里，导致森林发生火灾。

类似于水族的这一禁忌，还见于侗族地区。在黔东南州侗族地区，若发生火灾，人不能到处乱跑，尤其是造成失火者，要头顶一口锅盖或其他遮掩物跑到村寨周边的河中或水田中站着，其目的是不让火势蔓延，便于村寨上的人帮助扑灭。

"敲锣喊寨"也是一项防火措施，在黔东南侗寨地区，过去在夏日里几乎每一个村寨都要在晴天的夜晚里"敲锣喊寨"，其目的是为了提醒大家注意防火。"敲锣喊寨"由村组织专门挑选那些嗓子洪亮的男子担任。有的村寨则各家各户每年轮流"敲锣喊寨"，没有任何报酬。每到夜晚，一名男子手提锣鼓，走在村寨上，边敲打锣鼓，边喊着："注意防火啊！""夏天热得像火燃，随身不要带火镰！"大家听后，很自觉地检查自家里的火炉等有火之地，以及查身上的打火工具。在冬春季节，天干物燥，为了提醒大家做好防火，"敲锣喊寨"人每天晚上也要走到村寨里用洪亮的声音喊道："天干物燥，大家注意防火！""要用火取暖，莫让火行凶！""火炉把火埋，人才能离开！""火在人要在，火埋人离开！""冬春草木干，莫拿火上山！""上山莫拿火来玩，玩火莫上草木场！""拿火上山玩，迟早坐牢房！"此外，每当过节或有喜庆活动之时，用火多也极易失火，"敲锣喊寨"人要向村寨的人喊："逢年过节喜事多，大家注意用好火！""亲友在一起，用火请注意！"

在农业生产中，各少数民族都总结了一套森林防火的技能。不同民族所总结的森林防火技能往往与其生活的自然环境有关。例如，贵州南部地区，因森林、耕地等大多位于海拔较高的山地上，坡度大多为40度以上，这决定了这一海拔地段的风力较大，一旦发生火灾将很快蔓延开来。这样的自然环境决定了当地少数民族的森林防火技能。这些森林防火技能往往反映在他们的古歌、歌谣、谚语中。黔东南州雷公山一带的苗族就有"砍柴莫要成片砍，烧炭莫在陡坡烧""有风莫在坡烧火，打谷先要理好路"❶ "有风莫烧小米地……要烧小米地，先从上点火，后从两侧点，再从下方点，莫让火势旺，人人要记牢，人人要记住"等。山地民族深刻地意识到，如果森林一旦被烧毁，森林下方的农田也就失去了灌溉水，没有了水，也就没有了收成。这样一种简单的生活逻辑，决定了他们必须具备森林防火的技能，而这些技能也充分表现了他们适应生态环境的一种生存智慧。

三、防火线的开设与习惯法

防火线是防止森林和房屋火灾的一项重要措施，有的村寨还将破坏防火线纳入他们的习惯法里，防火线成了神圣不可侵犯之地。

在西南少数民族地区，有的村落掩映在丛林之中，加之村落所处位置的风力较大，一旦发生火灾，火势将很快蔓延，如果没有防火线隔开，房屋发生火灾，可能会殃及森林，森林发生火灾也会殃及房屋。防火线一方面是为了保护好森林，另一方面也是对房屋的保护。与此同时，不同家庭之间的山林，两者之间也往往开设有一道放火线，作为山界的标记物。有的村寨还在防火线里栽种茅草，目的是利用其减少易燃物和防治土壤流失，此外茅草还作为大牲畜的饲料。

防火线的开设成为生产劳动中的一项主要任务。贵州黔东南州剑河县久仰乡必下寨的苗族在烧山种小麦时，如果周围都是森林，就要清理旱地周围的草木，旱地周围留出一条防火线，把砍掉的草木堆放在旱地中央后再点火燃烧。❷ 广西融水苗族在造林时，在不同森林片区之间留出一条宽达六尺的路，目的是防止森林失火时不易蔓延，以及便于救护。每年秋末冬初，他们都要进行一次防火护林工作，除了清理防火线外，还要进一步挖火沟和开火路。广西荔浦九择、兴波一带的瑶族普遍流行砍种芒山和茅草山，但砍伐草木过后，要待其晒干后方可点火燃烧，且在点火之前要开火路，火路一般要开7尺到1丈的宽度，以免火势蔓延，殃及周边的森林。❸

---

❶ 所谓"理好路"，意思就是要将道路两边的杂草等处理干净，以免发生火灾后，容易蔓延。当地稻谷的成熟期一般在10月，该时期天干物燥，易发火灾。秋收时节，村民们常常贪黑起早干活，难免使用火把，火星也就容易落到道路上，如果道路有干燥的杂草等，就会容易发生火灾。而当地的农田，大多位于森林下方，有的甚至镶嵌在树林里，农田里的稻谷一旦发生火灾，将有可能殃及森林。

❷ 《民族问题五种丛书》贵州省编辑组.苗族社会历史调查（二）[M].贵阳：贵州民族出版社，1987：156–157.

❸ 参见中国科学院民族研究所，广西少数民族社会历史调查组编的《广西壮族自治区荔浦县茶城人民公社瑶族社会历史调查》（内部参考），1963年，第7页，第11页。

历史上从事刀耕火种的民族，他们更加注重对防火线的设置与保护。云南基诺族从事刀耕火种一直持续到 20 世纪 70 年代，而刀耕火种的第一阶段是砍树开荒。该阶段要择日进行，通常集中在每年农历一月至二月。第二阶段是烧地。砍树开荒后的半个月左右，被砍掉的草木已基本晒干，此时就要进行烧地。但在烧地前，要先砍一圈防火线，以免烧地时，火势殃及周围的森林。与此同时，烧地是有组织的，且要举行仪式。全村寨的人在寨老的带领下，来到烧地之上的山顶上举行祭祀仪式后，才开始烧地。烧地要按姓氏来烧，但不能自己点火，而是要请外姓的人来点火，因为外姓人才会主持公道，确保所烧的地的真实性。在烧地的过程中，如烧出耕地的界限，或者万一火烧出防火线，导致不同姓氏之间的林地和耕地的界限不清，那么点火人会公正地指出原来的界限在何处，避免不同姓氏之间因烧地所导致的地界不清而产生纠纷。❶

为了提高人们对防火线的重视，有的少数民族还将其纳入习惯法，如有违反将接受处罚。例如，刻于光绪十三年（1887 年）的《金坑禁约碑》，❷ 立于广西龙胜和平乡金大坑瑶族寨旁边，该碑刻内容如下：

高山矮山，四处封禁，不许带火乱烧，如有砍山烧耕地土，各要宽扒开火路，不许乱烧出外。又清明挂青，各要铲尽坟前，烧纸不许乱烧出外，如有烧山，拿获查出，众筹公罚银二两二钱。

该碑刻内容明确了在烧山和清明祭祀时，必须开设好防火线，且焚烧之物不能超出防火线，如不执行造成森林火灾，将进行严惩。

---

❶ 杨正权 . 云南民族地区传统农业述论［J］. 农业考古，1999（1）：272.
❷ 云南民族古籍丛书编纂委员会 . 瑶族石刻录［M］. 昆明：云南民族出版社，1993：123.

第八章　生态与人类精神：少数民族传统森林文化的现代审视

世界各民族创造的丰富的传统生态知识在保护人文生态与自然环境方面有着十分重要的价值和贡献。挖掘、利用传统知识逐渐成为应对生存环境危机的一种重要措施。

西南少数民族传统森林管理知识是一种地方性的生态知识，其背后蕴含着深邃的哲学思想，为我们今天生态文明建设，乃至全球人类追求人与自然和谐相处的理想提供了重要的理论支撑与实践经验。

第一节　地方性生态知识的概念、特点与应用

一、地方性生态知识的概念

长期以来，学界对地方性生态知识给予极高的关注。例如，朱利安·斯图尔德（Julian H.Steward）的《文化变迁的理论》（*Theory of Culture Change*）、罗伊·A.拉帕波特（Roy A.Rappaport）的《献给祖先的猪》（*Pigs for the Ancestors*）等都探问了世界各土著民的生态知识，有的从最深层次的生态哲学去思考这些问题。

类似于"传统生态知识"的专有名词主要有"本土技术知识"（indigenous technical knowledge）、"本土生态知识"（indigenous ecological knowledge）、"本土环境知识"（indigenous environmental knowledge）、"地方性知识"（local knowledge）、"地方性生态知识"（local ecological knowledge）等。其中，在 20 世纪 80 年代前后，钱伯斯（Rebert Chambers）最先提出了"本土技术知识"的概念，沃伦（Dennis M.

Warren）紧接着提出了"本土知识系统"的设想。而提出"地方性生态知识"的是著名人类学家格尔兹（Clifford Geertz）。学界使用最多的就是"本土生态／环境知识"（indigenous ecological/environmental knowledge，简写 IEK）或"传统生态知识"（traditional ecological knowledge，简写 TEK）等。这些理论观点的代表成果主要见于格尔兹的《地方性知识》、埃伦（Roy Ellen）等的《本土环境知识及其转型》、约翰尼斯（Robert Earle Johannes）的《传统生态知识论文集》、英格利斯（J. T. Inglis）的《传统生态知识：概念与案例》、贝尔克斯（Fikret Berkes）的《神圣的生态学：传统生态知识与资源管理》等。❶ 其中，格尔兹的"地方性知识"包括两个层面含义：一是关于文化研究要采取何种范式的问题。他提倡要运用"人文科学"的阐释主义，反对使用"自然科学"的实证主义。二是关于地方性知识的特性问题。具有文化特性的地域性知识，即为地方性知识。❷ 有学者认为格尔兹所提的"地方性知识"并非具有特定内容的知识，而是一种新型的知识观念，是认知世界的一种角度。❸

我国学者对"地方性生态知识"也有自己的看法与认识。例如，杨庭硕认为，地方性生态知识的积累，需要经历漫长的历史过程。地方性生态知识是民族文化中的一个有机组成部分，其发现、推广、创新都与文化的运行息息相关。❹ 尹绍亭认为，人类千百年来积累的经验和智慧具有特殊的维护和调适生态环境的功能，它们形成于不同的地区和不同的民族，具有特殊性和多样性，所以被称为"地方性知识"或"传统知识"，也可以叫作"生态文化"。❺"传统"应该是一种动态的，是随着人类社会发展变化而变化的，是不断地吸纳新的实践及技术的，并非"古老僵硬的、凝固的事物"，而是"历史沉淀、积累的过程"。❻ 麻国庆认为，地方性生态知识主要包括对自然环境的利用，对人文环境的控制和

❶ 付广华.传统生态知识：概念、特点及其实践效用［J］.湖北民族学院学报：哲学社会科学版，2012（4）：52-57.

❷ 克利福德·吉尔兹.文化持有者的内部眼界：论人类学理解的本质［M］//地方性知识——阐释人类学论文集.王海龙，张家瑄，译.北京：中央编译出版社，2000.

❸ 彭兆荣，吴兴帜.作为认知图式的"地方"［J］.北方民族大学学报：哲学社会科学版，2009（2）：71-75.

❹ 杨庭硕，等.生态人类学导论［M］.北京：民族出版社，2007：95-96.

❺ 尹绍亭.全球化现代化背景下的民族文化保护探析——以民族文化生态村建设为例［J］.原生态民族文化学刊，2009（1）：97-102.

❻ 尹绍亭.文化的保护、创造和发展——民族文化生态村的理论总结［J］.云南社会科学，2009（3）：89-94.

人与自然的协调理念。❶罗康隆认为，一切本土生态知识都是特定民族文化在世代调适与积累中发育起来的生态智慧与生态技能，都系统地包容在特定族群的文化之中。❷付广华认为，生态知识是人类后天习得的关于生物体彼此之间及它们与环境之间关系的知识。❸管彦波肯定了地方性生态知识可以化解区域性的生态风险，地方性知识及其相关的生态伦理是某一区域或某一民族长期积累起来的知识和技能的综合体。❹从事中国哲学研究的学者甚至认为中国哲学起源于地方性知识❺，这实际上符合了霍尔姆斯·罗尔斯顿所倡导的哲学走向荒野的基本命题。

国内外学者对地方性生态知识概念的界定存在一定的差异，但总的来看，地方性生态知识应该是某一区域某一族群长期以来，在与自然环境的交往中所总结出来的一套适应于当地社会发展需要及有利于当地生态环境可持续发展的知识，其概念或范畴应该植根于具体的文化经验之中。地方性生态知识的背后，反映的是人与人、人与社会、人与神灵及人与自然之间的伦理关系。

二、地方性生态知识的基本特点

1. 地方性生态知识的区域性

地方性生态知识是来自区域社会，它是该区域的人们经过世世代代的经验积累而成的。地方性生态知识作为实践、知识及信仰等综合系统，其社会背景主要有：一是基于社区成员与其他人群互惠和义务的关系及基于分享知识和意义的共用资源管理制度，二是具有十分独特的世界观和宇宙观，三是经由口述史、地名和精神关系的象征意义。因此，地方性生态知识具有明显的地域性，"地方性知识得出的成果有赖于与当地环境紧密结合的经验和技能，很难大面积推广，甚至换一种环境就可能无效，因为地方性知识总是在特定的环境与场域或情景中生成

---

❶　麻国庆.草原生态与蒙古族的民间环境知识［J］.内蒙古社会科学：汉文版，2001（1）：52-57.

❷　罗康隆.地方性生态知识对区域生态资源维护与利用的价值［J］.中南民族大学学报：人文社会科学版，2010（3）：43-48.

❸　付广华.传统生态知识：概念、特点及其实践效用［J］.湖北民族学院学报：哲学社会科学版，2012（4）：52-57.

❹　管彦波.2016年中国生态人类学研究前沿报告［J］.创新，2017（2）：5-17.

❺　陈少明.中国哲学：通向世界的地方性知识［J］.哲学研究，2019（4）：32-41.

并得到运行、实践和传承的"❶。地方性生态知识具有严格的使用范围，这就可以最大限度地避免维护方法的误用。❷地方性生态知识体现的区域性特点，决定了其适用范围的有限性。例如，我们提到的清水江流域的苗族、侗族所创造的一套传统植树技术，只能适应于该流域。若照搬其技术至麻山地区是行不通的。同样，麻山地区少数民族所创造的植树技术照搬至清水江流域也是行不通的。

2. 地方性生态知识的民族性或族群性

地方性生态知识的持有者是当地的民族或族群，由于这些民族或族群居住在相对集中的区域里，他们都受到当地民族文化或族群文化的影响，这就决定了他们的传统生态知识具有一定的民族性或族群性。这种民族或族群特性使"地方性知识具有不可替代性。一切地方性知识都是特定民族文化或族群文化的表露形态，相关民族文化或族群文化在世代调适与积累中发育起来的生态智慧与生态技能，都完整地包容在各地区的地方性知识之中"，"地方性知识不易被误用还有一个关键的原因，那就是地方性知识与相关民族文化结合十分牢固，由于不同文化之间存在互斥作用，各民族一般不会轻易地采用其他民族的办法去利用生态资源"。❸地方性生态知识体现的民族或族群性，决定了其生命力具有很强的延续性。例如，枫树已经嵌入苗族的核心文化体系之中。虽然苗族建筑文化在当代已经发生了变迁，很多家庭已经放弃了传统的干栏式建筑，取而代之的是现代水泥砖房。但很多苗族家庭在新建水泥砖房时，仍然使用枫树作为中柱，并非全为钢筋混凝土。

3. 地方性生态知识的适应性

地方性生态知识是各民族或族群为了适应其所处的生态环境而做出调适的产物，是为适应生态环境而创造出来的文化，一般只适应于所处的自然生态系统。但必须承认的是，人类具有极强的生态环境的调适能力，某民族或族群一旦迁徙至新的生存环境里，为了繁衍生息，他们必然做出文化上的调适，创造出有利于生态环境及自身发展的文化。例如，清水江流域的"林粮间作"技术，既是一种适应当地生态环境的生计方式，也是当地人群关系的一种表达方式。这从他们大量

❶ 石奕龙，艾比不拉·卡地尔.新疆罗布人传统生态知识的人类学解读［J］.云南民族大学学报：哲学社会科学版，2011（2）：21-25.

❷ 杨庭硕.论地方性知识的生态价值［J］.吉首大学学报：社会科学版，2004（3）：23-29.

❸ 杨庭硕.论地方性知识的生态价值［J］.吉首大学学报：社会科学版，2004（3）：23-29.

的契约文书中就有反映。当地人群之间，可以相互租佃土地，栽树和种植作物。栽手和地主双方在这租佃的关系中达成各种有利于维护社会秩序的契约制度。因此，"林粮间作"技术，均适应于他们所处的生态环境和社会环境。

4. 地方性生态知识的口头传承性

地方性生态知识不仅存在于有文字的民族，同样也存在于无文字的民族。这就决定了地方性生态知识往往都是借助于一定的语言形式，并通过象征符号在历史上代代相传，同时，地方性生态知识也可能随着人口的迁移而从一个地域传播到另一个地域。但由于地方性生态知识大都是通过口头传承来实现的，因此可能被作为传播载体——人的实践及认知程度的差异而再生产。这种特点决定了地方性生态知识在传承过程中，可能因人为因素发生一定的演变。❶ 例如，很多少数民族的植树技术都保留于他们的古歌、神话故事、民间谚语里。后人在理解这些保留于各种口头文学里的植树技术时，多少存在理解上的偏差，甚至偏离其最初的本义。地方性生态知识所具有的口头传承性的特点，运用到生态建设中面临一定的难度。

5. 地方性生态知识的经验性

地方性生态知识是某个民族或族群集体智慧的结晶，是日常生活中实践参与的结果，是人们在生产生活中的经验总结。地方性生态知识并非严格意义上的理论知识，而是基于经验观察与经由实验——错误的事实集合。因此，它往往被人们称为经验性和经验——猜想性的知识系统。❷ 但是，人类正是凭借这样的经验，在不同的生态系统里使用了各种不同的生态知识进行生态环境维护，且取得了卓越的成就，这种经验充分反映了各民族或族群的生态智慧和生态技能。例如，雷公山地区的少数民族通过"刀耕火种"来育木苗的技术，看似作为当地一件再为普通不过的经验性知识，但其背后却反映了当地村民所掌握的一套生态技能。他们将地表上的各种杂草、蕨类植物等烧掉，目的是让秃杉种子掉落到坚实的土壤上，以便使其快速接触土壤而发芽，从中获取树苗。这些技术是在他们生活经验中逐渐提炼出来的。

---

❶　付广华.传统生态知识：概念、特点及其实践效用［J］.湖北民族学院学报：哲学社会科学版，2012（4）：54.

❷　付广华.传统生态知识：概念、特点及其实践效用［J］.湖北民族学院学报：哲学社会科学版，2012（4）：52-57.

6. 地方性生态知识哲学层面的普世性

地方性生态知识所反映的生态伦理思想是可以传播的，具有普世性价值。地方性生态知识不仅是一种"技术层面"的知识，还包括知识背后所蕴含的知识持有者的世界观、宇宙观和生态伦理观等。也即，地方性生态知识不仅是科学的，也是艺术的。科学，就是我们所谓的"科学技术"，当然这种科学技术是具有较强的区域性和族群性，某一区域某一族群所持有的地方性生态知识，大多情况下只适应于当地的自然环境，因此在推广利用地方性生态知识时，应该考虑因地制宜；艺术，在这里就是指地方性生态知识背后所反映的一套文化信息系统，这一套文化信息系统所反映的哲学观，是可以推广借鉴的，是不受到范围限制的。

三、地方性生态知识的应用

在很长的一段时间里，从事自然资源管理的工作者往往对地方性生态知识或传统生态知识持漠视的态度，有的甚至宣称地方性生态知识与现代科学相背离。这样的认知来自于进化论的思想，将地方性与落后画上等号。这样的判断严重扭曲了地方性生态知识的基本价值。但有幸的是，有一批长期从事本土知识的研究者，一直在努力推动传统生态知识在科学研究、影响评估和生态知识领域等方面的应用。这些推动者，既包括从事社会科学研究者，也包括从事发展需要的研究者。他们都在强调各民族地方性生态知识在当今生态维护中所发挥的作用，有的甚至是将地方性生态知识同科学技术联系起来，进而提倡大力发掘、传承、推广和利用各民族的地方性生态知识。他们所取得的研究成果，帮助我们不断地认识和理解各民族传统文化生成的理念，以及使我们更加深刻地理解地方社会的认知与实践。在发展工作者，以及社会科学界的共同努力下，各民族的地方性生态知识的当代价值已逐渐在较大的范围内得到了人们的认可，且影响的程度越来越深。尤其是在当前，人类正面临着严峻的生态安全问题，人们更加迫切地寻找各种有效的生态治理方式，包括地方性生态知识的应用。

当前，一些国际机构已提出或采用了与可持续发展相关的传统知识利用原则。例如，国际科学委员会与 UNESCO 提出了下列原则（ICSU 2002）：一是在可持续发展政策、计划与规划的制定过程中确保传统知识持有者与科技社会的全面有效参与；二是承认并尊重传统知识根植于其中的社会与文化基础，包括权威结构；三是承认相关民族对于其特有知识、资源与产品的拥有权，及获取与惠益分享的规范权；四是确保传统知识持有人知晓未来潜在的合作伙伴关系，并且这必须得到他们的事先知情同意；五是促进将科学与传统知识整合起来的合作伙伴关系的模型构建，以实现环境和可持续的管理方法；六是为年轻的科学家和土著居民提供培训机会，以使其更好地开展传统知识研究工作。❶

在世界各地，也有很多经典的有关土著民利用地方性生态知识来应对气候变化的案例。例如，就在印度洋海啸发生的 2004 年，很多人被海潮退去后海岸线暴露出海底不常见鱼的不寻常景象吸引到海滩上来。泰国海岸和岛屿的莫肯人和乌洛克拉威人，印度的安达曼群岛和印度尼西亚的锡默卢社区，他们都知道这些预兆而迅速进入内陆，以避免海啸袭击。莫肯人和印度的安达曼群岛的小村庄被完全摧毁，但是他们的居民全部幸免于难。更引人注目的是，超过 8 万锡默卢人遭遇海啸袭击，只有 7 人死亡。这令人惊讶的结果与印度尼西亚遭遇海啸而造成可怕的损失相比而备受关注。联合国认定其为减灾做出了巨大贡献并授予锡默卢人笹川奖。在 2004 年 12 月印尼海啸后，当地政府呼吁采用多种高科技（如使用最先进的卫星和海洋浮标技术的早期预警系统）解决方法以预防类似的灾难性事件。但与此同时，土著社区如何使用他们的传统知识逃脱海啸袭击的消息不胫而走，引起了人们对如何利用传统知识来防范和应对自然灾害的关注。❷

在西非地区，殖民主义的农业专家对当地社会采取的多元栽培模式感到吃惊。在西方人眼中，一块地同时种植多种作物，是一种混乱和没有秩序。从现代农业实践的视觉规则考虑，这是一种技术落后的表现。然而，一些学者却已经注意到，这种多元栽培的模式却结合了当地热带土壤、气候和生态条件。采取多元栽培，是热带农民模仿自然和耕作技术。它可以保护瘠薄的土壤不因风吹、雨淋和日晒而出现水土流失。多元栽培表面上看，是一种混乱，但其背后隐藏其特殊的逻辑性。❸

这种多元栽培技术在中国十分常见，"林粮间作"就是一个典型的案例。在中国人的传统思维中，不同事物之间可能存在某种关联性。就像西南少数民族所理解的那样，不同树种之间如同人类社会一样具有各种社会关系，有的具有朋友

---

❶　参见第三世界网络中文网页：http://twnchinese.net。
❷　参见第三世界网络中文网页：http://twnchinese.net。
❸　詹姆斯·C.斯科特.国家的视角——那些试图改善人类状况的项目是如何失败的［M］.王晓毅，译，胡搏，校.北京：社会科学文献出版社，2012：350-353.

关系，有的具有亲戚关系，甚至有的具有血缘关系，当然也存在敌对关系。这种人与树木具有亲缘等关系是源自古人的宗教观念。"人与树木的亲缘关系的确立，表明在古人的宗教观念中，人与自然具有生命一体化关联，古人珍视某一自然物象，是对人类自身生命的观照。"❶ 二元对立式的西方世界思维当然难以理解这样的逻辑关系。

第二节　万物共同体与少数民族生态观

遵循整个自然界的运行规律，应该说是生态伦理学的核心思想。生态伦理学所要解决的问题就在于，人应该以什么样的态度或思维对待整个自然界的一切生命，包括人与自然、人与人，以及人与神灵世界。具体来说，在实践上，要根据生态伦理学的基本道德标准和规范，来约束、规训人对自然界的种种行为；在理论上，要确立正确的关于自然界的价值和权利。它的目的就是要保护整个自然界的一切生命，维系生态系统的平衡性，实现人类社会的永恒发展。纵观西南少数民族在世代与森林声声相息中总结的极其丰富的传统森林管理知识，其背后蕴含的生态观，无不遵循着自然界的运行规律。

一、万物共同体的生态观

人与自然是生命的共同体，是我国传统生态伦理的一个基本内容。其思想是建立在我国传统哲学中，关于人类与万事万物同源、生命本质统一以及人类同其所处的生存环境融为一体的直觉意识的整体论基础之上。这就是我们常说的中国古代哲学的"天人合一"思想。"天人合一"思想的形成是以生存经验为基础的，是通过对自然规律与生命共同体的秩序的体悟后，逐渐掌握了人类生存与自然界的有机关联性，不仅将天地万物当成可利用的资源，而且也当成一体相关的生命根源。❷ 我们也可以将这种人与自然之间的关系称为万物关联的生态观。

万物共同体的生态观，肯定的是在宇宙万象中，不同形态的生命体和非生命

---

❶ 何长文.中国古代人与树木亲缘关系形成的宗教文化基因 [J].西南民族大学学报：人文社会科学版，2010（10）.

❷ 白葆莉.中国少数民族生态伦理研究 [D].北京：中央民族大学，2007：64.

体之间都有可能存在一些共有的特征和特性。这种万物共同体模式所形成的生态观，能够指导人们将不同的差异连接起来，形成一个包罗万象、求同存异的超大系统。尤其是生活在西南地区山地系统里的各民族，由于他们与自然的亲近感更加明显，与自然的互惠关系更加突出，使他们更加尊重万物共同体的有关规律，进而更加能够与自然和谐共生。在万物共同体的生态观的影响下，西南少数民族将自然赋予了"神"的力量，不断地创造了"神圣"（the sacred）的空间，在这神圣的空间里，人与人之间、人与自然之间以及人与神灵之间更加有秩序、更加有"法"❶可依、更加体现道德伦理关系。

西南少数民族万物共同体的生态观体现在其日常生活中的方方面面，包括他们对森林的管理与利用。少数民族所处的地理环境孕育了少数民族文化，同样少数民族文化也赋予了其所处的地理环境的人文意义，这种相互融合、互为环境的结构来于她们生命同源或者生命关联。在西南少数民族地区，他们将人的生命寄托于树木，让我们看到了人与自然彼此向对方植入了自己的文化符号或信息符号，使人与自然本来就具超大关联性的系统融为一体。在人与自然的相互利用之间，存在着特殊的关系，她们在彼此利用对方时，同时考虑到了和自身存在相关的特性，注意到了她们之间的和谐关系，维护了她们之间的自然秩序。

西南少数民族对森林的认知与管理，体现了人与自然环境之间构成了相互依存的网络关系，也说明了在少数民族的生命观里，各种生命现象是平等的，也是互相依赖的。在他们的认知与实践经验里，他们都将自身与其他生物体之间视为一个极为相似甚至相同的共同体，因此人们一旦承认了自身存在某些不同层次的性质很有价值的话，那么按照推理的对等性，人们的这些具有价值的性质在其他生物体甚至非生物体中也同样存在。"像保护眼睛一样保护生态环境"的生态观正是源自于这样的逻辑思维。

诚然，西南少数民族的生态观始终坚持所有生物生命形态平等，生命与无生命的界线并未进行严格的区分，以及各生命现象之间存在着互惠的关系。少数民族的自然生态和人文生态与其认知系统和实践模式相对应，相辅相成，互相制约，相互转化，互补共生。这种对自然的认知模式，铸就了西南少数民族万物关联的生态观，这种生态观不仅排除了人类中心主义，也排除了生态中心主义。

---

❶　这里的"法"是社区中的一种秩序，是大家自觉遵守的有关约定俗成的社区规范。

二、万物有灵的和谐生态观

无论是面对生态危机、社会危机，还是面对人际关系危机，任何一种传统意义上的政治解决手段，似乎都难以获得较为圆满的结果。若从万物有灵的思想观念去安排化解各种危机的手段，诸多的人类社会面临的问题或许会得到较好的解决。因为，人类只有将万物看作是有生命的，才有可能将自然万物视为与人一样具有同等的生命地位，人与自然才有可能实现和谐相处。就好比少数民族在面对树木时，被神化和没有被神化的树木，它们的地位是不同的，被神化了的树木，其生命如同人的生命一样，是被人尊重的，也是被文化符号所控制了的。而尚未具有象征符号意义的树木，在他们来看则如同一般的植物，可以不受他们文化网络所控制。

万物有灵的和谐生态观往往受到自然环境的影响。在一个没有竞争、没有危机的社会环境里，人们对待自然、对待社会大多时候是持着平等的眼光，对自然物不需要赋予更多的特殊文化符号。然而，生活在自然环境恶劣、充满竞争的社会里，人们就有可能面临着各种难以预料、难以解决的问题，这时候仅仅依靠常规的手段去化解，是难以摆脱各种危机的。此时人们往往会产生一种幻想，希望有一种超自然的力量可以帮助他们摆脱困境，而这种力量的产生，首先就是希望自然界存在着一种可以懂得人性的事物，这一事物或许就是各种神灵的力量。

西南少数民族所处的自然环境里，处处充满着危险，一位农民上山劳作，有可能被从山上滚落下来的石头砸伤砸死；一位小孩在房屋周围玩耍，有可能掉落水井里而溺水身亡；一位妇女走在山间小路，有可能被雷电击死。种种不可预测的从天而降的灾难，与他们所处的自然环境息息相关。面对各种自然灾害，人们除了掌握各种应对灾难的技能外，还得依靠神的力量来保护。而这一神的力量就是来自自然万物本身，因此主观上对自然界产生了一种依赖感。而这样一种对自然的依赖感，使人们必然形成了感恩自然、崇拜自然的意识，进而与自然和谐相处。

西南少数民族万物有灵的和谐生态观，是在一系列神圣的宗教仪式中逐渐建构起来的。在他们看来，自然界中的天地山川、日月星辰、动植物等都是一个鲜活的生命体，既然都具有生命，那么它们也就都有灵感。如同他们所认为的，树木生病、枯萎，那是因为其灵魂已经落魄，因此就要给予举行招魂仪式。而这一宗教实践经验来自于他们的日常生活，他们认为古树与人一样，患病都与灵魂落魄有关。因此，他们把人与自然的关系，提升到了人与神灵之间的关系上，赋予了动植物以某种神灵，建构出了神树、神山、神水、神地等，将人们对自然的责任进行了神化，进而将各种神灵推至绝对的权威，并通过一些神圣的宗教仪式来传承这样一种伦理思想。

三、敬畏自然的适度消费生态观

生命中心主义环境伦理学从尊重一切生命为出发点，摒弃人类优于其他生物的观点。阿尔贝特·史韦泽（Albert Schweitzer）曾提出要将爱之原则扩展至一切动物。他以此而创建了"敬畏生命伦理学"的理论系统。[1] 保罗·泰勒（P.W.Taylor）将其环境伦理学理论概括为"尊重自然"，他主张人类对待自然，必须持"尊重"的终极的道德态度。在他看来，所谓"尊重自然"就是尊重"作为整体的生物共同体"，尊重"生物共同体"就是承认构成共同体的每个动植物的"固有的价值"。他认为，生命体之所以具有"固有的价值"，是因为生命体是"具有其自身的善的存在物"。[2] 亨利·戴维·梭罗（Henry David Thoreau）在其《瓦尔登湖》的著作中也提出了尊重每一种生物的价值，建立生命共同体。《瓦尔登湖》中的生态意识主要体现为三个方面：一是尊重生命，平等对待所有生物；二是和谐共生，自然万物是生物共同体；三是解构人类的主体地位。梭罗所说的"我希望我们的农夫在砍伐一个森林的时候，能够感觉到那种恐惧，好像古罗马人在使一个神圣森林（lucum conlucare）里的树木更稀些，以便放阳光进来的时候所感觉到的恐惧一样，因为他们觉得这个森林是属于一些天神的"[3] 就是表达对森林的敬畏。20世纪90年代，日本哲学家、人类学家梅原猛提出了森林思想的概念，他就是号召人们要尊重动植物的生命、尊重天地自然，还要同天地自然、动植物调和地共存下去。

总的来说，生命中心主义环境伦理学强调人与自然之间的生命是平等的，要给予同等对待。但在现实生活中，人在组成社会、进行生产、发展文化之过程

---

[1]　陈泽环.敬畏生命——阿尔贝特·施韦泽的哲学和伦理思想研究［M］.上海：上海社会科学出版社，2013.

[2]　P.W.Taylor，Respect for nature［M］.Princeton University Press，1986：66.

[3]　梭罗.瓦尔登湖［M］.张健，译.长春：吉林美术出版社，2014：266.

中，他们具备了其他生物无与伦比的力量优势，并用自己的双手破坏了生物界相互依存的关系。人若没有拥有这一力量，那么生物界相互依存之关系将难以遭受太大的破坏，那么也就不会出现太大的诸如生态危机问题。但现实是人已经拥有了这一力量，正因如此，人类就不应再心安理得地肯定人优于其他生物，而是应该自觉认识到人也是生物界相互依存关系中的"与自然共生并被自然养育"的存在，从而主动承担起对自然的伦理责任。❶ 这一伦理责任就是要求人们要像尊重人的生命一样尊重自然，对自然要有敬畏之心，还要顺应自然的发展规律，要节制利用自然资源。这种生态观，有效调节着"人的需求"与"生态系统需求"之间的关系，人与自然之间形成了一个"天人之约"的文化机制，即是人有权利用自然资源，但也有义务维护自然持续生存和健康发展。

西南少数民族传统森林文化所蕴含的生态观，一个最鲜明的特点就是尊重自然、顺应自然，以及节制利用自然资源。各少数民族在长期实践过程中逐渐意识到，人类一旦过度地获取与利用大自然资源，那么他们就有可能遭受来自大自然的报复，且遭受报复的程度与破坏自然的程度成正比关系。因此，他们在对待自然时，往往都持尊重与顺应的态度，在利用自然资源时，采取有选择性的控制策略。这种策略来自于他们对自然怀着一种深深的敬畏和负罪感。例如，各少数民族将人的生命融入森林的生命里，将森林视为自己的亲人和伙伴，并加以崇拜与祭祀，在砍伐森林时，要尽量根据森林资源的数量，以及结合森林的成长规律等，他们对森林造成的伤害，还要表示歉意，虔诚地祈求自然的原谅。少数民族往往将人、动物、森林、土地、水源、稻田等看成是一个整体，在这一体系中，人类只是充当适应者和调节者的角色，不仅要保持各种物种的合理数量，而且不能打乱各种物种的生活习性与生存空间，让其自然成长。少数民族对自然的态度，形成了一套适量消耗自然资源、适时利用自然资源，以及确保自然资源能够实现自我循环的生态观。这就是一种适度消费的发展观，也可以说是一种绿色发展的观念。这样的生态观，维护了少数民族地区人与自然之间的平衡关系，进而保持了生物资源的多样性。

---

❶ 岩佐茂.环境的思想：环境保护与马克思主义的结合处［M］.韩立新，张桂权，刘荣华，等，译.北京：中央编译出版社，2006：83.

第三节　全球化与少数民族生态观

总的来看，西南少数民族传统生态观是以环境保护为主旨的，具有与生态环境和谐友好发展的基本特点。但我们必须清醒地认识到，少数民族生态观也随着社会的变迁而发生了演变，尤其是在现代化进程的推进和市场经济的发展的时代背景下，少数民族的生态观受到了前所未有的冲击与挑战，一些民族地区也因此而陷入了严重的生态危机。

一、经济至上与传统生态观

在唯物主义世界观，以及"普世性知识"和"主流文明"的冲击下，人与自然生命同源、价值等同的生态观，以及尊重自然、顺应自然和保护自然的生态观逐渐缺失，取而代之的是，人们开始命令自然、征服自然、改造自然，对自然进行了破坏性地开发与利用。甚至在一些民族地区，人们为了发展经济，不得不以破坏生态环境为代价。经济至上的理念逐渐削弱了传统文化中的环保意识。

最为典型的是我国云南边境地区的橡胶种植所引发的生态危机和生态伦理思想的变迁。笔者于 2019 年 1 月随几位老挝留学生以及几位中国博士研究生深入中老边境的云南省西双版纳勐腊县，以及老挝的琅南塔省（Louang Namtha）芒新县康麦村（kang mai）、洞麦村（done mai）、那赛村（na sai）和果芒村（kok mouang）4 个村调研。该区域主要居住有傣族、苗族、汉族、瑶族、哈尼族、阿卡人等。该区域是典型的热带湿润季风气候地区，降雨充沛、旱雨两季分明。过去这一区域种植的农作物非常丰富，"刀耕火种"是其主要的生计方式。而今，该区域的农作物结构已经发生了深刻的变化，橡胶、甘蔗等农作物已经成为主导地位。就拿老挝南塔省芒新县的康麦村为例，2018 年，该村共有 1725 人，全村橡胶种植面积累计达 187 公顷、甘蔗种植面积累计达 38 公顷、水稻种植面积 45 公顷、玉米种植面积 65 公顷。再如勐腊县，2017 年，该县橡胶种植面积累计达 224.76 万亩、粮豆播种面积 30.16 万亩、茶叶种植面积累计达 15.2 万亩、水果种植面积 12.4 万亩。可见，橡胶种植面积远远高于其他作物。

然而，橡胶种植带来的经济社会贡献的同时，也带来了不可忽视的生态损失，同时也对当地的传统生计方式、社会结构、伦理道德等产生了深刻的影响。在生态损失影响方面，大量的橡胶种植需要砍伐大片的原始森林或次生林。这一生态行为直接导致区域小气候改变、水土流失加剧、水源涵养功能减弱，以及生物多样性减少等生态后果。这些生态灾难已经得到了生态学界的论证。但大量的橡胶种植所导致的社会文化变迁，同样不同忽视。一方面，以牺牲大量热带雨林为代价的单一橡胶种植，削弱了人们对植物世界的包容心，生态环境保护意识日益淡薄。过去人们对植物世界大多是持着非常宽容的心理。例如，傣族"竜林"大多处在一片茂密的森林里，其间物种非常多样，人们对"竜林"里各种动植物都不许侵犯。可是，橡胶种植所带来的经济利益后，有的傣族村寨为了追求经济利益而不顾"竜林"的命运，很多"竜林"因此而被砍伐。西双版纳景洪市勐罕镇原有 50 亩"竜林"，但到 2010 年时，只剩下了 3 亩左右。❶"竜林"被大量砍伐后，傣族传统祭树活动也因此而被中断，人们的生态保护意识也因此而逐渐淡薄。

另一方面，依赖现代科学的橡胶种植技术和管理，削弱了传统互助合作的社会组织方式。在这一区域，传统的稻作农耕文化，决定着各民族内部形成一个互助合作的社会组织方式，在农忙季节，大家互相帮助，几家人集中起来共同耕作，轮流完成每一家人的农事活动。然而，橡胶的种植和管理要依赖现代农业、林业技术，大多时候要接受来自农林部门的专家指导，橡胶的种植和管理往往是家庭和个体的行为。传统互助合作方式、互惠思想在经济结构变迁的背景下逐渐衰微。这一变迁直接影响了人们之间的伦理关系，传统上的各种互帮互助逐渐被金钱交易所取代。"家里只要有积蓄，就不担心庄稼没人种"成为人们对农业活动的基本态度，花钱请人干活成了一种常态。渐渐地，社区中的各种邻里关系、集体归属感日益淡化。这一现象对社会集体意识影响深远，有的村寨过去每年举行的"竜林"祭祀活动，现在变为几年才举行一次，有的村寨甚至因没有了"竜林"而中断了这项具有集体欢腾性质的宗教仪式。社区生态环境保护习惯法、社区治理制度等也因此而被削弱。可见，经济至上对传统生态伦理思想的冲击是非常严重的。

---

❶ 杨筑慧.橡胶种植与西双版纳傣族社会文化的变迁——以景洪市勐罕镇为例 [J].民族研究，2010（5）：65.

二、生计转型与传统生态观

在现代科技的推广及市场经济的利益驱动和经济结构的调整下，少数民族传统的生计方式难以满足现代人所追求的更高的生活水平，他们只有逐渐放弃那种节制利用自然资源以维持较低水平可持续发展的模式，取而代之的是，对自然资源采取大规模的开发与利用，以此来追求现代人所谓较高生活水平的模式。这样一来，少数民族传统的生态观并非完全适应于现代社会发展的需求，甚至有时候两者之间还发生冲突，致使人们对传统生态价值的漠视，这导致了少数民族传统生态观在现代化浪潮中逐渐流失。

以贵州省都柳江流域为例，当地苗族、侗族、水族、布依族、瑶族等少数民族过去都是依靠农家肥作为农业生产的肥料，这需要喂养大量的大牲畜和家禽。因喂养的大牲畜较多，他们不得不将牲畜棚圈安置于野外。例如，在荔波县佳荣镇大土苗族村，现该村的森林、农田周围仍然保留有大量的被废弃了的牛棚。通过访谈当地村民得知，当地苗族祖祖辈辈为便于使用牛劳作而在距村寨较远的耕地上修建牛棚，且将牛四季放养山野，牛在夜间自己进入牛棚栖息，不需要人工干预，牛棚构成了当地村落空间的一个重要组成部分。当地老人们说，在 20 世纪 90 年代以前，平均每户人家喂养的牛约 6 头，有的人家有 10 多头。每户人家根据自己的农田，在不同的地方修建多个牛棚，有的家庭的牛棚至少有 3 个。那些农田比较分散的家庭，他们的牛棚少则有 5 个。这些牛白天流窜于农田周围和森林里寻食，夜晚栖息于牛棚。到春播和秋播季节，就从牛棚里牵着大牛来犁田，犁田结束后，又放回牛棚。有的农田就位于牛棚周围，每天犁田结束后，当日将牛放回牛棚，犁田工具也放在牛棚里，人空手回家。那些距离村寨很远的农田，在春播季节，为了赶水，❶村民们带着干粮上山犁田，有的连续几天不需返回家里，夜间与牛同住于牛棚里。

成群的牛在山上食饱后，白天就地排便于森林和农田里，夜晚回到牛棚后，还需大量排便。在农闲时间，村民们上山割草，并放入牛棚里，嫩草在夜间被牛吃掉，剩下的作为牛圈的铺设物。另外，秋收之后，稻草不需搬运回家，而是囤积于牛棚周围。在冬天里，山上的嫩草、树叶匮乏时，这些稻草就作为牛的主要饲料来源。只需要每隔 3~5 天到山上一次，将大量的稻草放入牛棚里，供白天未

---

❶ "赶水"，即是乘着天下大雨，将农田犁耙，以此确保农田截留雨水。

能食饱的牛吃。稻草尖部被牛吃掉，剩下的根部作为牛圈的铺设物。这种饲养大牲畜方式，可以很好地将牛的粪便保留于牛棚里和森林里。村民们说，那时候，一个牛棚每年囤积的厩肥少则有几百挑。牛棚里的粪便一旦堆高，就将其拉出牛棚，堆积于牛棚周围。一年下来，除了牛棚里满圈都是粪便外，还有 3~5 堆的牛粪，每堆都比人高。一到春播和秋播，只需要极少的人力，就能够将这些牛粪抬到田里。一亩大的农田，一年至少投放 20 挑的牛粪，按每挑 50 千克计算，大土村约 1000 亩的农田至少投放 1000 吨的牛粪。

村寨周围少量农田的施肥，则主要依靠饲养在家里的猪粪便。大土村人除了在山上饲养大牲畜外，每户人家每年至少喂养 3 头猪，还有大量的鸡、鸭、鹅等。猪和家禽所产生的粪便绝大部分都是投放于村寨周围的农田里。过去，大土村人每户人家都在自家房屋的一楼留出一空间作为猪圈，鸡、鸭、鹅等家禽夜间也是栖息于猪圈里。也有的人家在房屋背后另搭猪圈。一年下来，猪圈所囤积的粪便少则也有百来挑。一到播种季节，人们就将这些粪便抬到离村寨较近的农田里。另外，人的粪便则主要用于菜地。每户人家都在村落周围有一块旱地，用于种植蔬菜，供猪、家禽，以及家庭食用。这样一来，牛的粪便均用来施肥于距离村寨较远的耕地，距离村寨较近的则使用人和猪、狗、鸡、鸭、鹅等的粪便施肥。

村民们除了收集到牛棚、猪圈里的大量粪便外，还有一部分留存于森林里。这些粪便是树木成长的重要能量之一。此外，牛群常年流窜于森林里，对树木的干预具有积极的一面。树木的成长并非完全排除外在力量的干扰，有的树木需要修剪后才能茁壮成长。在此，牛具有这样的替代功能。牛群在森林里，喜于啃食树林底下的嫩草及嫩叶。部分嫩草、嫩叶被啃食后，留给其他一些树苗足够的成长空间，有利于其呼吸。都柳江流域的地貌决定了当地的表土层较为松散，树苗扎土较浅，一旦遇到雨水冲刷，有的树苗连根拔起被雨水冲走。但通过牛群踩踏后，有的树苗被扎入更深的泥土里，就可以避免被雨水冲刷的可能性。牛群将某一片地的嫩叶嫩草啃食完毕后，它们会流动到下一片区，将下一个片区啃食完毕后，又流动到其他片区，循环流动于某片较大的森林里。当牛群再次来到之前的片区寻食时，被扎入泥土更深的树苗，其叶子已不再是嫩叶，不再作为牛群的饲料，它已经具备了成活的条件。通过牛群踩踏后，一部分优质的树苗最终得到成长。因此，牛对树木的成长尤其重要。不仅给予提供粪便能量，还干预其成长。

历史上，都柳江流域少数民族普遍都是采取这样的饲养方式，形成了自身独特的带有地方性知识的饲养文化。然而，这种饲养文化却蕴含着重要的生态智慧，其中最为鲜明的特点是，当地少数民族通过牛棚文化的创建，实现了远、近耕地获得相对均衡的粪便能量。斯图尔特（Julian Steward）提出了文化是人类对于环境压力的适应。继承他的有维达（Vayda）、拉帕帕特（Rappaport）、哈里斯（Harris）等，他们强调生物数量和生态系统的能量流动。牛粪作为一种能量，当地少数民族通过牛棚文化的创造，让牛粪流动于村落周围，使当地生态系统获得相对均衡的能量而趋于稳定。

然而，在现代化进程中，都柳江流域的牛棚已经被废弃。从 2000 年左右开始，牛群逐渐被牵回家里饲养，很多家庭不得不在房屋一楼修建牛圈，还需远到森林里或耕地周边割草，然后抬到家里喂牛。牛圈每年囤积的粪便，还得一挑一挑地抬到田里，投入的劳力较之前大大增加。再后来，喂牛的数量越来越少，牲畜、家禽的粪便也就越来越少。导致这一变迁的主要原因有几个方面。

第一，随着乡村公路的修通，都柳江流域原先很多封闭的村落逐渐向外界开放，而乡村公路的修通也有其弊端的一面，社会治安变差就是一个方面。过去，都柳江流域少数民族村寨除了将牛放养山野无人偷盗外，他们的粮食、劳动工具等重要的家庭财产放置于房屋之外且无人盗窃。但乡村公路开通后，原来宁静的生活已经被打破，偷牛盗马之事时有发生。村民们不得不将牛群拉回家里。此外，都柳江流域的地理地貌决定了其社会治安相对较好，很多村寨坐落在深谷之中，在过去即使偶尔有人进入森林里盗牛，但也难以将牛从山谷中牵走。茂密的森林基本上无路可走，穿越村寨的道路是必经之路，偷盗者不敢贸然进入。

第二，工业化肥的普及，改变了人们对传统施肥的认知。随着现代农业的发展，科技农业的消费观念不断渗透到都柳江流域，牛粪逐渐被工业化肥所取代，人们的农业消费文化已发生了变化，购买化肥已成为他们每年农事活动中的一项重要任务。比较传统的施肥方式而言，工业化肥在劳动力的投入上较以前大大降低。一部分农村劳动力在这场现代农业革命中得以解放出来，进而转移至城镇寻找新的出路。这必然转移了他们对牛的注意力，传统饲养文化也就发生了极大的变迁。牛群被赶回家里饲养，且数量急剧下降，是社会转型的必然结果。

第三，传统文化变迁，降低了牛在地方社会的地位。以苗族为例，苗族的

"牯藏节"要 13 年才举行一次，该节日是苗族最为重要的一项宗教仪式，杀牛祭祖是这一节日最为显著的特点，届时每户人家都要杀掉一头大水牛，然后用牛角挂在堂屋里，以此祭祖。在过去，苗族为了迎接牯藏节，他们往往都要提前 5 年以上的时间喂养水牛。在他们传统思维里，牯藏节所杀的水牛必须是自家喂养，不能购买。他们说："购买来的牛杀给祖宗，祖宗都不要。"这一传统的文化制度，必然带动着家家户户都要喂养牛。另外，苗族是一个喜于斗牛娱乐的民族。在一年中的很多节日里，都要举行斗牛娱乐。一个家庭或一个家族的某头牛，若能在斗牛比赛中胜出，那将是整个家庭或家族的荣耀。他们往往以拥有勇敢、好斗的牛为自身社会地位的一个重要标志。这一社会娱乐文化同样带动了很多家庭争先饲养大量的牛，以挑选出优质者用于斗牛娱乐。然而，随着苗族文化的变迁，无论是"牯藏节"对牛的需要，还是斗牛娱乐对牛的需求，如今大多时候他们所利用的牛，都不是来自自家饲养了，而是从市场上购买。2007 年 12 月 30 日至 2008 年 1 月 3 日，都柳江流域的榕江县兴华乡高排村举行了一次盛大的"牯藏节"，通过访谈当地村民得知，他们以前举行"牯藏节"时，都是自家喂养水牛，且每户人家都必须杀一头水牛。但此次节日，他们所杀的牛，有很大一部分是从市场上购买来的，且有的经济困难的家庭，因自己无力购买水牛，所以就联合几家人共同购买一头，这几家人一般是一个宗支。因此，此次"牯藏节"所杀的牛较以前大大减少。这种消费与消费文化的变化，使他们对牛和牛粪的认知都发生了变化，牛和牛粪对他们来说已不那么重要了。

第四，人口流动也是促进传统饲养文化变迁的一个重要因素。在中国大量人口流动未爆发之前，都柳江流域各个村寨的劳动力基本上都是投入到家庭农业生产中。在乡村人口相对固化时期里，可以有足够的劳力投入到家庭饲养活动中。那时候，很多家庭都是八九口人以上，这样的家庭劳动力完全可以饲养六七头牛以上，还可以饲养五六头猪，另有成群的鸡、鸭、鹅等。可是在大量人口外流务工后，留在村寨里大多是老弱病残者。人口结构的变化，已经无法经营过多的家禽和牲畜，更是难以顾及流窜于森林里的牛群了。饲养家禽和牲畜的数量必然下降，甚至在很多村寨里，已经没有几户人家饲养牛了。当地留守老人笑称："不要说家禽和牲畜的粪便减少，就连人的粪便也少了，因为现在留在家的人不多了。我们种菜也不需大粪了，即使有大粪也抬不动到地里。现在一些家庭的厕所不像过去那样是旱厕了，而是改为水冲的了。人的大便都被水冲入水沟了。"

以上几个方面的变化，导致了都柳江流域饲养文化的变迁。原来由牛自主分配其粪便的方式，变为由人来分配。而在当前劳动力不足等因素下，距离村寨近的耕地获得的粪便较多，距离村寨较远的则获得很少，甚至有的耕地已经有十多年没有得到牛粪的施肥。其生态后果是，远、近的耕地及其周边的生态系统所获得的粪便能量失去了平衡，也即是打破了当地牛粪能量的守恒，导致其生态系统发生了变化。有的距离村寨较远的耕地，现在已全部依靠人工化肥，土地板结现象非常严重。森林里长满了植物，看上去非常茂密，人无法进入。但实际上，这些植物大多为不能直立的藤蔓植物，虽然具有保持水土的作用。但却遮蔽其他树苗的生长，影响森林资源的质量。

可见，饲养文化的变迁，直接影响着人们对生态环境保护的意识。从人对牛的态度，演变为人对耕地、对森林的态度。在人们对牛及其牛粪重视的时期里，耕地、森林得到了很好维护，从村寨至森林的半径范围内的生态系统获得相对平均厩肥能量而趋于平衡；在人们对待牛及其牛粪不再重视的时期里，耕地、森林都失去了精心的维护，在生态伦理思想的变化下，其生态系统也就失去了平衡性。

三、社会流动与传统生态观

人不仅是创造文化的主体，也是传承文化的主体。因此，人口的流动必将使文化形态受到影响，而且流动的程度越大对文化的形态的影响越深。当然，这种影响是双重的，有利有弊。西南地区多民族和不同地域的文化，有着异彩纷呈的人文底蕴。但因社会的变迁，以及经济的迅猛发展，尤其是推进西部大开发以后，在经济大潮、现代理念和生产方式的冲击下，很多少数民族为了摆脱经济上的贫困而流入城镇务工。他们在与流入地的交往中，必然与其他文化发生接触。另外，少数民族丰富的自然资源，同样吸引了外来人口的进入，也必然引入了外来文化。

在商品经济的影响下，民族传统文化的保护与传承受到极大的冲击。例如，刺绣是贵州省雷山苗族妇女的传统手工艺，刺绣图案体现着苗族深邃的生态伦理思想。在人口大量流动的起初阶段，热爱绣花的苗族妇女外出务工时，常常从家乡带着绣片以及绣花工具到流入地，以便空闲时和姐妹们一起绣花，大家在务工生活中，还能互相学习他们传统的手工艺。而今，为了遵守严格的上班时间规定，以获得更多的劳动报酬，刺绣工艺逐渐淡出她们的生活。以前绣一张绣片只需 1 天的时间，而今则需要 1 周以上；以前绣一套盛装只需要 1 年时间，而今则需要 5 年左右的时间。这些社会和人为因素造成的传承鸿沟，使民族文化资源逐渐流失和变异，传统的生态观也逐渐淡出人们的生活。

第四节　超越传统与现代的简单化对峙

虽然现代科学知识可以推动人类社会发展，很多技术上的难题都在现代科学知识的光环下得以解决，但伴随现代科学知识而形成的远离或凌驾于自然界之上的世界观、价值观，在应对复杂的生态系统方面却未能获得较大的成功。而相对于现代科学知识的传统生态知识，在应对复杂的生态系统时却表现出独特功能与价值。

在应对生态危机时，必须超越传统知识与现代知识的简单化对峙。但传统知识也要进行创新与发展，使其与现代科学技术、组织形式和全球市场体系相结合，进而转变为一种传统与现代相结合的新型生态知识。传统与现代相结合的新型生态知识，可以说是应对当前全球性生态危机的必经之路。历史上，传统生态知识在生态维护上曾发挥过重要的作用，但在现代文明的时代背景下，世界各国在生态建设上过多地仰仗现代科学知识，放弃了传统生态知识的利用。进步主义是现代性思想的一个重要组成部分，但进步主义具有抹杀文化多样性的嫌疑。

实践证明，现代科学知识并非是生态建设的唯一手段。很多传统生态知识所体现的独特的价值是现代科学知识所无法具备的。传统的价值不在于它有多少符合科学、符合"现代文明"的内容，而恰恰在于它与科学的不同之处，它能够为我们提供一种与工业文明不同的生存方式。❶

当然，传统生态知识同样也存在自身的缺陷，如一些传统生态知识具有明显的地域性和民族性，要将这些知识推广到其他地域，不仅没有成效，可能会适得其反。传统生态知识虽然蕴含巨大的利用价值，但这并不意味着它就必然能够获得与现代科学知识同等重要的地位。"事实上，在现代科学知识面前，乡土知识已屈身于边缘"❷，因此，既要"承认多元地方性知识的合理性，在记录、挖掘、维护与利用、重构地方性生态知识时采取较为审慎的态度，不妄加菲薄任何一种

---

❶ 田松. 神灵世界的余韵 [M]. 上海：上海交通大学出版社，2008：174.
❷ 柏贵喜. 乡土知识及其利用与保护 [J]. 中南民族大学学报：人文社会科学版，2006（1）：20-25.

地方的知识，同时，也防范滥用特定的某一体系的知识去跨越所有的边界"❶。

虽然"乡土知识在生态保护上不是全能的，但它可以弥补在生态环境保护过程中现代技术、法律、经济或行政等手段的不足"❷。"发掘和利用一种民间传统知识，去维护所处地区的生态环境，是所有维护办法中成本最低廉的……最终实现与普同性的技术、法律、经济或行政手段的结合。只有奠定了这样的认识基础后，我们才能进一步弄清各种民间传统知识的作用机制，协调一致的生态维护体制也才可能建成"❸。

西南少数民族传统文化中固有的生态观，可为实现生态文明提供坚实的哲学基础与思想源泉。❹因此，可通过发掘各民族中的生态伦理思想，将各民族传统生态知识扎根于民间社会生活中，让传统生态文化发扬光大，使传统生态知识与现代生态理念有机地结合起来，促使传统生态知识与现代科技知识的协调互补。

第五节　西方现代生态伦理学的"东方转向"与中华文化自信

西方现代生态伦理学界现已逐渐意识到，人类当前所面临的生态环境危机是伴随着近代文明的出现而形成的，它与广泛传播于世界的西方社会文化传统中的主流价值观有关。这种价值观最显著的特点就是，强调人与自然的主客二分，以及人具有改造自然和征服自然的能力。这种价值观是造成当今生态环境问题的思想根源。对当代生态环境危机的讨论，西方学者主要出现浅层生态学和深层生态学两种观点。前者将生态环境危机根源于不合理的政治制度、法律制度、经济制度，以及对自然资源开发利用的失控等；后者则认为造成生态环境危机最主要是与人的价值观念有关。人类在与自然环境的交往中强调主客二分，在追求生活水平和生产水平中，以短视利益为主要驱动力，缺乏对人类整体利益的关切等观念都是造成生态环境危机的根源。因此，深层生态学倡导要从转变人的思想观念

---

❶ 李霞.生态知识的地方性［J］.广西民族研究，2012（2）：60–65.

❷ 柏贵喜.乡土知识及其利用与保护［J］.中南民族大学学报：人文社会科学版，2006（1）：20–25.

❸ 罗康隆，杨庭硕.生态维护中的民间传统知识［J］.绿叶，2010（11）.

❹ 陈炜，郭凤典.可持续发展的要求：走向生态文化［J］.科技进步与对策，2003（11）：63–64.

来应对生态环境危机,尤其是依靠人类整体道德水平的提高和生态伦理观念的普及。❶但在这两种观点中,浅层生态学仍占多数。这与西方一直以来强调的人与自然相分离及科学与价值相对峙的传统文化有关。

近代以来,追求征服自然、控制自然的西方传统文化被广泛传播,并对整个世界知识体系产生了深远的影响。就中国而言,在很长的历史时期里存在着对西方文化的盲目推崇。但需要警醒的是,在现代化进程中,东方世界已经不同程度地被西方传统文化中的这种所谓的"普世性"价值观侵蚀而引起了一系列的生态安全问题,这已经成为世人的共识。

面对全球性的生态环境危机问题,东西方学界开始反思西方传统文化。一些生态伦理学家开始对东方传统文化中所包含的"人与自然和谐相处"的思想产生兴趣,如生态伦理学的创始人施韦兹和罗尔斯顿就十分推崇东方传统文化蕴涵的尊崇自然、师法自然的生态智慧。西方现代生态伦理学由此呈现出"东方转向的趋势"❷。要走出当前生态危机的困境,需要突破和超越西方的人类中心主义,要积极吸纳西方之外的思想文化资源。❸尤其是东方文化中的生态观应该获得应有的地位。追求人与自然和谐统一的"天人合一"境界是东方文化的核心思想,"天人合一"思想境界贯穿于中国传统文化发展历程的生态和伦理范畴。❹这种思想体系强调人与自然互为交融、互为关联、互为原型、互为结构、互为整体。东方文化传统对生命和宇宙的认知与西方文化传统中的人类中心主义思想截然不同。

解决当前的生态环境危机问题,必须树立正确的世界观和价值观,"回归"东方传统文化,建立一种尊重自然、敬畏自然、顺应自然、爱护自然、保护自然的生态理念,重新认识和挖掘东方传统文化中蕴含的人与自然的和谐共生、尊重自然的固有价值和敬畏生命的实践取向等生态伦理思想。❺但遗憾的是,作为东方文化重要组成部分的中国文化在近现代西学东渐风潮席卷下同样遭受了不同程度的冷漠,在一段历史时期里,国人对自己传统文化缺乏足够的自信。当然,造成这一原因主要是与国家的综合国力有关。

1997年,费孝通先生提出了"文化自觉"理念。虽然"文化自觉"属于费先

---

❶ 朱晓鹏.论西方现代生态伦理学的"东方转向"[J].社会科学,2006(3):45.
❷ 朱晓鹏.论西方现代生态伦理学的"东方转向"[J].社会科学,2006(3):45.
❸ 白奚.中西方人类中心论的比较与对话[J].中国社会科学,2004(1):131.
❹ 包庆德.天人合一:生存智慧及其生态维度研究[J].思想战线,2017(3):154.
❺ 赵海月,王瑜.中国传统文化中的生态伦理思想及其现代性[J].理论学刊,2010(4):73.

生一生所思考的重要命题，但直接触动费先生提出这一理念的是美国学者詹姆斯·莱德菲尔德（James Redfield）所写的小说《塞莱斯廷语言》。费先生阅读《塞莱斯廷语言》后，反思了西方文化。他说："撇开小说里的奇遇不说，只就它作为西方文化的反思那一部分来说，是值得我们注意的。作者从第一个千年的西方文化说起，前半个五百年里欧洲正处在所谓'中世纪'，人们在'原罪意识'控制下把自己一生命运统统交给了一位全能的上帝去支配，这样浑浑噩噩地过了半个'千年'。后来经过一场宗教革命，推倒了神的权威，接着又被世俗的追求所控制。人们既不再想在死后进入天堂，眼前只有现世的需求。个人的生活关切把人带进了物质享受的小天地里，只求舒适地生活，不再问为什么活着。一生追求感觉上的刺激，到头来落得个心理上的空虚和焦急。在这五百年里人类的科技大为发达，使人利用资源的力量大增，配合上但求享受的人生观，对地球上有限的资源，肆意开发和浪费，导致那一部分有权有势可以控制资源的人无餍地挥霍、掠夺。于是这个世界出现了贫富的两极化。如是过者又五百年。到目前快要进入第二个千年之前也就是当前的时刻，众生所依赖的大地，经不起这样的糟蹋，已经亏损得到了日暮途穷，甚至整个地球都已变色，人们出现了'千年忧患'的情结。以上就是我所说的对西方文化的反思。"❶ 费先生紧接着说："读完这本小说，我觉得作者主张跨入 21 世纪之前，西方文化应当清理一下自己的过去，认清自己真实面貌，明确生活的目的和意义，不正是我这一段时间里所想到'文化自觉'么？看来文化自觉是当今世界共同的时代要求，并不是哪一个人的主观空想。"❷

从费先生提出"文化自觉"理念的时代背景来看，直接触动他的是西方文化对自然资源的掠夺和破坏所引起的生态环境恶化及贫富差距等社会问题的历史事实。面对西方文化对整个世界知识体系的影响，以及导致的生态环境危机等问题，费先生提出中国人要对自己的文化有"自知之明"，以加强对文化转型的自主能力。文化自觉首先要认识自己的文化，然后还要理解其他文化，才能在多元文化的世界里确立自己的位置，与其他文化和平共处，取长补短。❸ 总之，在西方文化的冲击下，中国人要对自己的传统文化有高度的认同。

各民族共同创造了悠久的中国历史、灿烂的中华文化，对中华文化的自信

---

❶ 费孝通. 反思·对话·文化自觉［J］. 北京大学学报：哲学社会科学版，1997（3）.
❷ 费孝通. 反思·对话·文化自觉［J］. 北京大学学报：哲学社会科学版，1997（3）.
❸ 费孝通. 反思·对话·文化自觉［J］. 北京大学学报：哲学社会科学版，1997（3）.

也包括对各少数民族优秀传统文化的自信。习近平总书记在 2014 年中央民族工作会议上强调的"中华文化是各民族文化的集大成""不让一个民族认同本民族文化是不对的，认同中华文化和认同本民族文化并育而不相悖"等重要思想构成了习近平的中华文化观。可以说，中华文化与中国少数民族文化是同一概念的不同表述，中华文化是国家统一的文化，具体民族的文化是整体中的局部和"部分"。❶

这些论断无不肯定了各民族传统文化的当代价值与地位，这也是我们研究西南少数民族传统森林文化的出发点和落脚点。西南少数民族传统森林管理知识背后蕴含的朴素而深邃的生态观属于中国传统哲学的基本范畴，也是中华文化的重要组成部分。我们对西南少数民族传统森林文化的研究，既是倡导发掘利用少数民族传统生态知识在当今生态维护中的作用，又期盼少数民族传统生态观可以传播至东西方世界，为解决全人类共同面对的生态环境危机做出贡献。

---

❶ 丹珠昂奔.认识与自信——关于民族文化的思考［J］.西南民族大学学报：人文社会科学版，2016（7）：45.

附录1 森林管理习惯法

甘鸟林业管理碑·公议条规

尝思人生所需之费实本与天下当共之,故曰:君出于民,民出于土,此之谓也。夫我等地方,山多田少,出产甚难,惟(唯)赖山坡栽植杉木为营生之本,树艺五谷作养命之源。夫如是杉木之不可不栽,则财自有恒足之望耳。况近年以来,人心之好逸恶劳者甚多,往往杉之砍者不见其植,木之伐者不见其栽。只徒目前之利,庶不顾后日之财。而利源欲求取之不尽,用之不竭者难矣。于是予村中父老约议:凡地方荒山之未植种者,务使其种,山之未开者必使其开。异日栽植杉木成林,而我村将来乐饱食暖衣之欢,免致患有冻有馁之叹矣。是以为引之。条规列后:

一议:凡地方公山,其有股之户不许谁人卖出。如有暗卖,其买主不得管业。

一议:我山老苑一概灭除,日后不准任何人强认。

一议:凡有开山栽木,务必先立佃字合同,然后准开。如无佃字,栽手无分。

一议栽杉成林,四六均分,土主占四股,栽手占六股。其有栽手蒿修成林,土栽商议出售。

一议:木植长大,砍伐下河,出山关山。其有脚木不得再争。

一议:木植下江,每株正木应上江银捌厘,毛木肆厘。必要先兑江银,方许放木。

一议:谁人砍伐木植下河,根头不得瞒昧冲江,日后察出,公罚。

一议:放木夫力钱,每挂至毛坪工钱一百四十文,王寨一百二十文,挂治一百文。

一议:我等地方全赖杉茶营生,不准纵火毁坏山林,察出,公罚。

一议：不准乱砍杉木。如不系自栽之山，盗砍林木者，公罚。大汉民国壬子年十月十五日

剑　金

甘乌寨首人：范基燕、范基相、（范）基朝、范锡　永　立

林　先

匠人：刘松生

注：碑存于平略镇甘乌村内，高 130 厘米，宽 65 厘米，厚 7 厘米。

林再祥、吴定昌抄录

资料来源：王宗勋，杨秀廷：《锦屏林业碑文选辑》（内部资料），2005 年。

归固风水林禁碑·告禁碑

　　立禁石碑，为此振顿玄武山以保闾里事。窃思鼻祖开基故村以来，数百年矣。先人培植虫树，兹生荣荣秀蕊，茂茂奇枝。远观如招福之旗，近看似□罗之伞，可保一枝人人清泰，户户安康，亦能足矣。谁知木油就树而生，如井泉之水。今有人心不古，朝严夕砍，难以蓄禁，众等奈何。前两岁同心商议，将虫树一慨（概）除平。众云千古不朽莫若米黎，树之则更甚矣。念乎一人之所禁，奈何独立难持，故今众等设同较议复旧荣新，所栽米黎树今已成林，不准那（哪）人妄砍。杉虫木者不准修培。开茶山者远望满地朱红，就龙身无衣一般。人人见之心何以忍哉？今禁以后，务宜一村父戒其子，兄免其弟。若有人犯者，具有罚条文开列于后，勿谓言之不先也。

　　一议：后龙命脉之山，不准进葬。倘有横行进葬者，众等齐众挖丢。

　　一议：后龙不准放火烧山。如犯者，罚银钱三千三百文。那人拿获者报口钱一千三百文。

　　一议：后龙不准砍杂树、割秧草两项。如犯者，每项众等罚钱一千三百文。那人得见报者口钱三百三十文。

光绪三十三年正月初八日众等公议立

　　注：碑高 123 厘米，宽 30 厘米，厚 6 厘米。现仆于归固村小学校边一村民仓库门前。

杨正武抄录

　　资料来源：王宗勋、杨秀廷：《锦屏林业碑文选辑》（内部资料），2005 年。

锦宗村乌租山林木分成碑·万古不朽

盖闻起之于始，尤贵植于终。祖宗历居此土，原称剪宗寨，无异姓，惟（唯）潘、范二姓而已。纠集商议，将自乌租、乌迫、乌架溪以上一带公众之地，前后所栽木植无论大小系十股均分。众寨人等地主占一股以存，公众栽手得九股。日后长大，不论私伐，务要邀至地主同卖，不追照依，无得增减。庶有始有终，不负先人之遗念，子孙自然繁盛耳。

纠首：播文炳、范明远、范永贵、范德尚、范明才、范明瑾、潘文胜、范明世、范国龙、范佑安

乾隆五十一年孟冬月 日立

注：碑立于河口乡锦宗村口古树下，高120厘米，宽70厘米，厚8厘米。

王宗勤抄录

资料来源：王宗勋、杨秀廷：《锦屏林业碑文选辑》（内部资料），2005年。

瑶光神树碑·合村保障

尝谓不可负者生成之德，而当报者呵护之恩。故在人有功被当时者，妇嬬难忘，每流千载之歌颂。而在物有灵镇一方者，士民沐德，常崇百代之馨香。要皆取其有济于我村后龙之枫木若□者，精华秉之于日月，魂之于山川。其木跨石而生，龙盘直上。其木顶石而伏，龟贮为概貌，妖娇真难拟议，颖秀实无比方。固一望而知地脉之钟灵，木石之有知者，不受其蚌蠓，亦无由知其神异。惟咸丰六、七年间，寇气未净，尝蒙显威，以得保民灾祲无闻，时叼垂光于本境。迄今合村共享升平，虽叼上天之庇，而要莫非枫木岩神之灵所致也。用是志切酬功捐资约会，祀义不一，以岩神会统之。会期无常，以三月朔定之。惟（唯）愿众心合一，绵百代之馨香。神德宏施，流千载之歌颂。将民安物阜，群安鼓腹之风，岂非懿哉。

姜兴国、姜德宣、潘邦清、姜兴湛、姜乔庚、周德丰、姜福临、姜吉盛、姜开仕、姜恩高、姜尚文、张东长、姜兴学、姜乔保、姜应兴、姜丙祖、姜恩仁、姜兴禄、姜兴卯、姜起风、周佑生、饶永茂、姜德贵、姜作智、姜培厚、龚占兴、姜安邦、姜宣铎、姜安□、姜成荣、姜成美、姜成随、姜三隆、姜作善、姜安仁、饶为玉、姜成仁、姜成周、姜发明

光绪五年岁次己卯 又三月谷旦立

注：碑存于河口乡瑶光上寨后枫树下。高 150 厘米，宽 80 厘米，厚 7 厘米。

王宗勤抄录

资料来源：王宗勋、杨秀廷:《锦屏林业碑文选辑》(内部资料)，2005 年。

瑶光神树碑二·地灵人杰

吾乡耸翠层峦，西南干脉龙形之雄伟，势压群峰。由广东经广西入黔出湘，环统数千余里，蔓延四省。自朗洞者练分枝出乌周，高峰经十二盘达凤形山，威巍状起，入接吾乡。上开天池九十九眼，下临清河二水流，绕前如玉带。然观音成形，后龙有古树，大小列空，实称至灵，历为吾乡保障。凡乡中遭变乱，均显神威佑，为正者逢凶化吉，为邪者神不相拥助。先人创会于前，吾人既沾其泽，又当此国危寇深，人心离乱，应当继会于后。一系酬神魏德，二可团结我地人心，作相应准备自卫地方。是为序。

智夫题

姜培俊、姜启琼、姜启瑶、姜光铨、姜振贤、姜永清、饶增贤、姜金泽、张炳衡、姜希永、姜希杰、潘恭富、姜思礼、姜万椿、姜凤标、张炳煌、姜廷杰、姜起翰、潘定湘、姜世模、姜合富、姜灿明、饶增贵、姜廷敏、姜明福、姜水臣、姜万祥、姜炳辉、姜通干、姜万章、姜吉清

民国三十年岁次辛已

注：碑立于河口乡瑶光中寨村上寨后枫树下。高 120 厘米，宽 86 厘米，厚 7 厘米。

姜述熙抄录

资料来源：王宗勋、杨秀廷：《锦屏林业碑文选辑》（内部资料），2005 年。

大瑶山团结公约补充规定

瑶山各族人民一年多来，在执行大瑶山团结公约中，加强了民族团结，发展了生产。我们为了彻底贯彻团结公约精神完满解决具体实际问题，特根据目前情况，本着有利团结有利生产的原则，作如下补充规定。

第一条　关于种树还山问题

1. 订有批约者，以批约为准，已退批约者为还山，未退者不还。

2. 没有订批约者，或订有已遗失者（指种树者失批约），原则上按谁种谁收，如双方争执时，双方亲自到区人民政府报告，在不伤民族感情下，协商处理，但根据历史社会情况，应多照顾种树者。

3. 承批人向出批人批山岭开荒种地而出批人去种树，不管有无批约，由双方协商处理，按双方所出劳动力多少来分树，根据历史情况及社会情况，应多照顾开荒者。

第二条　关于山权问题

1. 为当地各族人民公认历来没有开垦而树木成林的山叫老山，该老山可以培植土特产，不准开垦，各族人民可以自由到老山培植土特产，并加以保护，但为了避免彼此猜疑可以协商划分地区各自培植。

2. 开伐过之山现已成林者，可根据当地情况在保护森林与水源原则下，由政府领导通过当地各族代表，划定若干森林区封山育林，但为了解决靠种地为生的贫苦群众要求，经区人民政府批准可在林区开荒。

3. 水源发源地由政府领导通过各族代表划定水源范围内之林木不应砍伐，以免损坏水利，不利灌溉。除此之外不得乱扩大水源范围，限制开荒。

4. 牛只应有专人看管，不得乱放，牛场地点大小由当地人民政府协同代表，根据牛只多少和需要，协商踏勘划定牛场范围。但牛场不要过宽过多。

5. 村边附近的柴山归该村所有，不得借口生产，而在村边柴山开荒。

6. 开荒时石头滚到别人田、地、水沟、水圳田，开荒负责搬开，坏者修理，并注意不让泥土冲到别人田里。

第三条　关于瑶区内部租佃关系问题

租佃关系应根据发展生产提高生产积极性的原则，其租额规定由双方协议，原则上以每亩产量在五百斤以上者租额不超过主一佃二,三百斤至五百斤不超过主一佃三,三百斤以下者不超过主一佃四，如原租额低于此定者照旧不变，并以新中国成立后一九五一年每亩产量为准，双方订立新批约，按批约交租。今后佃户加工肥所增产的粮食，全归佃户所有，如因灾情减产，双方协商，按灾情损失轻重，酌情减免租额。

一九五三年二月二十四日

资料来源：广西壮族自治区编辑组:《广西瑶族社会历史调查》（第九册），广西民族出版社，1987 年。

三都水族自治县水各乡水各大寨乡规民约

党有国法，家有家法，民有公约。为了维护社会治安，保护集体，个人森林和人民财产以及人民生产果实利益。经我大寨村组民干和群众充分讨论制订以下条例：

第一条 我水各大寨群众遵照原来老界荒草坡和山林、山地界线为准，我寨老林与新培育的松、杉、柏、桐树等。圆周大一尺以上偷砍罚款五十元，一尺以下罚款二十元，原物归主人。

第二条 严禁放火烧山，若烧毁林坡，每亩罚款十元，烧荒草每亩罚款两元，情节严重者交上级处理。

第三条 禁止外地人到我山坡挖沙开石方，如发现一律投收（国家需要、个人需要不算）。

第四条 不准拉马车到我山坡割草和进入山林打柴，如出现没收所砍割的柴草外，每车罚款五元，如拒不交，先扣马车和马等，原物归主人。

第五条 禁止外寨放牛进入本山坡，如发现把牛拉到本村，每头牛罚款二元。

第六条 偷砍别人山林、砍杂柴、杂草等，每挑罚款二元，砍松、杉、柏、桐树等，每棵罚款五元，原物归主人。

第七条 未经允许乱进入别人的自留地，砍割青嫩草，每挑罚款一元，原物归主人。

第八条 偷别人田里粮食和苞谷，罚款四十元；偷田、塘鱼，罚款五十元。偷别人稻草五贯以上，罚款每贯三角。偷秧苗每把罚款一角，偷油菜、黄豆每斤罚款一元，放牛吃别人的稻草每头牛罚款两元。

第九条 偷别人房前屋后的果子，每个果子罚款一角；偷笋子角根罚款五角；偷别人地里的瓜、辣子、棉花、叶烟、洋芋、花生等，每斤罚款一元；偷青菜、油菜叶、大蒜每斤罚款三角。

第十条 偷别人农具、谷桶，罚款六十元；偷别人犁耙、翻锄，每把罚款八元，原物归主人。

第十一条 偷别人牛马，每头罚款五百元；偷鸡、鸭、鹅，每只罚款二十元；偷狗，每只五十元，原物归主人。

第十二条　放牛吃别人的庄稼，每窝罚三角并还给粮食；鸡、鸭、鹅吃别人庄稼，每只罚款两元，并还粮食。

第十三条　偷别人晒的衣物、裤、布匹，每件罚款二十元；偷鞋、袜、围腰，每件罚款六元，物归原主。

第十四条　严禁放毒药，毒死牛马罚款五百元，狗三十元，鸡、鸭、鹅每只罚款二十元。

第十五条　若勾引外寨人到本偷盗，罚放二百五十元，情节严重者交上级处理。

第十六条　严禁调戏或玩弄本寨青年妇女或媳妇、孤妇，破坏本村风俗习惯。要杀牛还要酒百斤，大米一百二十斤，给众人吃，还罚款五十元，情节严重者交上级处理。

第十七条　不论大人或青年，以吃酒为名，无理取闹，打人或妇女登门挑拨闹事者，罚款十元，打伤、打死人者，交上级处理。

第十八条　沿公路两旁的村子以及村边、寨脚的风景树，不论大小，砍伐者罚款五十元。

第十九条　严重破坏水沟、田埂、塘坎，水碾、桥梁或群众所办的各种企业者，罚款一百五元，情节严重者交上级处理。

第二十条　未经允许而开别人的田水或到别人的田里、拿鱼者，罚款四元。

第二十一条　老人逝世需要地基安葬者，要事先经别人同意，若未经同意葬者，罚款二百元，并责令挖出尸体另葬；外寨人偷葬者罚款二百五十元，并挖出尸体另葬。

第二十二条　不准本寨或外寨干部、群众用毒药到河里闹鱼和别人田里杀鱼，若出现罚款二百元，破坏者交上级处理。

第二十三条　干部、群众检举揭发坏人，除政治上给予表扬外，从经济上提出罚款的 50% 给予奖励，余数上交集体。

第二十四条　我寨群众和干部议定上述各条例坚决执行，并传给子孙后代。

第二十五条　本条例自一九八八年开始执行，希四方亲属朋友互相转告遵守不误。

资料来源：贵州民族研究所、贵州民族研究学会编：《贵州民族调查》（1990年），雷广正搜集整理。

榕江县加宜苗族公社乡规民约

为搞好社会主义物质文明和社会主义精神文明建设，根据上级指示精神，结合本社实际，经全体大小队干部讨论通过，特制定下列民约。

第一条　坚持生产资料公有制、坚持二兼顾原则，凡承包户不执行承包合同兑现，经教育不改的，按每个人口扣一石（中等）责任田，交由生产队统一安排耕种。

第二条　凡不经生产队批准，私卖队上耕牛的，除迫回全部资金外，另按总金额罚款百分之十。

第三条　凡不执行国家计划生育，超生的坚决不分给责任田。为干部私自结的，应扣回干部的责任田。超生户不得享受国家集体一切社会补助、救济。

第四条　严禁乱砍滥伐。为私人用材（自留山除外）需经批准，3 根以下经小队、5 根经大队，6 根以上经公社，10 米以上经县批，违反的（包括不经批准和批少砍多），除没收所砍林木外，属于用林，每棵罚款 10 元，并按规格砍一栽三营护三年，包栽包活。

第五条　严禁放火烧山，每烧一起罚猪肉 33 斤，按规格毁一栽三，营护三年包栽包活。需烧放牛坡的，要经公社批准才能烧，烧到山林同样罚 33 斤肉。对积极上山打火的，失火者每人每天开工资两元。因救火受伤的医疗费用以致烧埋费等均由失火者负责。

第六条　凡发生一起寨火未成灾的罚款 32 元。

第七条　凡偷社员的鱼、鸡、鸭、鹅、羊、猪、牛及各种谷物，偷砍他人自留山内的林木、竹子、柴火等罚猪肉 33 斤。

第八条　要互敬互爱、互相尊重、和睦相处。凡无真凭实据而乱冤枉别人的，罚肉 33 斤。

第九条　行凶打人或以醉酒盖脸打人，罚款 10 元，受伤者的医药等一切费用，一律由打人凶手负责。

第十条　凡属男女双方自愿或经人介绍本人也同意订婚结婚，后另有一方受他人挑拨或喜新厌旧等其他非正当理由而又另婚（或另嫁）的罚款 60 元，并退其原方所带的嫁妆。

第十一条　侮辱妇女，破坏他人家庭团结罚肉 33 斤，酒 15 斤，大米 15 斤。

第十二条　责任田要合理用水。凡偷开偷戳别人田水，按影响面积每担罚干谷 20 斤。

第十三条　积极发展并关喂好家禽、牲畜，损坏别人庄稼，损失多少。小家禽糟蹋庄稼打死莫怪。

第十四条　注意安全用电，点灯泡要交电费。不准私人接电灯，不准以小灯泡偷换大灯泡，查出后不听教育的要加以罚款。多次教育不改的不准再点灯，检讨认错，并保证不再犯，电站再接线安灯。

第十五条　注意防火安全，搞好（个人）卫生。本队、本户住房内和住房周围要经常打扫干净，保持清洁。大队每月检查一次，不卫生的第一次批评教育，第二次罚两元。

第十六条　社员起房造屋，要经生产队批准，由队上指定地基再起房子，不准个人选择地基起房造屋。

第十七条　各个社员责任田实行一年一小调，由队上协商搭配好后，不准以任何借口再随意更改，不由各人点丘点块自由选择。

第十八条　凡积极检举揭发坏人坏事的群众应受到表扬和得到保护，不准打击报复，经调查，所揭发事实存在的，用处罚金奖给检举人百分之五十。

资料来源：贵州民族研究所、贵州民族研究学会编:《月亮山地区民族调查》（1983 年），王承权、夏之乾、刘龙初收集整理。

江口县凯岩街上片区土家族乡规民约

根据《中华人民共和国宪法》《中华人民共和国刑法》《中华人民共和国治安管理处罚条例》和《中华人民共和国森林法》有关条例精神，为了保维本片区广大群众的人身权利和生命财产，打击歪风邪气，维护社会治安和保护森林资源，美化社会环境，和教育全体社员群，开展"讲文明、讲貌、讲秩序、讲道德、讲卫生和心灵美、语言美、行为美、环境美"的五讲四美活动，经广大群众讨论，特制定本片区乡规民约。

一、积极开展造林植树，搞好封山育林，为了保护好生产队风景山、水源林和社员的责任山、自留山发展林业绿化祖国，特制定封山育林公约。

第一条 凡属于木片区风景、水源、水口、老坟山，不许任何人以任何借口进行砍伐，如有违章者，一根要栽活 10 根，并罚以全片区封山育林议约时的全部生活费，并放炮火五千封山。（本片区封山的山有：水口山、安塘墈、坟山、后山、中岭山、面山、坳上、凰形等处。）

第二条 按照"山林三定"队里承包给每户社员的责任山、自留山必须坚决维护，不许任何人在别人的承包山里砍伐材林、竹林，如界限不清，要经民约小组调解后方得管理。如无偷砍、估砍者要没收其全部物资归承包者所有，另罚 15 元，10 元作为对其原主赔偿损失，5 元奖励给报案者，知情不报者罚款 5 元。

第三条 对于偷挖他人笋子，破坏别人所管山林的人，要没收侵占的全部财产，由群众检查，并罚 10 元，其中 5 元奖励报案。

二、维护社会秩序，巩固社会治安，根据中华人民共和国宪法和治安管理条例，为保护本片区社员的人身权利和生命安全，特制定以下条例。

第一条 不论何人偷盗扒窃，飘游浪当（荡），不务正业，好逸恶劳，都要严加管教，并视情节轻重予以罚款 50 元以下。

第二条 本片区社员如有以强欺弱、估占他人财产和物资，罚款 50 元，重者送法律机关处理。

第三条 偷瓜、偷菜、偷猪盗鸡、偷衣盗裤，不论任何人，要鸣锣游寨。视情节轻重罚款至1元以下，其中5元奖给报者，所盗的物资，全部追回交给失主。

第四条　无论何人、何家发生盗情，不论任何时候，都要家家出动，自带伙食，进行追捕，如无故不参加者，罚款20元。

第五条　维护社会主义公德，任何人不准行事不正，做事不公，或者侵犯他人婚姻，挑拨他人家庭关系，如有发现，罚款30元。

第六条　要尊老爱幼，安分守己，不准欺老压少，如有发现，轻者教育，重者罚款20元。

第七条　不准赌钱打牌，如有发现，参加者罚款5元，窝家罚10元，报案者奖5元。

第八条　耕牛畜损害庄稼，要赔偿损失，如无故挑起打骂者，要罚款10元。

第九条　无论任何事，要经本片区乡规民约调解小组解决，不准活动赶后家（娘家）打群架，如有出现罚款10元，造成重大事故，送交司法机关处理。

第十条　本民约由全体群众制定，必须坚决执行，如违犯本民约遭受处理，必须坚决服从，如继续违犯，要加重处罚，并号召全体群众押（强）制实行。

第十一条　无理取闹，挑事（是）夺非，破坏团结的肇事者，罚款10元。

凡参加本民约的广大群众，都受本民约保护，未参加者，触犯本片区乡规民约，也要一并处理。

本规定是一年一讨论，组织一年一选举，所处罚事例，账目一年一公布。

本片区乡规民约委员会负责人名单：

秦廷林、秦朝英、秦如学、秦长长、赵玉发、

刘恩成、秦廷贵、秦廷学、秦廷祥

1987年

资料来源：贵州民族研究所、贵州民族研究学会编：《贵州民族调查》（1989年），赵大富收集整理。

雷山县上郎德村村规民约

搞好社会治安综合治理和本寨古建筑群文物保护、管理和利用，是我村每村民的心愿，也是为了全村发展农业调整思路，搞活旅游业的开发，增加村民的经济收入，创造一个良好的社会稳定环境和生活秩序。依照《中华人民共和国宪法》和《中华人民共和国文物保护法》有关法律、法规，本着自我完善、自我监督、自我管理的原则，经全体村民讨论，村党支部、村民委审核，特制订本约。

……

三、防火安全

第一条　防火安全，人人有责。为了做好防火安全，经研究，由村民委、青年团每季度行使检查一次。经检查发现农户的房前屋后房内有危险和不卫生的，检查人员限期拆除，违户不按时间拆除的，由检查人员强行拆除，检查人员所误的工天，按每天5元由违者当天兑现。

第二条　寨子发生火灾势头（火源）时，大家要集中精力到火源地点赶扑火源，不准农户或个人以任何借口私自搬运自己的东西。

第三条　不准任何农户和个人在寨子的路坝和附近、房前屋后设、堆放稻草、烧草灰和建窑烧炭，不听从劝告搬迁的，由本村、组强行拆除，并罚违者一次性12元。如果违者以各种理由阻挡及有下流骂行使人员的行为，另加罚款24元。

第四条　凡不听教育或不注意造成发生火灾、火警的，不论大人、小孩，所发生的农户除按"防火安全条例"处理外，还要按当地风俗习惯处理。

第五条　山林防火，不准在天气干燥的时候，在任何山林、田地、土角的沿边等处烧杂物，需要烧的，就得做到安全，不许火源越境导致山林火灾。如果形成火灾，所损失的一切树木及护林草山地等植被，除护林草损失付赔偿他人（户）外，杉、松树每卡罚违者5元，但杉、松树及护林草未满一卡的每棵罚30元，茶籽树每亩罚120元，杂木、柴火每亩罚100元。

四、林业牲

第一条　经济林，包括田、土沿边及山林桐树，不论大小，违者乱砍，每棵罚 300 元。偷、捡桐籽的，不论得多少，违者罚每人一次性 50 元。

第二条　竹子，包括田、土沿边外竹子，违者每根罚款 10 元（笋子在内）。

第三条　水果类，包括山上的杨梅树等，凡是已结果子的，违者乱砍，果树未到达卡的，每棵罚款 10 元，过一卡以上的树每棵罚款 100～200 元。

第四条　有目的地窜进他人自留山及保管山砍伐柴火的，被抓者（大人小孩在内），不论得柴多少，罚款 50 元。

第五条　不准在他人的保管山烧火或烧炭，违者每人每次罚款 120 元。

第六条　不准窜进他人的保管山偷砍杉、松及其他树，违者罚款，杉木每卡100 元，松木和其他树木每开（卡）50 元。

第七条　偷杉木材每人每次罚款 120 元，并物归原主。

第八条　凡是本寨周围已明确的风景树及老景树，偷砍此类树者，处罚违者请全寨就餐一次（按现实人头每人 1 斤米、1 斤内、1 斤酒等计算数量）。

第九条　本人出卖的杉、松木的方、板、树去外地的，必须经林业部门的同意和审批未经同意和审批的，违者小组及村委有权没收处理。过于严重的，交给县林业部门处理。

第十条　以上 19 条所罚得的款，发给报信人 20%，处理人 20%，留存 10%，50% 归原主。

……

上朗德村党支部 村民委员会

2001 年 1 月 11 日

《贵州雷山县上郎德村村规民约》共有九大部分，此处仅摘录其中涉及森林管理的两个部分。

附录2　森林管理地方条例

黔南布依族苗族自治州古树名木保护条例

第一条　为了加强古树名木和古树后续资源保护，促进生态文明建设，根据《中华人民共和国民族区域自治法》《中华人民共和国森林法》《中华人民共和国野生植物保护条例》等法律法规，结合自治州实际，制定本条例。

第二条　本行政区域内古树名木及古树后续资源的保护管理适用本条例。

第三条　本条例所称古树是指树龄在100年以上的树木；名木是指珍稀树木或者具有重要历史文化、科学研究价值和特殊纪念意义的树木。古树后续资源是指树龄在80年以上不满100年的树木。60年以上的茶树列入古树保护范围。

第四条　州、县两级人民政府应当加强对古树名木保护管理的组织领导，并将古树名木保护纳入经济社会发展规划和城乡规划。

第五条　州、县两级林业行政主管部门负责本行政区域内的古树名木和古树后续资源的保护管理及培育工作。州、县两级住房和城乡建设、财政、城乡规划、城市管理、水务、国土、旅游、环保等相关部门按照各自职责开展古树名木保护工作。

第六条　古树名木实行分级保护。树龄在300年以上的古树和名木为一级保护；树龄在100年以上不满300年的古树和60年以上茶树为二级保护；古树后续资源为三级保护。县级林业行政主管部门应当会同规划管理部门划定辖区内古树名木和古树后续资源保护范围，古树名木的保护范围为树冠垂直投影外5米，列为古树后续资源的保护范围为树冠垂直投影外3米。

第七条　公民、法人和其他组织有保护古树名木和古树后续资源的义务，对损害古树名木和古树后续资源的行为予以制止或者举报。对保护古树名木和古树后续资源有突出贡献的单位和个人，州、县两级人民政府给予奖励。

第八条　州、县有关部门应当加强对古树名木和古树后续资源保护的科学研究，推广适用科研成果和技术，提高保护水平。

第九条　州、县两级林业行政主管部门每 5 年组织开展一次古树名木和古树后续资源普查，普查成果经鉴定确认后，建立资源数据库，由县级人民政府公布，一级保护的由自治州人民政府公布。县级林业行政主管部门对本辖区内的古树名木和古树后续资源设置保护标志，保护标志以县级人民政府名义设置，报自治州林业行政主管部门备案。

第十条　州、县两级人民政府应当加大古树名木保护经费投入，经公布的古树名木保护经费每株每年不低于 1000 元列入同级财政预算，专款用于古树名木的管护和养护。古树名木为一级保护的经费列入州级财政预算，古树为二、三级保护的经费列入县级财政预算。鼓励单位和个人资助或者认养古树名木。

第十一条　古树名木和古树后续资源的管护责任单位，按照管理便捷、方便有效的原则确定：

（一）机关、社会团体、部队、企业、事业单位和风景名胜区、自然保护区、公园、林场、宗教活动场所等单位用地范围内的古树名木和古树后续资源，所在单位为管护责任单位。

（二）铁路、公路、水库和河道用地范围内的古树名木和古树后续资源，铁路、公路和水务管理部门为管护责任单位。

（三）城镇住宅小区、居民街道院落的古树名木和古树后续资源，所在街道办事处为管护责任单位。

（四）农村村民院落、街道、公共场所、耕地、非耕地等农村集体土地范围内的古树名木和古树后续资源，所在地的乡镇人民政府为管护责任单位。

（五）其他范围内的古树名木和古树后续资源，由县级林业行政主管部门确定管护责任单位。乡镇人民政府、街道办事处应当鼓励和支持村（居）委员会发挥基层群众自治作用，采取村规民约、居民公约（社区公约）等方式，对古树名木和古树后续资源予以管护。

第十二条　古树名木和古树后续资源管护责任人，由管护责任单位确定，管护责任人负责古树名木和古树后续资源的日常管理。管护责任单位、管护责任人发现古树名木和古树后续资源生长异常或者死亡的，应当及时向所在地县级林业行政主管部门报告，县级林业行政主管部门自接到报告之日起 5 日内组织抢救、复壮；对死亡的，应当鉴定，查明原因，予以处置。具有特殊意义或者重要价值的古树名木死亡后，县级林业主管部门应当保留原貌，继续加以保护。

第十三条　县级林业行政主管部门应当与管护责任单位签订管护责任书，明确管护责任。管护责任单位发生变更的，管护责任单位应当到县级林业行政主管部门办理变更手续，重新签订管护责任书。

第十四条　县级林业行政主管部门负责古树名木和古树后续资源的专业养护和管理：

（一）一级古树名木每年组织检查 1 次、并进行养护。

（二）二级古树每两年组织检查 1 次、并进行养护。

（三）古树后续资源每五年组织检查 1 次、并进行养护。检查、养护情况报上级林业行政主管部门和本级人民政府备案。

第十五条　古树名木和古树后续资源保护范围内应当采取适当措施保持土壤的通透性，不得擅自占用古树名木和古树后续资源保护范围内用地。重大基础设施项目建设，涉及古树名木和古树后续资源保护范围的，在项目选址时应当征求县级以上林业行政主管部门意见。建设单位根据林业行政主管部门的意见制定保护措施，在项目建设中实施保护，实施保护产生的费用由建设单位承担。

第十六条　任何单位和个人不得擅自移植古树名木。因重大基础设施建设、科学研究等确需移植的，申请单位应当编制移植保护方案。移植二、三级的，报县级林业行政主管部门审批；移植一级的，报自治州林业行政主管部门审批。经批准移植的古树，由县级林业行政主管部门按照有关规定组织具有相应资质的施工作业单位移植，所产生的费用和 5 年内的养护费由申请单位承担。

第十七条　禁止下列损害古树名木和古树后续资源的行为：

（一）砍伐。

（二）掘根、折枝、剥损树干、树皮。

（三）刻画钉钉、架埋管线、缠绕悬挂物、依树搭棚。

（四）擅自修剪、采摘花果叶。

（五）在古树名木和古树后续资源保护范围内采石采砂取土、实施影响土壤通透性工程、焚烧放烟、堆放物品、倾倒废物废水。

（六）移动或者破坏古树名木和古树后续资源保护标志、设施。

（七）其他损毁和影响古树名木和古树后续资源生长的行为。

第十八条　违反本条例第十五条第一款的规定，由县级以上林业行政主管部门责令限期恢复原状，处占用之日起至恢复前按照每日每平方米 30 元的罚款。

违反本条例第十五条第二款规定，建设单位未按照保护措施实施保护的，由县级以上林业行政主管部门责令限期改正，逾期不改的，处以每株 5000 元以上 5 万元以下的罚款。

第十九条 违反本条例第十六条规定，擅自移植二、三级古树的，由县级以上林业行政主管部门每株处以评估价值 3 倍以上 5 倍以下的罚款；移植一级古树名木的，由县级以上林业行政主管部门每株处以评估价值 5 倍以上 10 倍以下的罚款。

第二十条 违反本条例第十七条第一项规定的，由县级以上林业行政主管部门责令停止违法行为，赔偿损失，未构成犯罪的，处以评估价值 3 倍以上 10 倍以下的罚款。违反本条例第十七条第二项规定的，由县级以上林业行政主管部门责令停止违法行为、采取补救措施，对古树名木造成损害的，处以 5000 元以上 5 万元以下的罚款，对古树后续资源造成损害的，处以 3 万元以下的罚款。违反本条例第十七条第三至七项规定的，由县级以上林业行政主管部门责令停止违法行为，处以 1 万元以下的罚款。

第二十一条 林业行政主管部门和其他部门工作人员，玩忽职守、滥用职权、徇私舞弊造成古树名木和古树后续资源损害或者死亡，情节严重的，给予行政处分。

第二十二条 违反本条例规定的其他违法行为，法律法规有规定的，从其规定。

第二十三条 自治州人民政府应当根据本条例制定实施细则。

第二十四条 本条例自 2016 年 7 月 1 日起施行。

2016 年 2 月 29 日，黔南布依族苗族自治州第十三届人民代表大会第六次会议通过，2016 年 5 月 27 日，贵州省第十二届人民代表大会常务委员会第二十二次会议批准。

资料来源：黔南州人民政府网。

附录3　云贵高原生态红线地区名录

序号	类型	名称	所在地 贵州	所在地 云南	级别
1	世界文化自然遗产	中国丹霞地貌	赤水市		自然遗产
2		中国南方喀斯特	荔波县		自然遗产
3		云南丽江古城		丽江市	文化遗产
4		云南三江并流		怒江州 丽江市 迪庆州	自然遗产
5	自然保护区	习水中亚热带常绿阔叶林国家级自然保护区	习水县		国家级
6		宽阔水国家级自然保护区	绥阳县		国家级
7		赤水桫椤国家级自然保护区	赤水市		国家级
8		雷公山国家级自然保护区	雷山县 台江县 剑河县 榕江县		国家级
9		麻阳河国家级自然保护区	沿河县 务川县		国家级
10		威宁草海国家级自然保护区	威宁县		国家级
11		茂兰国家级自然保护区	荔波县		国家级
12		佛顶山国家级自然保护区	石阡县		国家级
13		革东古生物化石省级自然保护区	剑河县		省级
14		大沙河省级自然保护区	道真县		省级
15		梵净山国家级自然保护区	江口县 印江县 松桃县		国家级
16		百里杜鹃省级自然保护区	大方县		省级

序号	类型	名称	所在地		级别
			贵州	云南	
17		云龙天池国家级自然保护区		云龙县	国家级
18		纳帕海省级自然保护区		香格里拉市	省级
19		云岭省级自然保护区		兰坪县	省级
20		碧塔海省级自然保护区		香格里拉市	省级
21		哈巴雪山省级自然保护区		香格里拉市	省级
22		麻栗坡老山省级自然保护区		麻栗坡县	省级
23		古林箐省级自然保护区		马关县	省级
24		普者黑省级自然保护区		丘北县	省级
25		广南八宝省级自然保护区		广南县	省级
26		富宁驮娘江省级自然保护区		富宁县	省级
27	自然保护区	青华绿孔雀省级自然保护区		巍山县	省级
28		金光寺省级自然保护区		永平县	省级
29		剑湖湿地省级自然保护区		剑川县	省级
30		铜壁关省级自然保护区		盈江县 陇川县 瑞丽市	省级
31		威远江省级自然保护区		景谷县	省级
32		孟连竜山省级自然保护区		孟连县	省级
33		南捧河省级自然保护区		镇康县	省级
34		紫溪山省级自然保护区		楚雄市	省级
35		临沧澜沧江省级自然保护区		凤庆县 临翔区 云县 双江县 耿马县	省级
36		雕翎山省级自然保护区		禄丰县	省级

序号	类型	名称	所在地		级别
			贵州	云南	
37		建水燕子洞省级自然保护区		建水县	省级
38		元阳观音山省级自然保护区		元阳县	省级
39		阿姆山省级自然保护区		红河县	省级
40		麻栗坡老君山省级自然保护区		麻栗坡县 马关县	省级
41		北海湿地省级自然保护区		腾冲市	省级
42		龙陵小黑山省级自然保护区		龙陵县	省级
43		朝天马省级自然保护区		彝良县	省级
44		海子坪省级自然保护区		彝良县	省级
45		拉市海高原湿地省级自然保护区		玉龙县	省级
46		宁蒗泸沽湖省级自然保护区		宁蒗县	省级
47	自然 保护 区	菜阳河省级自然保护区		思茅区	省级
48		糯扎渡省级自然保护区		普洱市	省级
49		墨江西岐枂椤省级自然保护区		墨江县	省级
50		白马雪山国家级自然保护区		德钦县 维西县	国家级
51		梅树村省级自然保护区		晋宁区	省级
52		十八连山省级自然保护区		富源县	省级
53		驾车省级自然保护区		会泽县	省级
54		海峰省级自然保护区		沾益区	省级
55		珠江源省级自然保护区		沾益区 宣威市	省级
56		帽天山省级自然保护区		澄江市	省级
57		元江省级自然保护区		元江县	省级
58		金平分水岭国家级自然保护区		金平县	国家级
59		黄连山国家级自然保护区		绿春县	国家级

序号	类型	名称	所在地		级别
			贵州	云南	
60	自然保护区	文山国家级自然保护区		文山市 西畴县	国家级
61		西双版纳国家级自然保护区		景洪市 勐海县 勐腊县	国家级
62		纳板河流域国家级自然保护区		景洪市 勐海县	国家级
63		苍山洱海国家级自然保护区		大理市	国家级
64		高黎贡山国家级自然保护区		保山市 泸水市	国家级
65		轿子山国家级自然保护区		东川区 禄劝县	国家级
66		会泽黑颈鹤国家级自然保护区		会泽县	国家级
67		大山包黑颈鹤国家级自然保护区		昭通市	国家级
68		药山国家级自然保护区		巧家县	国家级
69		南滚河国家级自然保护区		沧源县 耿马县	国家级
70		哀牢山国家级自然保护区		新平县 楚雄市 双柏县 景东县 镇沅县	国家级
71		永德大雪山国家级自然保护区		永德县	国家级
72		无量山国家级自然保护区		景东县 大理市	国家级
73		云南大围山国家级自然保护区		屏边县 河口县 个旧市 蒙自市	国家级
74	风景名胜区	遵义娄山关风景名胜区	遵义市		省级
75		福泉洒金谷风景名胜区	福泉市		省级
76		绥阳宽阔水风景名胜区	绥阳县		省级

续表

序号	类型	名称	所在地		级别
			贵州	云南	
77		贞丰三岔河风景名胜区	贞丰县		省级
78		习水风景名胜区	习水县		省级
79		梵净山–太平河风景名胜区	江口县		省级
80		鲁布革风景名胜区	兴义市		省级
81		泥凼石林风景名胜区	兴义市		省级
82		修文阳明洞风景名胜区	修文县		省级
83		六枝牂牁江风景名胜区	六枝特区		省级
84		瓮安江界河风景名胜区	瓮安县		省级
85		息烽风景名胜区	息烽县		省级
86		普定梭筛风景名胜区	普定县		省级
87		长顺杜鹃湖–白云山风景名胜区	长顺县		省级
88	风景名胜区	石阡温泉群风景名胜区	石阡县		省级
89		龙里猴子沟风景名胜区	龙里县		省级
90		岑巩龙鳌河风景名胜区	岑巩县		省级
91		平塘风景名胜区	平塘县		省级
92		榕江古榕风景名胜区	榕江县		省级
93		惠水涟江–燕子洞风景名胜区	惠水县		省级
94		镇远高过河风景名胜区	镇远县		省级
95		贵阳香纸沟风景名胜区	贵阳市		省级
96		麻江下司风景名胜区	麻江县		省级
97		剑河风景名胜区	剑河县		省级
98		仁怀茅台风景名胜区	仁怀市		省级
99		开阳风景名胜区	开阳县		省级
100		盘州市坡上草原风景名胜区	盘州市		省级
101		余庆大乌江风景名胜区	余庆县		省级
102		盘州市古银杏风景名胜区	盘州市		省级

序号	类型	名称	所在地		级别
			贵州	云南	
103		盘州市大洞竹海风景名胜区	盘州市		省级
104		贵阳相思河风景名胜区	贵阳市		省级
105		关岭花江大峡谷风景名胜区	关岭县		省级
106		清镇暗流河风景名胜区	清镇市		省级
107		雷山风景名胜区	雷山县		省级
108		湄潭湄江风景名胜区	湄潭县		省级
109		平坝天台山-斯拉河风景名胜区	平坝县		省级
110		南开风景名胜区	六盘水市		省级
111		晴隆三望坪风景名胜区	晴隆县		省级
112		锦屏三板溪-隆里古城风景名胜区	锦屏县		省级
113		从江风景名胜区	从江县		省级
114		贵定洛北河风景名胜区	贵定县		省级
115	风景名胜区	独山深河桥风景名胜区	独山县		省级
116		遵义市务川洪渡河风景名胜区	务川县		省级
117		兴仁放马坪风景名胜区	兴仁市		省级
118		印江木黄风景名胜区	印江县		省级
119		沿河乌江山峡风景名胜区	沿河县		省级
120		松桃豹子-寨英风景名胜区	松桃县		省级
121		德江乌江傩文化风景名胜区	德江县		省级
122		思南乌江鹭洲风景名胜区	思南县		省级
123		赫章韭菜坪石林风景名胜区	赫章县		省级
124		万山夜郎谷风景名胜区	万山特区		省级
125		玉屏北侗箫笛之乡风景名胜区	玉屏县		省级
126		黔南罗甸大小井风景名胜区	罗甸县		省级
127		都柳江风景名胜区	三都县		省级
128		丹寨龙泉山-岔河风景名胜区	丹寨县		省级

序号	类型	名称	所在地		级别
			贵州	云南	
129		九乡风景名胜区		宜良县	国家级
130		普者黑风景名胜区		丘北县	国家级
131		狮子山风景名胜区		武定县	省级
132		元谋风景名胜区		元谋县	省级
133		罗平多依河/鲁布革风景名胜区		罗平县	省级
134		丘比普者黑风景名胜区		丘北县	省级
135		威信风景名胜区		威信县	省级
136		楚雄紫溪山风景名胜区		楚雄市	省级
137		通海秀山风景名胜区		通海县	省级
138		砚山浴仙湖风景名胜区		砚山县	省级
139		文山老君山风景名胜区		文山市	省级
140	风景名胜区	禄丰五台山风景名胜区		禄丰县	省级
141		永仁方山风景名胜区		永仁县	省级
142		广南八宝风景名胜区		广南县	省级
143		建水风景名胜区		建水县	国家级
144		三江并流风景名胜区		怒江州 丽江市 迪庆州	国家级
145		阿庐风景名胜区		泸西县	国家级
146		西双版纳风景名胜区		景洪市 勐海县 勐腊县	国家级
147		昆明市石林风景区		昆明市	国家级
148		玉龙雪山风景名胜区		玉龙县	国家级
149		大理风景名胜区		大理市	国家级
150		腾冲地热火山风景名胜区		腾冲市	国家级
151		昆明滇池风景名胜区		昆明市	国家级

序号	类型	名称	所在地		级别
			贵州	云南	
152		瑞丽江—大盈江风景名胜区		瑞丽市潞西市陇川县盈江县	国家级
153		泸西阿庐古洞风景名胜区		泸西县	省级
154		曲靖珠江源风景名胜区		曲靖市	省级
155		弥勒白龙洞风景名胜区		弥勒市	省级
156		景东漫湾—哀牢山风景名胜区		景东县	省级
157		屏边大围山风景名胜区		屏边县	省级
158		江川抚仙\星云湖泊风景名胜区		江川区	省级
159		漾濞石门关风景名胜区		漾濞县	省级
160		玉溪九龙池风景名胜区		玉溪市	省级
161		孟连大黑山风景名胜区		孟连县	省级
162	风景名胜区	保山博南古道风景名胜区		保山市	省级
163		禄劝轿子雪山风景名胜区		禄劝县	省级
164		峨山锦屏山风景名胜区		峨山县	省级
165		茶马古道风景名胜区		普洱市	省级
166		临沧大雪山风景名胜区		临沧市	省级
167		耿马南汀河风景名胜区		耿马县	省级
168		牟定化佛山风景名胜区		牟定县	省级
169		陆良彩色沙林风景名胜区		陆良县	省级
170		盐津豆沙关风景名胜区		盐津县	省级
171		景谷威远江风景名胜区		景谷县	省级
172		沧源佤山风景名胜区		沧源县	省级
173		剑川剑湖风景名胜区		剑川县	省级
174		洱源西湖风景名胜区		洱源县	省级
175		兰坪罗古箐风景名胜区		兰坪县	省级

续表

序号	类型	名称	所在地		级别
			贵州	云南	
176	风景名胜区	麻栗坡老山风景名胜区		麻栗坡县	省级
177		普洱风景名胜区		普洱市	省级
178		大姚县华山风景名胜区		大姚县	省级
179		镇源千家寨风景名胜区		镇源县	省级
180		永德大雪山风景名胜区		永德县	省级
181		大关黄连河风景名胜区		大关县	省级
182		云县大朝山/干海子风景名胜区		云　县	省级
183		元阳观音山风景名胜区		元阳县	省级
184		石屏异龙湖风景名胜区		石屏县	省级
185		双柏白竹山—嘉风景名胜区		双柏县	省级
186		会泽以礼河风景名胜区		会泽县	省级
187		宣威东山风景名胜区		宣威市	省级
188		个旧蔓耗风景名胜区		个旧市	省级
189		鹤庆县黄龙风景名胜区		鹤庆县	省级
190		河口南溪河风景名胜区		河口县	省级
191	森林公园	云南澄江动物群古生物国家地质公园		澄江市	国家级
192		云南石林岩溶峰林国家地质		石林县	国家级
193		云南小白龙国家森林公园		宜良县	国家级
194		云南清华洞国家森林公园		祥云县	国家级
195		云南东山国家森林公园		弥渡县	国家级
196		云南五老山国家森林公园		临翔区	国家级
197		云南来凤山国家森林公园		腾冲市	国家级
198		贵州绥阳双河洞国家地质公园	绥阳县		国家级
199		贵州关岭化石群国家地质公园	关岭县		国家级
200		贵州兴义国家地质公园	兴义市		国家级
201		贵州织金洞国家地质公园	织金县		国家级

序号	类型	名称	所在地		级别
			贵州	云南	
202		贵州九道水国家森林公园	正安县		国家级
203		贵州仙鹤坪国家森林公园	安龙县		国家级
204		贵州大板水国家森林公园	红花岗区		国家级
205		贵州习水国家森林公园	习水县		国家级
206		贵州黎平国家森林公园	黎平县		国家级
207		贵州毕节国家森林公园	毕节市		国家级
208		贵州雷公山国家森林公园	雷山县		国家级
209		贵州龙架山国家森林公园	龙里县		国家级
210		贵州燕子岩国家森林公园	赤水市		国家级
211		贵州尧人山国家森林公园	三都县		国家级
212		贵州赫章夜郎国家森林公园	赫章县		国家级
213		贵州青云湖国家森林公园	都匀市		国家级
214	森林公园	贵州玉舍国家森林公园	水城县		国家级
215		贵州九龙山国家森林公园	西秀区		国家级
216		贵州长坡岭国家森林公园	白云区		国家级
217		贵州百里杜鹃国家森林公园	黔西县 大方县		国家级
218		贵州朱家山国家森林公园	瓮安县		国家级
219		贵州潕阳湖国家森林公园	黄平县		国家级
220		贵州凤凰山国家森林公园	红花岗区		国家级
221		贵州紫林山国家森林公园	独山县		国家级
222		贵州竹海国家森林公园	赤水市		国家级
223		贵阳鹿冲关省级森林公园	贵阳市		省级
224		野梅岭省级森林公园	惠水县		省级
225		景阳省级森林公园	修文县		省级
226		丹寨龙泉山省级森林公园	丹寨县		省级

序号	类型	名称	所在地		级别
			贵州	云南	
227		金沙三丈水省级森林公园	金沙县		省级
228		金沙冷水河森林公园	金沙县		省级
229		遵义娄山关省级森林公园	汇川区		省级
230		锦屏春蕾省级森林公园	锦屏县		省级
231		大方油杉河省级森林公园	大方县		省级
232		凯里市罗汉山森林公园	凯里市		省级
233		湄潭龙泉省级森林公园	湄潭县		省级
234		六枝月亮河省级森林公园	六盘水市		省级
235		麻江仙人桥省级森林公园	麻江县		省级
236		桐梓凉风垭省级森林公园	桐梓县		省级
237		凯里石仙山省级森林公园	凯里市		省级
238		台江南宫省级森林公园	台江县		省级
239	森林公园	万山老山口省级森林公园	万山特区		省级
240		福泉云雾山省级森林公园	福泉市		省级
241		罗甸翠滩省级森林公园	罗甸县		省级
242		普安普白省级森林公园	普安县		省级
243		盘州市七指峰省级森林公园	盘州市		省级
244		贵阳云关山省级森林公园	贵阳市		省级
245		息烽温泉省级森林公园	息烽县		省级
246		钟山凉都省级森林公园	六盘水市		省级
247		遵义象山省级森林公园	遵义市		省级
248		凤冈万佛山省级森林公园	凤冈县		省级
249		云南金殿国家森林公园		盘龙区	国家级
250		云南章凤国家森林公园		陇川县	国家级
251		云南莱阳河国家森林公园		思茅区	国家级
252		云南珠江源国家森林公园		沾益区	国家级

序号	类型	名称	所在地		级别
			贵州	云南	
253		云南十八连山国家森林公园		富源县	国家级
254		云南鲁布格国家森林公园		罗平县	国家级
255		云南棋盘山国家森林公园		西山区	国家级
256		云南圭山国家森林公园		石林县	国家级
257		云南五峰山国家森林公园		陆良县	国家级
258		云南钟灵山国家森林公园		寻甸县	国家级
259		云南紫金山国家森林公园		楚雄市	国家级
260		云南灵宝山国家森林公园		南涧县	国家级
261		云南铜锣坝国家森林公园		水富市	国家级
262		云南宝台山国家森林公园		永平县	国家级
263		云南飞来寺国家森林公园		德钦县	国家级
264		云南来凤山国家森林公园		腾冲市	国家级
265	森林公园	云南新生桥国家森林公园		兰坪县	国家级
266		云南天星国家森林公园		威信县	国家级
267		云南东山国家森林公园		弥渡县	国家级
268		云南巍宝山国家森林公园		巍山县	国家级
269		云南来凤山国家森林公园		腾冲市	国家级
270		云南磨盘山国家森林公园		新平县	国家级
271		云南清华洞国家森林公园		祥云县	国家级
272		云南东山国家森林公园		弥渡县	国家级
273		云南巍宝山国家森林公园		巍山县	国家级
274		云南小白龙国家森林公园		宜良县	国家级
275		云南天星国家森林公园		威信县	国家级
276		云南清华洞国家森林公园		祥云县	国家级
277		云南花鱼洞国家森林公园		河口县	国家级
278		云南西双版纳国家森林公园		景洪市	国家级

序号	类型	名称	所在地		级别
			贵州	云南	
279	森林公园	云南龙泉国家森林公园		易门县	国家级
280		云南五老山国家森林公园		临翔区	国家级
281		南安省级森林公园		双柏县	省级
282		罗汉山省级森林公园		金秀县	省级
283		象鼻温泉省级森林公园		华宁县	省级
284		鸡冠山省级森林公园		西畴县	省级
285		罗汉山省级森林公园		金秀县	省级
286		象鼻温泉省级森林公园		华宁县	省级
287		小道河省级森林公园		临沧市	省级
288		大浪坝省级森林公园		双江县	省级
289		禄丰县五台山省级森林公园		禄丰县	省级

附录4　云贵高原国家级重要生态功能区

类别	名称	生态功能	涉及地	
			贵州	云南
国家重点生态功能区（全国主体功能区规划）	川滇森林及生物多样性生态功能区	生物多样性保护		怒江州迪庆州丽江市大理市西双版纳州红河县
	黔桂滇喀斯特石漠化防治生态功能区	土壤保持	安顺市毕节市黔西南州	文山市
全国重要生态功能区（中国重要生态功能区规划）	西南喀斯特地位土壤保持重要区	土壤保持	毕节市安顺市六盘水市遵义市贵阳市都匀市铜仁市黔东南州	曲靖市
	西双版纳热带雨林季雨林生物多样性保护重要区	生物多样性保护		普洱市西双版纳州
	横断山生物多样性保护重要区	生物多样性保护		怒江州丽江市大理市迪庆州
	武陵山山地生物多样性保护重要区	生物多样性保护	铜仁市	
	川滇干热河谷土壤保持重要区	土壤保持		楚雄市大理市昭通市昆明市丽江市
	珠江源水源涵养重要区	水源涵养		曲靖市昆明市

附　图

图1　掩映于森林里的苗族村落 贵州月亮山

图2　农田、村落与森林 广西环江毛南族

图3　川北原始森林

图4　云南丽江的森林、水源与村落　吴声军摄

图 5　中国青瑶第一寨

图 6　岩洞、森林与灵魂 中国青瑶洞葬

图 7　新农村建设中的古树 贵州三都周覃

图 8　古树、土地庙与村落 重安江革家寨

图9　人树相依 北盘江妥乐村

图10　古树与生命之桥 北盘江妥乐村

图11　护寨树、人与溪水 广西环江毛南族

图12　古树、寨门与路 荔波茂兰水庆村

图 13　神树、村落与人 荔波水族村寨

图 14　从江芭莎苗族的古树

图 15　清水江流域苗族果树崇拜

图 16　保爷树、人与生命 都柳江流域

图 17　漳江水族妇女采集植物

图 18　贵州锦屏县平鳌村的杉苗移栽
吴声军摄

图 19　川北原始森林

图 20　川北原始森林里的古树根　陈晓静摄

图 21　村落里的古树 北盘江

图 22　都柳江流域榔木寨　韦忠益摄

图 23　都柳江流域榔木水族寨的保寨树
韦忠益摄

图 24　森林里的建筑 黄平县

图 25　神山、农田与村寨 漳江流域

图 26　神树与水井 枫香寨

图 27　树、水井与神树 枫香寨

参考文献

中共中央文献研究室 . 习近平关于全面深化改革论述摘编［M］. 北京：中央文献出版社，2014.

习近平 . 习近平谈治国理政［M］. 北京：外文出版社，2014.

习近平 . 之江新语［M］. 杭州：浙江人民出版社，2007.

樊绰 . 蛮书（卷 6）［M］. 成都：巴蜀书社，1998.

欧阳修，等 . 新唐书·南蛮传（下）［M］. 北京：中华书局，1975.

周去非，等 . 岭外代答校注［M］. 北京：中华书局，1999.

杨慎 . 云南省南诏野史（卷下）［M］. 台北：成文出版社，1968.

爱必达 . 黔南识略（卷 21）［M］. 台北：成文出版社，1968.

杜文铎，等点校 . 黔南识略·黔南职方纪略［M］. 贵阳：贵州人民出版社，1992.

谢圣纶，等 . 滇黔志略点校［M］. 贵阳：贵州人民出版社，2008.

田雯 . 黔书（二）［M］. 北京：中华书局，1985.

陈鼎 . 续黔书：黔游记［M］. 北京：中华书局，1985.

方铁 . 西南通史［M］. 郑州：中州古籍出版社，2003.

《贵州通史》编委会 . 贵州通史（第 1 卷：远古至元代的贵州）［M］. 北京：当代中国出版社，2003.

贵州省民族宗教事务委员会，贵州省科技教育领导小组办公室 . 贵州世居少数民族哲学思想史（上）［M］. 贵阳：贵州民族出版社，2017.

贵州省编辑组 . 苗族社会历史调查（一）［M］. 贵阳：贵州人民出版社，1986.

《民族问题五种丛书》贵州省编辑组 . 苗族社会历史调查（二）［M］. 贵阳：贵州民族出版社，1987.

黔东南苗族侗族自治州地方志编纂委员会 . 黔东南苗族侗族自治州志·民族

志［M］.贵阳：贵州人民出版社，2000.

黔东南苗族侗族自治州地方志编纂委员会.黔东南苗族侗族自治州志·林业志［M］.北京：中国林业出版社，1990.

铜仁地区地方志编纂委员会.铜仁地区志·民族志［M］.贵阳：贵州民族出版社，2008.

德江县民族志编纂办公室.德江县民族志［M］.贵阳：贵州民族出版社，1991.

《锦屏县林业志》编纂委员会.锦屏县林业志［M］.贵阳：贵州人民出版社，2002.

黎平县林业局.黎平县林业志［M］.贵阳：贵州人民出版社，1989.

安顺地区民族事务委员会.安顺地区民族志［M］.贵阳：贵州民族出版社，1996.

云南省民族民间文学楚雄调查队.梅葛［M］.昆明：云南人民出版社，2009.

西双版纳傣族自治州民族事务委员会.哈尼族古歌［M］.昆明：云南民族出版社，1992.

《西双版纳傣族民间故事》编辑组.西双版纳傣族民间故事［M］.昆明：云南人民出版社，1984.

《民族问题五种丛书》云南省编辑委员会.哈尼族社会历史调查［M］.昆明：云南民族出版社，1982.

文山壮族苗族自治州民族宗教事务委员会.文山壮族苗族自治州民族志［M］.昆明：云南民族出版社，2005.

广西壮族自治区地方志编纂委员会.广西通志·民俗志［M］.南宁：广西人民出版社，1992.

广西壮族自治区编辑组.广西瑶族社会历史调查（第三册）［M］.南宁：广西民族出版社，1985.

杨文虎.保山地区林业志［M］.昆明：云南教育出版社，1996.

石干成.黎平县志［M］.贵阳：贵州人民出版社，2009.

蒋高宸.云南民族住屋文化［M］.昆明：云南大学出版社，1997.

李涛，普学旺.红河彝族文化遗产古籍典藏（第1卷）［M］.昆明：云南人民出版社，2010.

祐巴勐.论傣族诗歌［M］.岩温扁，译.北京：中国民间文艺出版社，1981.

陈卫东，王有明.佤族风情［M］.昆明：云南民族出版社，1999.

谭自安，等.中国毛南族［M］.银川：宁夏人民出版社，2012.

马学良，等.苗族史诗［M］.北京：中国民间文艺出版社，1983.

刘柯.贵州少数民族风情［M］.昆明：云南人民出版社，1989.

赵心愚，秦和平.西南少数民族历史资料集［M］.成都：巴蜀书社，2012.

刘锡蕃.岭表纪蛮［M］.台北：南天书局，1987.

张光直.考古学专题六讲（修订本）［M］.北京：生活·读书·新知三联书店，2013.

尤中.西南民族史论集［M］.昆明：云南民族出版社，1982.

王明珂.华夏边缘——历史记忆与族群认同［M］.北京：社会科学文献出版社，2006.

尹绍亭.远去的山火——人类学视野中的刀耕火种［M］.昆明：云南人民出版社，2008.

王宇，张贵，柴金龙，等.云南岩溶石山地区重大环境地质问题及对策［M］.昆明：云南科技出版社，2013.

苏祖荣.森林哲学散论——走进绿色的哲学［M］.上海：学林出版社，2009.

袁翔珠.石缝中的生态法文明：中国西南亚热带岩溶地区少数民族生态保护习惯研究［M］.北京：中国法制出版社，2010.

廖国强，何明，袁国友.中国少数民族生态文化研究［M］.昆明：云南人民出版社，2006.

王涛，徐刚标，张伯林.中国社会林业工程推广应用先进技术汇编［M］.北京：中国科学技术出版社，2007.

熊康宁，陈永毕，陈浒.点石成金——贵州石漠化治理技术与模式［M］.贵阳：贵州科技出版社，2011.

杨庭硕，吕永锋.人类的根基——生态人类学视野中的水土资源［M］.昆明：云南大学出版社，2004.

杨庭硕，等.生态人类学导论［M］.北京：民族出版社，2007.

裴盛基，龙春林．应用民族植物学［M］．昆明：云南民族出版社，1998.

尹可丽．傣族的心理与行为研究［M］．昆明：云南民族出版社，2005.

崔明昆．象征与思维——新平傣族的植物世界［M］．昆明：云南人民出版社，2011.

高明强．神秘的图腾［M］．南京：江苏人民出版社，1989.

何星亮．中国图腾文化［M］．北京：中国社会科学出版社，1992.

李洁．临沧地区佤族百年社会变迁［M］．昆明：云南教育出版社，2001.

吴大华，等．侗族习惯法研究［M］．北京：北京大学出版社，2012.

石启贵．湘西苗族实地调查报告［M］．长沙：湖南人民出版社，2008.

曹善寿，等．云南林业文化碑刻［M］．潞西：德宏民族出版社，2005.

徐晓光．清水江流域林业经济法制的历史回溯［M］．贵阳：贵州人民出版社，2006.

张应强．木材之流动：清代清水江下游地区的市场、权力与社会［M］．北京：生活·读书·新知三联书店，2006.

张应强，王宗勋．清水江文书：第一辑［M］．桂林：广西师范大学出版社，2007.

岩佐茂．环境的思想：环境保护与马克思主义的结合处［M］．韩立新，张桂权，刘荣华，等译．北京：中央编译出版社，2006.

全京秀．环境人类学［M］．崔海洋，杨洋，译．北京：科学出版社，2015.

列维－斯特劳斯．野性的思维［M］．李幼蒸，译．北京：中国人民大学出版社，2006.

爱弥尔·涂尔干．宗教生活的基本形式［M］．渠东，汲喆，译．上海：上海人民出版社，2006.

霍尔姆斯·罗尔斯顿．哲学走向荒野［M］．刘耳，叶平，译．长春：吉林人民出版社，2000.

詹姆斯·斯科特．农民的道义经济学：东南亚的反叛与生存［M］．程立显，刘建，等译．南京：译林出版社，2011.

梭罗．瓦尔登湖［M］．张健，译．长春：吉林美术出版社，2014.

奥尔多·利奥波德．沙乡年鉴［M］．郭丹妮，译．长春：北方妇女儿童出版社，2011.

约翰·博德利.人类学与当今人类问题［M］.5版.周云水，等译.北京：北京大学出版社，2010.

克利福德·吉尔兹.文化持有者的内部眼界：论人类学理解的本质［M］//地方性知识——阐释人类学论文集.王海龙，张家瑄，译.北京：中央编译出版社，2000.

柯克士.民俗学浅说［M］.郑振铎，译.北京：商务印书馆，1934.

弗雷泽.金枝［M］.徐育新，等译.北京：新世界出版社，2006.

爱德华·泰勒.原始文化［M］.连树声，译.上海：上海文艺出版社，1992.

米尔恰·伊利亚德.神圣与世俗［M］.王建光，译，北京：华夏出版社，2002.

斐迪南·滕尼斯.共同体与社会［M］.林荣远，译.北京：商务印书馆，1999.

马克思.马克思1844年经济学哲学手稿［M］.北京：人民出版社，1985.

恩斯特·卡西尔.神话思维［M］.黄龙保，周振选，译.北京：中国社会科学出版社，1992.

费尔巴哈.宗教的本质［M］.王太庆，译.北京：人民出版社，1953.

阿尔贝特·施韦泽.对生命的敬畏——阿尔贝特·施韦泽自述［M］.陈泽环，译.上海：上海人民出版社，2006.

哈贝马斯.后形而上学思想［M］.曹卫东，付德根，译.南京：译林出版社，2001.

李干芬.融水苗族"埋岩"习俗谈［J］.广西民族研究，1997（4）.

王宗勋.浅谈锦屏文书在促进林业经济发展和生态文明建设中的作用［J］.贵州大学学报：社会科学版，2012（5）.

袁轶峰.明清时期贵州生态环境的变化与虎患［J］.农业考古，2009（6）.

蔡磊，黎明，等.贵州省新记录植物［J］.西北植物学报，2015（9）.

陆景川.侗家儿女杉［J］.森林与人类，1994（5）.

张祖群.岜沙苗民的生态文化特质——基于地方性知识的解读［J］.鄱阳湖学刊，2014（2）.

梁小丽.布依族育儿习俗中的生之意蕴——对满月礼"种树"习俗的探究［J］.兴义民族师范学院学报，2012（3）.

蒙祥忠.山地民族有"神"社区的建构与生态智慧——以贵州小丹江、苏丫卡两个苗族村寨为例〔J〕.广西民族大学学报：哲学社会科学版，2015（1）.

蒙祥忠.论贵州民族传统生态文化〔J〕.贵州师范学院学报，2014（7）.

杨庭硕，杨曾辉.清水江流域杉木育林技术探微〔J〕.原生态民族文化学刊，2013（4）.

杨庭硕，杨曾辉.树立正确的"文化生态"观是生态文明建设的根基〔J〕.思想战线，2015（4）.

杨庭硕.论地方性知识的生态价值〔J〕.吉首大学学报：社会科学版，2004（3）.

杨庭硕.地方性知识的扭曲、缺失和复原——以中国西南地区的三个少数民族为例〔J〕.吉首大学学报：社会科学版，2005（2）.

罗康隆，杨庭硕.生态维护中的民间传统知识〔J〕.绿叶，2010（11）.

罗康隆.从清水江林地契约看林地利用与生态维护的关系〔J〕.林业经济，2011（2）.

罗康隆.地方性生态知识对区域生态资源维护与利用的价值〔J〕.中南民族大学学报：人文社会科学版，2010（3）.

罗康隆，吴声军.民族文化在保护珍稀物种中的应用价值〔J〕.广西民族大学学报：哲学社会科学版，2013（4）.

吴声军.清水江林业契约在生态文明建设中的价值〔J〕.贵州民族研究，2016（1）.

吕永锋.侗族传统林业经营方式的文化逻辑探寻〔J〕.吉首大学学报：社会科学版，2003（1）.

罗义群.苗族本土生态知识与森林生态的恢复与更新〔J〕.铜仁学院学报，2008（6）.

崔海洋.试论侗族传统文化对森林生态的维护作用——以贵州黎平县黄岗村个案为例〔J〕.西北民族大学学报：哲学社会科学版，2009（2）.

余贵忠.少数民族习惯法在森林环境保护中的作用——以贵州苗族侗族风俗习惯为例〔J〕.贵州大学学报：社会科学版，2006（5）.

刘珊，闵庆文，等.传统知识在民族地区森林资源保护中的作用——以贵州省从江县小黄村为例〔J〕.资源科学，2011（6）.

余达忠.侗族村落环境的文化认同——生态人类学视角的考察［J］.北京林业大学学报：社会科学版，2010（3）.

杨军昌.侗族传统生计的当代变迁与目标走向［J］.中央民族大学学报：哲学社会科学版，2013（5）.

李廷贵，酒素.苗族"习惯法"概论［J］.贵州社会科学，1981（5）.

石林，黄勇.侗语植物名物的分类命名与文化内涵［J］.百色学院学报，2017（2）.

黄椿.布依族信仰民俗中的环保理念［J］.民俗研究，2001（3）.

吴正光.贵州生态遗产研究［J］.中国文物科学研究，2008（1）.

高其才，罗昶.村规民约与生态保护和绿色发展———以贵州省文斗村为考察对象［J］.人权，2016（3）.

张异莲.论锦屏文书的特点与价值［J］.档案学研究，2011.

刘亚男，吴才茂.从契约文书看清代清水江下游地区的伦理经济［J］.原生态民族文化学刊，2012（2）.

杨有赓.清代苗族山林买卖契约反映的苗汉等族间的经济关系［J］.贵州民族研究，1990（3）.

李鹏飞.清水江流域林业生态保护中的奖惩机制——以林业碑刻为研究文本［J］.农业考古，2014（6）.

李斌，吴才茂，龙泽江.刻在石头上的历史：清水江中下游苗侗地区的碑铭及其学术价值［J］.中国社会经济史研究，2012（2）.

陈起伟，熊康宁，兰安军.基于3S的贵州喀斯特石漠化遥感监测研究［J］.干旱区资源与环境，2014（3）.

王宗勋.浅谈锦屏文书在促进林业经济发展和生态文明建设中的作用［J］.贵州大学学报：社会科学版，2012（5）.

徐晓光."清水江文书"对生态文明制度建设的启示［J］.贵州大学学报：社会科学版，2016（2）.

徐晓光.黔桂边区侗族火灾防范习惯法研究［J］.原生态民族文化学刊，2016（1）.

徐晓光.贵州苗族水火利用与灾害预防习惯规范调查研究［J］.广西民族大学学报：哲学社会科学版，2006（6）.

瞿州莲.浅论土家族宗族村社制在生态维护中的价值［J］.中南民族大学学报：人文社会科学版，2005（3）.

卢之遥，薛达元.黔东南苗族习惯法及其对生物多样性保护的作用［J］.中央民族大学学报：自然科学版，2011（2）.

程小放，杨宇明，黄莹，王娟.云南澜沧江自然保护区周边少数民族传统文化在森林资源保护中的作用［J］.北京林业大学学报：社会科学版，2008（1）.

王慷林.西双版纳竹类资源开发利用的探讨［J］.西南林学院学报，1994（4）.

白云昌.试论哈尼族先民的生态观［J］.云南民族学院学报：哲学社会科学版，2001（4）.

邹辉，尹绍亭.哈尼族村寨的空间文化造势及其环境观［J］.中南民族大学学报：人文社会科学版，2012（6）.

李宣林.独龙族传统农耕文化与生态保护［J］.云南民族学院学报：哲学社会科学版，2000（6）.

寸瑞红.高黎贡山傈僳族传统森林资源管理初步研究［J］.北京林业大学学报：社会科学版，2002（2）.

尹绍亭."我们并不是要刀耕火种万岁"——对基诺族文化生态变迁的思考［J］.今日民族，2002（6）.

尹绍亭.文化的保护、创造和发展——民族文化生态村的理论总结［J］.云南社会科学，2009（3）.

尹绍亭.全球化现代化背景下的民族文化保护探析——以民族文化生态村建设为例［J］.原生态民族文化学刊，2009（1）.

杨京彪，郭泺，成功，等.哈尼族传统林业知识对森林生物多样性的影响与分析［J］.云南农业大学学报，2014（3）.

马岑晔.哈尼族习惯法在保护森林环境中的作用［J］.红河学院学报，2010（1）.

袁明，王慷林.云南德宏竹类资源的传统利用和管理［J］.竹子研究汇刊，2006（4）.

阎莉.傣族"竜林"文化探析［J］.贵州民族研究，2010（6）.

莫国香，王思明.傣族"竜林"信仰对农业文化遗产保护方式的启示［J］.中国农史，2013（4）.

金晶.哈尼族竜林的生态价值与保护机制探析——以云南省墨江县为例［J］.云南社会主义学院学报，2012（4）.

韩汉白，崔明昆，闵庆文.傈僳族垂直农业的生态人类学研究——以云南省迪庆州维西县同乐村为例［J］.资源科学，2012（7）.

郝景盛.云南林业［J］.云南实业通讯，1940（8）.

刘德隅.云南森林历史变迁初探［J］.农业考古，1995（3）.

吴臣辉.近代以来怒江流域森林破坏的历史原因考察［J］.贵州师范学院学报，2015（7）.

郭家骥.西双版纳傣族的水文化：传统与变迁——景洪市勐罕镇曼远村案例研究［J］.民族研究，2006（2）.

刘小丽，刘毅，任景明，等.云贵地区生态环境现状及演变态势风险分析［J］.环境影响评价，2015（1）.

谢丹，刘小丽，刘毅，等.云贵可持续发展定位挑战与对策［J］.环境影响评价，2014（2）.

李仲先，邬明辉.彝族支系俚濮人的山神崇拜及其文化特征——对四川省攀枝花市仁和区啊喇么的调查［J］.西华大学学报：哲学社会科学版，2008（4）.

刘荣昆.澜沧江流域彝族地区涉林碑刻的生态文化解析［J］.农业考古，2014（3）.

李荣高.以史为鉴 绿我山川——古代林业碑碣对云南绿化的启示［J］.云南林业，2013（2）.

周飞.清代云南禁伐碑刻与环境史研究［J］.中国农史，2015（3）.

杨正权.云南民族地区传统农业述论［J］.农业考古，1999（1）.

杨筑慧.橡胶种植与西双版纳傣族社会文化的变迁——以景洪市勐罕镇为例［J］.民族研究，2010（5）.

朱德普.傣族"祭龙"、"祭竜"之辨析——兼述对树木、森林的崇拜及其衍变［J］.云南民族学院学报，1991（2）.

何新凤，刘代汉.瑶族崇林祭树传统习俗中的生态智慧［J］.广西民族研究，2014（1）.

熊康宁，池永宽.中国南方喀斯特生态系统面临的问题及对策［J］.生态经济，2015（1）.

马建华.西南地区近年特大干旱灾害的启示与对策〔J〕.人民长江，2010（24）.

韩兰英，张强，等.近60年中国西南地区干旱灾害规律与成因〔J〕.地理学报，2014（5）.

韩兰英，张强，等.中国西南地区农业干旱灾害风险空间特征〔J〕.中国沙漠，2015（4）.

陈炳良.中国古代神话新释两则〔J〕.清华学报，1969（2）.

何星亮.中国少数民族传统文化与生态保护〔J〕.云南民族大学学报：哲学社会科学版，2004（1）.

叶舒宪.西方文化寻根的"原始情结"——从《作为哲学家的原始人》到《原始人的挑战》〔J〕.文艺理论与批评，2002（5）.

张慧平，马超德，郑小贤.浅谈少数民族生态文化与森林资源管理〔J〕.北京林业大学学报：社会科学版，2006（1）.

杨习勇.故乡的"植树节"〔J〕.中国林业，1999（3）.

倪根金.中国传统护林碑刻的演进及在环境史研究上的价值〔J〕.农业考古，2006（4）.

郭晋平，张云香，肖扬.森林分类经营的基础和技术条件〔J〕.世界林业研究，2000（2）.

廖国强.中国少数民族生态观对可持续发展的借鉴和启示〔J〕.云南民族学院学报：哲学社会科学版，2001（5）.

廖国强.朴素而深邃：南方少数民族生态伦理观探析〔J〕.广西民族学院学报：哲学社会科学版，2006（2）.

白兴发.少数民族传统习惯法规法与生态保护〔J〕.青海民族学院学报，2005（1）.

崔明昆，杨雪吟.植物与思维——认知人类学视野中的民间植物分类〔J〕.广西民族研究，2008（2）.

裴盛基.中国民族植物学：回顾与展望〔J〕.中国医学生物技术应用，2003（2）.

裴盛基.民族植物学研究二十年回顾〔J〕.云南植物研究，2008（4）.

裴盛基.中国民族植物学研究三十年概述与未来展望〔J〕.中央民族大学学报：

自然科学版，2011（2）．

李良品，彭福荣，吴冬梅．论古代西南地区少数民族的生态伦理观念与生态环境［J］．黑龙江民族丛刊：双月刊，2008（3）．

英加布．山神与神山信仰：从地域性到世界性——"南亚与东南亚山神：地域、文化和影响"研究综述［J］．世界宗教文化，2012（4）．

何耀华．彝族的图腾与宗教的起源［J］．思想战线，1981（6）．

杨琳．社神与树林之关系探秘［J］．民族艺术，1999（3）．

王爱文，李胜军．中国古代"树文化"概说［J］．洛阳师范学院学报，2007（3）．

刘如良．以植物命名的低山村寨［J］．植物杂志，1992（2）．

马宗保．西北少数民族民间制度文化与生态环境保护［J］．内蒙古社会科学：汉文版，2011（1）．

周相卿．中西方关于习惯法含义的基本观点［J］．贵州大学学报：社会科学版，2007（6）．

俞荣根．习惯法与羌族习惯法［J］．中外法学，1999（5）．

蓝勇．明清时期的皇木采办［J］．历史研究，1994（6）．

付广华．传统生态知识：概念、特点及其实践效用［J］．湖北民族学院学报：哲学社会科学版，2012（4）．

麻国庆．草原生态与蒙古族的民间环境知识［J］．内蒙古社会科学：汉文版，2001（1）．

管彦波．2016年中国生态人类学研究前沿报告［J］．创新，2017（2）．

陈少明．中国哲学：通向世界的地方性知识［J］．哲学研究，2019（4）．

石奕龙，艾比不拉·卡地尔．新疆罗布人传统生态知识的人类学解读［J］．云南民族大学学报：哲学社会科学版，2011（2）．

柏贵喜．乡土知识及其利用与保护［J］．中南民族大学学报：人文社会科学版，2006（1）．

李霞．生态知识的地方性［J］．广西民族研究，2012（2）．

陈炜，郭凤典．可持续发展的要求：走向生态文化［J］．科技进步与对策，2003（11）．

朱晓鹏．论西方现代生态伦理学的"东方转向"［J］．社会科学2006（3）．

白奚.中西方人类中心论的比较与对话［J］.中国社会科学，2004（1）.

包庆德.天人合一：生存智慧及其生态维度研究［J］.思想战线，2017（3）.

赵海月，王瑜.中国传统文化中的生态伦理思想及其现代性［J］.理论学刊，2010（4）.

费孝通.反思·对话·文化自觉［J］.北京大学学报：哲学社会科学版，1997（3）.

张继焦.从"文化自觉"到"文化自信"：中国文化思想的历史性转向［J］.思想战线，2017（6）.

项久雨.新发展理念与文化自信［J］.中国社会科学，2018（6）.

丹珠昂奔.认识与自信——关于民族文化的思考［J］.西南民族大学学报：人文社会科学版，2016（7）.

郑辉.中国古代林业政策和管理研究［D］.北京：北京林业大学，2013.

刘荣昆.林人共生：彝族森林文化及变迁探究［D］.昆明：云南大学，2016.

谢守鑫.我国森林资源分类经营管理的哲学思考与实践剖析［D］.北京：北京林业大学，2006.

吴声军.山林经营与村落社会变迁——以清水江下游文斗苗寨的考察为中心［D］.广州：中山大学，2016.

白葆莉.中国少数民族生态伦理研究［D］.北京：中央民族大学，2007.